처음부터 배우는

핵심 공업수학

유주식 · 김종성 지음

KM 경문사

머리말

대학마다 다양한 전형방법을 통하여 학생을 선발함에 따라 고등학교 때 수학을 공부할 기회가 적었던 학생들도 공과대학에 많이 진학하고 있다. 이로 인해 공학계열 학생들 중에는 수학적인 문제로 인하여 어려움을 겪는 학생들이 많아지고 있다. 특히 공업수학은 거의 모든 공과대학 학과에서 배우지만 아주 어려운 과목으로 생각하는 학생들이 많다. 이러한 점을 고려하여 이 책은 인수분해와 같은 기초적인 내용에서부터 출발하여 전공 공부에 필요한 라플라스 변환까지 다루고 있다.

이 책에서는 특히 기초가 부족한 학생들을 위하여 가장 먼저 '1장 식의 계산'에서 수식에 대한 개념을 익히게 하였다. 그리고 2장에서 로그함수와 삼각함수 등의 기초함수를 배운 후, 3, 4장에서 기초적인 미분과 적분을 공부한다. 이후의 주제는 전공 공부에서 가장 기초가 되는 '5장 1계미분방정식, 6장 2계미분방정식, 7장 라플라스 변환, 8장 선적분, 이중적분'이다.

이 책에서는 기본적인 내용을 기본적인 예제와 함께 제시하였고, 기초 개념 파악을 주된 목적으로 하여 충분한 양의 연습문제를 수록하였다. 연습문제들은 본문의 예제와 같은 정형화된 풀이 방법을 따라 풀 수 있는 문제들로 구성되어 있다. 전공과목 공부와 관련하여 대학에서 배우는 수학은 고등학교 수학보다 오히려 훨씬 더 쉽다고 할 수 있다. 왜냐하면 고등학교 때 수학 문제는 푸는 방법을 몰라서 아무리 시간을 많이 주어도 못 풀 수가 있지만, 대학에서 배우는 수학은 대부분 풀이 방법이 정해져 있기 때문이다.

이 책의 주요 특징은 다음과 같다.

(1) 주요 내용을 모두 표로써 간결하게 정리하여 핵심 내용을 알아보기 쉽게 하였다.
(2) 핵심 내용에 대한 기본적인 예를 곧바로 들어서 기본 개념을 쉽게 이해할 수 있게 하였다.
(3) 예제와 연습문제는 수학적인 특이성이 있는 문제는 지양하고 주요 개념 이해에 도움이 되는 기본적인 문제로써 구성하였다.
(4) 관련된 몇 가지 공학 문제를 소개하여 이후의 전공 공부에 도움이 되게 하였다.
(5) 연습문제의 해답을 전부 수록하였다.

아무쪼록 이 책을 통하여 전공과목 공부에 필요한 수학적 기초를 다질 수 있게 되기를 바라는 바이다. 끝으로 책의 출판에 도움을 주신 도서출판 경문사 관계자들께 감사드린다.

2012년 3월
유주식 · 김종성

차례

제1장 식의 계산

제2장 기초 함수

제3장 미분

제4장 적분

제5장 1계미분방정식

제6장 2계미분방정식

제1장 식의 계산

1.1 다항식의 연산
1.2 인수분해
1.3 복소수
1.4 이차방정식
1.5 유리식의 계산

1.1 다항식의 연산

[1] 내림차순과 오름차순

(1) **내림차순** : 한 문자에 대하여 차수가 높은 항부터 나열하는 것.
(2) **오름차순** : 한 문자에 대하여 차수가 낮은 항부터 나열하는 것.

예 $F=x^2+2xy+3y^2+4x+5y+6$을
x에 대해 내림차순으로 정리하면 $F=x^2+(2y+4)x+3y^2+5y+6$,
x에 대해 오름차순으로 정리하면 $F=3y^2+5y+6+(2y+4)x+x^2$.

[2] 다항식의 덧셈과 뺄셈

(1) 동류항끼리 모아서 정리한다.
(2) 괄호가 있으면 분배법칙 $[c(x+y)=cx+cy]$을 이용하여 괄호를 푼 다음 동류항끼리 모아서 정리한다.

덧셈에 대하여 다음 법칙이 성립한다.
(1) **교환법칙** : $A+B=B+A$
(2) **결합법칙** : $(A+B)+C=A+(B+C)$

예 (1) $3(x+3y)-2(-x+y)=3x+9y+2x-2y=5x+7y$
(2) $x(x+2xy+1)+2x^2-x^2y+3x=x^2+2x^2y+x+2x^2-x^2y+3x$
$=3x^2+x^2y+4x$

[3] 다항식의 곱셈

(1) **교환법칙** : $AB=BA$
(2) **결합법칙** : $A(BC)=(AB)C$

(3) **분배법칙** : $A(B+C)=AB+AC,\ (A+B)C=AC+BC$

[4] 분배법칙

(1) $a(x+y)=ax+ay,\ (x+y)a=ax+ay$

(2) $(a+b)(x+y+z)=ax+ay+az+bx+by+bz$

(3) $(a+b+c)(x+y+z)=ax+ay+az+bx+by+bz+cx+cy+cz$

[5] 지수법칙

자연수 m, n에 대해 다음 지수법칙이 성립한다.

(1) $a^m \times a^n = a^{m+n}$

(2) $(a^m)^n = a^{mn}$

(3) $a^m \div a^n = \begin{cases} a^{m-n} & (m>n) \\ \dfrac{1}{a^{n-m}} & (m<n) \end{cases},\quad a^0 = 1\ (a \neq 0)$

(4) $(ab)^m = a^m b^m,\quad \left(\dfrac{a}{b}\right)^m = \dfrac{a^m}{b^m}\quad (b \neq 0)$

† 어떤 수 a를 n번 곱한 것을 a^n으로 나타내고 a를 밑, n을 지수라 한다.

예 (1) $(2x+3)(-x+4)=2x\times(-x)+2x\times 4+3\times(-x)+3\times 4$

$=-2x^2+8x-3x+12=-2x^2+5x+12$

(2) $(x+2y)(x^2-3xy+4y^2)=x^3-3x^2y+4xy^2+2x^2y-6xy^2+8y^3$

$=x^3-x^2y-2xy^2+8y^3$

[6] 곱셈공식

(1) $(a+b)^2=a^2+2ab+b^2,\ (a-b)^2=a^2-2ab+b^2$

(2) $(a+b)(a-b)=a^2-b^2$

(3) $(x+a)(x+b)=x^2+(a+b)x+ab$

(4) $(ax+b)(cx+d)=acx^2+(ad+bc)x+bd$

(5) $(a+b+c)^2=a^2+b^2+c^2+2ab+2bc+2ca$

(6) $(a+b)^3=a^3+3a^2b+3ab^2+b^3=a^3+b^3+3ab(a+b)$

$(a-b)^3=a^3-3a^2b+3ab^2-b^3=a^3-b^3-3ab(a-b)$

(7) $(a+b)(a^2-ab+b^2)=a^3+b^3$

$(a-b)(a^2+ab+b^2)=a^3-b^3$

(8) $(a+b+c)(a^2+b^2+c^2-ab-bc-ca)=a^3+b^3+c^3-3abc$

(9) $(a^2+ab+b^2)(a^2-ab+b^2)=a^4+a^2b^2+b^4$

예 [곱셈공식 이용]

(1) $(2x+3)^2=4x^2+12x+9$, $(2x-5)^2=4x^2-20x+25$

(2) $(2x-3y)(2x+3y)=4x^2-9y^2$

(3) $(x-2)(x+5)=x^2+3x-10$

(4) $(2x+3)(4x+5)=8x^2+22x+15$

(5) $(x-2y+3z)^2=x^2+4y^2+9z^2-4xy-12yz+6zx$

(6) $(2x+1)^3=8x^3+12x^2+6x+1$, $(x-2)^3=x^3-6x^2+12x-8$

(7) $(2x+y)(4x^2-2xy+y^2)=8x^3+y^3$

$(x-2y)(x^2+2xy+4y^2)=x^3-8y^3$

(8) $(x-y+1)(x^2+y^2+xy-x+y+1)=x^3-y^3+3xy+1$

(9) $(x^2+2xy+4y^2)(x^2-2xy+4y^2)=x^4+4x^2y^2+16y^4$

[7] 다항식의 나눗셈

다항식 F를 식 $p\ (p\neq 0)$로 나누었을 때의 몫을 Q, 나머지를 R이라고 하면 $F=pQ+R$이 된다. 단, R의 차수는 p의 차수보다 낮다. 특히 $R=0$일 때 식 F는 p로 나누어떨어진다고 한다.

(1) 다항식÷단항식 : $(a+b)\div p=\dfrac{a}{p}+\dfrac{b}{p}$

(2) **다항식÷다항식** : 두 다항식을 내림차순으로 정리한 후 계수가 0인 항은 비워 두고 계산한다.

예 (1) $(2x^2y-12xy^2)\div 2x=\dfrac{2x^2y}{2x}-\dfrac{12xy^2}{2x}=xy-6y^2$

(2) $(2x^3+3x^2-4x+5)\div(x-2)$

$$\begin{array}{r|l} & 2x^2+7x+10 \\ \hline x-2 & 2x^3+3x^2-4x+5 \\ & \underline{2x^3-4x^2} \\ & \quad 7x^2-4x+5 \\ & \quad \underline{7x^2-14x} \\ & \qquad 10x+5 \\ & \qquad \underline{10x-20} \\ & \qquad\quad 25 \end{array}$$

∴ 몫은 $2x^2+7x+10$, 나머지는 25

[8] 항등식

등식에 포함된 문자에 어떤 값을 대입하여도 항상 성립하는 등식을 그 문자에 대한 항등식이라 한다. 다음 식이 x에 대한 항등식이면

$$A_nx^n+A_{n-1}x^{n-1}+A_{n-2}x^{n-2}+\cdots+A_2x^2+A_1x+A_0$$
$$=A'_nx^n+A'_{n-1}x^{n-1}+A'_{n-2}x^{n-2}+\cdots+A'_2x^2+A'_1x+A'_0.$$

상수들은 다음 조건을 만족한다.

$$A_n=A'_n,\ A_{n-1}=A'_{n-1},\ A_{n-2}=A'_{n-2},\ \cdots,\ A_1=A'_1,\ A_0=A'_0.$$

[9] 미정계수법 1)

항등식의 성질을 이용하여 등식의 정해지지 않은 계수를 구하는 방법.

> **(1) 계수비교법 :** 항등식의 양변에 있는 같은 차수의 항의 계수가 같으므로 양변의 계수를 비교하여 결정하는 방법.
> **(2) 수치대입법** : 항등식은 미지수에 어떤 값을 대입하여도 항상 성립하므로 적당한 수치를 대입하여 계수를 결정하는 방법.

예 (1) $2x+b=a(x-1)$일 때 a, b의 값은?

$2x+b=ax-a$이므로 x의 계수와 상수항을 비교하면,

$2=a,\ b=-a.\quad \therefore\ a=2,\ b=-2$

(2) $2(x-1)+a(x-2)=b(x-1)+3$일 때 a, b의 값은?

양변에 $x=1$을 대입하면 $-a=3.\quad \therefore\ a=-3$

양변에 $x=2$를 대입하면 $2=b+3.\quad \therefore\ b=-1$

예제 1.1.1 식 $(2x-3)(2x+3)(4x^2+9)$를 전개하여라.

풀이 $(a-b)(a+b)=a^2-b^2$

$\therefore (2x-3)(2x+3)(4x^2+9)=(4x^2-9)(4x^2+9)=16x^4-81$ ■

예제 1.1.2 식 $(2x-1)^3(-3x+4)^2(-2x+3)$을 전개했을 때 계수의 총합을 구하여라.

풀이 주어진 식은 최고차항이 6차이므로 식을 전개하면

$A_1x^6+A_2x^5+A_3x^4+A_4x^3+A_5x^2+A_6x+A_7$로 쓸 수 있다.

$\therefore$ 계수의 총합 $A_1+A_2+A_3+A_4+A_5+A_6+A_7$은

$x=1$일 때의 식의 값과 같다.

$\therefore$ 계수의 총합$=(2\times1-1)^3(-3\times1+4)^2(-2\times1+3)=1$ ■

예제 1.1.3 $x^2-5x-1=0$일 때 다음 식의 값을 구하여라.

(1) $x^2+\dfrac{1}{x^2}$ (2) $x^3-\dfrac{1}{x^3}$

풀이 $x\neq0$이므로 $x^2-5x-1=0$의 양변을 x로 나누면 $x-5-\dfrac{1}{x}=0.$

---

1) 적분이나 라플라스 변환에서 부분분수로 분해할 때 미정계수를 정해야 하므로 이 방법을 잘 알아두도록 한다.

$$\therefore\ x-\frac{1}{x}=5$$

(1) $x^2+\frac{1}{x^2}=\left(x-\frac{1}{x}\right)^2+2x\times\frac{1}{x}=5^2+2=27$

(2) $x^3-\frac{1}{x^3}=\left(x-\frac{1}{x}\right)\left(x^2+x\times\frac{1}{x}+\frac{1}{x^2}\right)=5\times(27+1)=140$ ■

예제 1.1.4 $x+y=3,\ xy=1$일 때 다음 식의 값을 구하여라.

(1) $x-y$ (2) x^2+y^2 (3) x^4+y^4

풀이 (1) $(x-y)^2=(x+y)^2-4xy=3^2-4\times1=5\quad\therefore (x-y)=\pm\sqrt{5}$

(2) $x^2+y^2=(x+y)^2-2xy=3^2-2\times1=7$

(3) $x^4+y^4=(x^2+y^2)^2-2(xy)^2=7^2-2\times1^2=47$ ■

예제 1.1.5 [계수비교법] 다음 식이 x에 대한 항등식일 때 상수 $A,\ B,\ C$의 값을 구하여라.

$$x+10=A(x^2+2x+5)+x(Bx+C)$$

풀이 준 식의 우변을 정리하면 다음과 같다.

$$\begin{aligned}x+10&=A(x^2+2x+5)+x(Bx+C)\\&=(A+B)x^2+(2A+C)x+5A\end{aligned}$$

여기에서 같은 차수에 대한 양변의 계수를 비교하면

x^2의 계수 : $0=A+B$
x 의 계수 : $1=2A+C$
상수항 : $10=5A$
$\therefore\ A=2,\ B=-2,\ C=-3$

이다. ■

예제 1.1.6 [수치대입법] 다음 식이 x에 대한 항등식일 때 상수 $A,\ B,\ C$의 값을 구하여라.

$$9x-6=A(x-1)(x+2)+Bx(x+2)+Cx(x-1)$$

풀이 주어진 방정식은 모든 x에 대해 성립하므로 $x=0,\ 1,\ -2$를 대입하면

$$-6 = A \times (-2),\ 3 = B \times (3),\ -24 = C \times (6)$$

이 된다. 따라서 $A=3$, $B=1$, $C=-4$이다. ■

연습문제 1.1

1. 다음 식을 전개하여 정리하여라.

(1) $(2x-3)(4x+5)$　　(2) $(2x-y)(-3x+4y)$

(3) $(x-y-z)(x+y+z)$　　(4) $(x-2y+1)(x-2y-1)$

(5) $\left(-2x+\frac{1}{2}\right)^2$　　(6) $(x-2y)^3+(x+2y)^3$

(7) $(x-2y+3)^2$　　(8) $(x+1)(x+2)(x+3)(x+4)$

2. $A=x^2-xy-y^2$, $B=-2x^2+xy-2y^2$, $C=3x^2+2xy-y^2$일 때, 다음 식을 계산하여 x, y로 나타내어라.

$$2(-2A+B)-3\{A-B-2(A-B+C)\}$$

3. $(x^4+x^3-2x^2+3x-4)(5x^4+2x^2-x+3)$의 전개식에서 x^3과 x의 계수를 각각 구하여라.

4. $(7+6x+5x^2+4x^3+3x^4+2x^5+x^6)^2$의 전개식에서 x^3의 계수를 구하여라.

5. $\left(x^2+2x+3+\frac{1}{x}+\frac{2}{x^2}\right)^2$을 전개하였을 때 상수항의 값을 구하여라.

6. 다음 식을 전개하여라.

$$(a+2b)(a-2b)(a^2+2ab+4b^2)(a^2-2ab+4b^2)$$

7. $x-\frac{1}{x}=4\ (x>0)$일 때 $x^2+x+\frac{1}{x^2}+\frac{1}{x}$의 값을 구하여라.

8. $x^2-3x+1=0$일 때 $x^3+x^2+x+\frac{1}{x}+\frac{1}{x^2}+\frac{1}{x^3}$의 값을 구하여라.

9. $x^2+x+1=0$일 때 $x^{30}+x^{29}+\frac{1}{x^{30}}+\frac{1}{x^{29}}$의 값을 구하여라.

10. 다음 식을 전개하였을 때 계수의 총합을 구하여라.

$$(2x-3y+4z-5)(-5x+4y-3z+2)$$

11. 다음 식이 x에 대한 항등식일 때 상수 a, b, c의 값을 구하여라.

$$ax(x-1)+bx(x-2)+c(x-1)(x-2)=2x^2-x-2$$

12. $\frac{1}{a}-\frac{1}{b}=2$일 때 $\frac{a-b}{a+3ab-b}$의 값을 구하여라.

13. $x+y=1$, $x^2+y^2=2$일 때 x^3+y^3의 값을 구하여라.

14. 다음 식을 만족하는 상수 A, E와 $B-C+D$의 값을 구하여라.

$$(2x+1)(-x-2)(3x+2)(-5x-4)=Ax^4+Bx^3+Cx^2+Dx+E$$

15. 다음 식을 만족하는 상수 A, B, C의 값을 구하여라.

$$5x^2+3x+2=A(x^2+2x+3)+(Bx+C)(x+1)$$

1.2 인수분해

[10] 인수분해 2)

하나의 다항식을 두 개 이상의 단항식이나 다항식의 곱으로 나타내는 것을 인수분해라 한다.

(1) 인수분해를 하는 방법은 여러 가지가 있지만 기본 원칙은 공통인수를 찾는 것이다.
(2) 특정 형태의 다항식은 인수분해 공식을 이용하면 편리하다.

[11] 공통인수에 의한 인수분해

(1) $ax+ay=a(x+y)$
(2) $a(x+y)+b(x+y)=(a+b)(x+y)$

예

(1) $a+2ab=a(1+2b)$
(2) $2x^2+4x=2x(x+2)$
(3) $3x^2y+6xy^2=3xy(x+2y)$
(4) $ax+2x+3a+6=x(a+2)+3(a+2)=(a+2)(x+3)$
(5) $(x+2y)^2+4x+8y=(x+2y)^2+4(x+2y)=(x+2y)(x+2y+4)$
(6) $(x-1)^2+2(x-1)^3=(x-1)^2\{1+2(x-1)\}=(x-1)^2(2x-1)$

[12] 인수분해 공식

(1) $a^2+2ab+b^2=(a+b)^2$, $a^2-2ab+b^2=(a-b)^2$
(2) $a^2-b^2=(a+b)(a-b)$
(3) $x^2+(a+b)x+ab=(x+a)(x+b)$
(4) $acx^2+(ad+bc)x+bd=(ax+b)(cx+d)$

2) 인수분해는 수식 연산에서 가장 기본이므로 충분히 연습해두어야 한다.

(5) $a^2+b^2+c^2+2ab+2bc+2ca=(a+b+c)^2$

(6) $a^3+3a^2b+3ab^2+b^3=(a+b)^3$

$a^3-3a^2b+3ab^2-b^3=(a-b)^3$

(7) $a^3+b^3=(a+b)(a^2-ab+b^2)$

$a^3-b^3=(a-b)(a^2+ab+b^2)$

(8) $a^3+b^3+c^3-3abc=(a+b+c)(a^2+b^2+c^2-ab-bc-ca)$

(9) $a^4+a^2b^2+b^4=(a^2+ab+b^2)(a^2-ab+b^2)$

예 (여기에서 $A\cdot B=A\times B$를 나타낸다.)

(1) $x^2+6x+9=x^2+2\cdot x\cdot 3+3^2=(x+3)^2$

(2) $4x^2-9y^2=(2x)^2-(3y)^2=(2x+3y)(2x-3y)$

(3) $x^2+5x+6=x^2+(2+3)x+2\times 3=(x+2)(x+3)$

(4) $3x^2+10x+8=1\cdot 3x^2+(1\cdot 4+2\cdot 3)x+2\cdot 4=(x+2)(3x+4)$

(5) $x^2+4y^2+9+4xy+12y+6x$

$=x^2+(2y)^2+3^2+2\cdot x\cdot 2y+2\cdot 2y\cdot 3+2\cdot 3\cdot x=(x+2y+3)^2$

(6) $x^3+6x^2y+12xy^2+8y^3=x^3+3(x^2\cdot 2y)+3\{x\cdot(2y)^2\}+(2y)^3$

$=(x+2y)^3$

(7) $8x^3+27y^3=(2x)^3+(3y)^3=(2x+3y)(4x^2-6xy+9y^2)$

(8) $x^3+8y^3-6xy+1=x^3+(2y)^3+1^3-3\cdot x\cdot 2y\cdot 1$

$=(x+2y+1)(x^2+4y^2-2xy-2y-x+1)$

(9) $16x^4+36x^2y^2+81y^4=(2x)^4+(2x)^2(3y)^2+(3y)^4$

$=(4x^2+6xy+9y^2)(4x^2-6xy+9y^2)$

예제 1.2.1 다음 식을 인수분해하여라.

(1) $ab+b+a+1$ (2) $x^2+2xy-2y-1$

(3) $(a+2b)^2+3a+6b$ (4) x^4-1

풀이 (1) $ab+b+a+1=a(b+1)+(b+1)$

$=(a+1)(b+1)$

(2) $x^2+2xy-2y-1=2y(x-1)+(x^2-1)$

$$= 2y(x-1)+(x-1)(x+1)$$
$$= (x-1)(x+1+2y)$$

(3) $(a+2b)^2+3a+6b=(a+2b)^2+3(a+2b)$
$$= (a+2b)(a+2b+3)$$

(4) $x^4-1=(x^2+1)(x^2-1)$
$$= (x^2+1)(x+1)(x-1)$$
■

연습문제 1.2

1. 다음 식을 인수분해하여라.

(1) $ab-2b-a+2$ (2) $ax+by-bx-ay$

(3) $x^2-ax-x+a$ (4) $\frac{3}{2}x^2y-\frac{9}{2}xy^2$

(5) $9x^2-24xy+16y^2$ (6) $\frac{x^2}{100}+\frac{25}{x^2}+1$

(7) $12x^2-4x-21$ (8) $2x^2+xy-6y^2$

2. 다음 식을 인수분해하여라.

(1) x^8-1 (2) a^3+64

(3) $x^2-y^2+z^2-2zx$ (4) $a^2+ca-ab-bc$

(5) x^4+x^2+1 (6) x^4+4

(7) $x^2-y^2-x+5y-6$ (8) $a^2-2b^2-ca+ab+bc$

3. $a-b=9$일 때 $a^2+b^2-2ab-4a+4b+4$의 값을 구하여라.

4. $2^{80}-1$은 30과 40 사이의 두 자연수에 의해 나누어진다. 두 자연수를 구하여라.

5. $x+\frac{1}{x}=3$일 때 $x^4-\frac{1}{x^4}$의 값을 구하여라.

6. $2x+3y=2$, $xy=1$일 때 $8x^3+27y^3$의 값을 구하여라.

7. $3\times5\times17\times257=2^n-1$일 때 자연수 n의 값을 구하여라.

1.3 복소수

[13] 허수단위(imaginary unit)

제곱하여 -1이 되는 수를 기호 i로 나타내기로 한다. 즉 $i^2=-1$로 정의하며, 이때 i를 허수단위라 한다. $i=\sqrt{-1}$이다.

† $x^2+1=0$이 되는 실수는 없지만 $x=\pm i$는 $x^2+1=0$을 만족하는 근이다.

[14] 복소수(complex number)

임의의 두 실수 x, y에 대하여

$$z=x+iy$$

로 나타내는 수를 복소수라 한다. 여기에서 x를 복소수 z의 실수부분, y를 허수부분이라 하고 다음과 같이 나타낸다.

$$\text{Re}z=x,\ \text{Im}z=y$$

$y=0$이면 z는 실수가 되므로 복소수의 집합은 실수의 집합을 포함한다. $y\neq 0$이면 z는 실수가 아니다. 실수가 아닌 복소수를 허수라 한다.

$$\bullet\ \text{복소수}(x+iy)\begin{cases}\text{실수 } x\ (y=0)\\ \text{허수 } (y\neq 0)\end{cases}$$

† $\text{Re}z=0$, 즉 $z=iy$(실수 $y\neq 0$)인 복소수를 순허수라 한다.

[15] 복소수의 상등

a, b, c, d가 실수일 때 $a+bi=c+di \iff a=c,\ b=d$

[16] 복소수의 사칙연산

a, b, c, d가 실수일 때

(1) 덧셈 : $(a+bi)+(c+di)=(a+c)+(b+d)i$

(2) 뺄셈 : $(a+bi)-(c+di)=(a-c)+(b-d)i$

(3) 곱셈 : $(a+bi)\times(c+di)=(ac-bd)+(ad+bc)i$

(4) 나눗셈 : $\dfrac{(a+bi)}{(c+di)}=\dfrac{ac+bd}{c^2+d^2}+\dfrac{-ad+bc}{c^2+d^2}i$ (단, $c+di\neq 0$)

예제 1.3.1 다음을 계산하여라.

(1) $(3-2i)+(-6+4i)$ (2) $(-7+3i)-(5-2i)$

(3) $(2+3i)(4-5i)$ (4) $\dfrac{2+3i}{1-2i}$

풀이 (1) $(3-2i)+(-6+4i)=3-2i-6+4i$

$=3-6+(-2+4)i=-3+2i$

(2) $(-7+3i)-(5-2i)=-7+3i-5+2i$

$=-7-5+(3+2)i=-12+5i$

(3) $(2+3i)(4-5i)=2(4-5i)+3i(4-5i)$

$=8-10i+12i-15i^2=8+15+(-10+12)i$

$=23+2i$

(4) $\dfrac{2+3i}{1-2i}=\dfrac{(2+3i)(1+2i)}{(1-2i)(1+2i)}=\dfrac{2+4i+3i+6i^2}{1-(2i)^2}$

$=\dfrac{2-6+(4+3)i}{1+4}=\dfrac{-4+7i}{5}$

$=-\dfrac{4}{5}+\dfrac{7}{5}i$ ■

예제 1.3.2 $x^2+25=0$을 만족하는 x를 구하여라.

풀이 $x^2=-25$이므로 $x=\pm\sqrt{-25}=\pm\sqrt{25}\,i=\pm 5i$. ■

예제 1.3.3 방정식 $x^3-3x^2+7x-5=0$의 근을 구하여라.

풀이 $f(x)=x^3-3x^2+7x-5$라 하면 $f(1)=1-3+7-5=0$이다.

$\therefore\ f(x)=(x-1)Q(x)$

조립제법을 사용하여 $Q(x)$를 구한다.

$$\begin{array}{r|rrrr} 1 & 1 & -3 & 7 & -5 \\ & & 1 & -2 & 5 \\ \hline & 1 & -2 & 5 & \multicolumn{1}{|r}{0} \end{array}$$

$\therefore\ Q(x)=x^2-2x+5\ \ \therefore\ f(x)=(x-1)(x^2-2x+5)=0$이므로

$x-1=0$ 또는 $x^2-2x+5=0$이다. $x-1=0$의 근은 $x=1$이고,

근의 공식에 의해 $x^2-2x+5=0$의 근은

$$x=1\pm\sqrt{1^2-1\times 5}=1\pm\sqrt{-4}=1\pm 2i.$$

$\therefore$ 방정식의 근 $x=1,\ 1\pm 2i$ ■

예제 1.3.4 $z=\dfrac{1+i}{\sqrt{2}}$일 때, $z^6+2z^4=x+iy$가 되는 실수 x, y의 값을 구하여라.

풀이 $z^2=\left(\dfrac{1+i}{\sqrt{2}}\right)^2=\dfrac{1+2i+i^2}{2}=\dfrac{1+2i-1}{2}=\dfrac{2i}{2}=i$이므로

$z^4=(z^2)^2=i^2=-1,\ z^6=z^4\times z^2=(-1)\times(i)=-i.$

$\therefore\ z^6+2z^4=-i-2=x+iy$

$\therefore\ x=-2,\ y=-1$ ■

[17] 오일러 공식과 복소수의 지수 형식[3)]

$e^{i\theta}$에 대한 다음 공식

$$e^{i\theta}=\cos\theta+i\sin\theta$$

를 오일러 공식(Euler's formula)이라 하고, 복소수 z는

$$z=r(\cos\theta+i\sin\theta)=re^{i\theta}$$

와 같이 지수형식(exponential form)으로 표현된다.

3) 복소수의 정의와 오일러 공식은 알아두도록 한다.

보충설명 함수 $f(x)$의 테일러 급수(Taylor series) 전개는 다음과 같이 정의된다.

$$f(x)=f(0)+f'(0)x+\frac{f''(0)}{2!}x^2+\frac{f'''(0)}{3!}x^3+\cdots$$

이에 따라 e^x, $\sin x$, $\cos x$를 테일러 급수로 전개하면 다음과 같이 된다.

$$e^x=1+x+\frac{x^2}{2!}+\frac{x^3}{3!}+\frac{x^4}{4!}+\frac{x^5}{5!}+\cdots$$

$$\sin x=x-\frac{x^3}{3!}+\frac{x^5}{5!}-\frac{x^7}{7!}+\cdots$$

$$\cos x=1-\frac{x^2}{2!}+\frac{x^4}{4!}-\frac{x^6}{6!}+\cdots$$

따라서 $n=0,\ 1,\ 2,\ \cdots$에 대하여 $(ix)^{4n}=x^{4n}$, $(ix)^{4n+1}=i\,x^{4n+1}$, $(ix)^{4n+2}=-x^{4n+2}$, $(ix)^{4n+3}=-ix^{4n+3}$이므로

$$\begin{aligned}e^{ix}&=1-\frac{x^2}{2!}+\frac{x^4}{4!}-\frac{x^6}{6!}+\cdots+i\left(x-\frac{x^3}{3!}+\frac{x^5}{5!}-\frac{x^7}{7!}+\cdots\right)\\&=\cos x+i\sin x\end{aligned}$$

가 된다.

[18] 드무아브르 정리

$(\cos\theta+i\sin\theta)^n$에 대한 다음 관계식을 드무아브르 정리(De Moivre's theorem)라 한다.

$$(\cos\theta+i\sin\theta)^n=\cos(n\theta)+i\sin(n\theta)$$

여기에서 n은 임의의 정수이다.

† 드무아브르 정리 또는 드무아브르 공식(De Moivre's formula)이라 한다.

설명 오일러 공식에서

$$\cos\theta+i\sin\theta=e^{i\theta}$$

이므로 양변을 n제곱하면

$$
\begin{aligned}
(\cos\theta + i\sin\theta)^n &= (e^{i\theta})^n = e^{i(n\theta)} \\
&= \cos(n\theta) + i\sin(n\theta)
\end{aligned}
$$

가 성립한다.

연습문제 1.3

1. 다음 식을 만족하는 실수 x, y의 값을 구하여라.

(1) $2+x+3i=4-(y-7)i$

(2) $(x-y)+(-2x+y+3)i=0$

2. 다음 식을 만족하는 z를 구하여라.

(1) $z^2=-5$　　(2) $z^2=-\dfrac{2}{9}$

3. 다음을 계산하여 $a+bi$의 형태로 나타내어라.

(1) $(2+3i)+(-4+5i)$　　(2) $(3-2i)-(5-7i)$

(3) $(1+2\sqrt{2}\,i)(3-\sqrt{2}\,i)$　　(4) $(2+3i)^2-(2-3i)^2$

(5) $(2+\sqrt{-4})(3-\sqrt{-9})$　　(6) $\dfrac{1+\sqrt{-4}}{1-\sqrt{-4}}$

4. 다음 값을 구하여라.

(1) $\mathrm{Re}\,[(1-i)(2+3i)]$　　(2) $\mathrm{Im}\,[(3+2i)(4-i)]$

5. $z^2=i$가 되는 복소수 z를 구하여라. († $z=x+iy$로 놓는다.)

6. $\alpha=1+\sqrt{2}\,i$, $\beta=1-\sqrt{2}\,i$일 때 $\dfrac{\alpha^2}{\beta}+\dfrac{\beta^2}{\alpha}$의 값을 구하여라.

7. $\alpha=2+i$, $\beta=2-i$일 때 $\alpha^3+\alpha^2\beta+\alpha\beta^2+\beta^3$의 값을 구하여라.

8. $f(x)=2x^4+3x^3+2x^2+x+1$일 때 $f\left(\dfrac{1+i}{1-i}\right)=a+bi$를 만족하는 실수 a, b의 값을 구하여라.

1.4 이차방정식

[19] 이차방정식

미지수 x의 최고차항이 2차인 방정식 $ax^2+bx+c=0$ ($a \neq 0$, a, b, c는 상수)을 x에 대한 이차방정식이라 한다.

[20] 인수분해에 의한 풀이 방법

x에 대한 이차방정식이 $(ax-b)(cx-d)=0$ (단, $a \neq 0$, $c \neq 0$)으로 인수분해되면 방정식의 근은 $x=\dfrac{b}{a}$ 또는 $x=\dfrac{d}{c}$이다.

예 $2x^2-7x+6=(2x-3)(x-2)$

$\therefore$ 방정식 $2x^2-7x+6=0$의 근은 $x=\dfrac{3}{2}$ 또는 $x=2$.

[21] 근의 공식에 의한 풀이 방법[4]

$ax^2+bx+c=0$ ($a \neq 0$)의 근은 $x=\dfrac{-b\pm\sqrt{b^2-4ac}}{2a}$

$Ax^2+2Bx+C=0$ ($A \neq 0$)의 근은 $x=\dfrac{-B\pm\sqrt{B^2-AC}}{A}$

증명 (1) $ax^2+bx+c=0$ ($a \neq 0$)

$$ax^2+bx+c=a\left\{x^2+\frac{b}{a}x+\left(\frac{b}{2a}\right)^2-\left(\frac{b}{2a}\right)^2\right\}+c$$

---

4) 2계미분방정식을 풀 때 이차방정식으로 표현되는 특성방정식의 근을 구해야 하므로 근의 공식은 반드시 알아두도록 한다.

$$= a\left(x+\frac{b}{2a}\right)^2 - \frac{b^2-4ac}{4a} = 0$$

$$\therefore\ a\left(x+\frac{b}{2a}\right)^2 = \frac{b^2-4ac}{4a}$$

$$\therefore\ \left(x+\frac{b}{2a}\right) = \pm\frac{\sqrt{b^2-4ac}}{2a}$$

$$\therefore\ x = -\frac{b}{2a} \pm \frac{\sqrt{b^2-4ac}}{2a} = \frac{-b\pm\sqrt{b^2-4ac}}{2a}$$

(2) $Ax^2+2Bx+C=0\ (A\neq 0)$의 근은 윗식의 a, b, c에 A, $2B$, C를 각각 대입하면 유도된다. ■

예 (1) $x^2-5x+2=0$의 근은

$$x = \frac{-(-5)\pm\sqrt{(-5)^2-4\times1\times2}}{2\times1} = \frac{5\pm\sqrt{17}}{2}.$$

(2) $x^2+4x-3=0$의 근은

$$x = \frac{-(2)\pm\sqrt{2^2-1\times(-3)}}{1} = -2\pm\sqrt{7}.$$

(3) $x^2-x+1=0$의 근

$$x = \frac{-(-1)\pm\sqrt{(-1)^2-4\times1\times1}}{2} = \frac{1\pm\sqrt{-3}}{2} = \frac{1\pm\sqrt{3}i}{2}.$$

[22] 판별식 [5)]

계수 a, b, c가 실수인 이차방정식 $ax^2+bx+c=0$에서 $D=b^2-4ac$라고 하면 D의 값에 따라 다음과 같은 근을 갖는다.

(1) $D>0 \Leftrightarrow$ 서로 다른 두 실근

(2) $D=0 \Leftrightarrow$ 중근(서로 같은 두 실근)

(3) $D<0 \Leftrightarrow$ 서로 다른 두 허근

$Ax^2+2Bx+C=0$이면 $D/4=B^2-AC$를 사용하면 편리하다.

5) 판별식 D의 값에 따른 근의 유형(두 실근, 중근, 허근)을 알아두도록 한다.

(1) $D/4>0 \Leftrightarrow$ 서로 다른 두 실근
(2) $D/4=0 \Leftrightarrow$ 중근(서로 같은 두 실근)
(3) $D/4<0 \Leftrightarrow$ 서로 다른 두 허근

설명 근의 공식에서 $x=\dfrac{-b\pm\sqrt{b^2-4ac}}{2a}$이므로 $D=b^2-4ac$의 부호에 따라 서로 다른 실근 중근 또는 허근을 갖는다.

예 (1) $2x^2-3x-1=0$

$D=(-3)^2-4\times2\times(-1)=17>0$ $\therefore$ 서로 다른 두 실근

(2) $x^2+6x+9=0$

$D=6^2-4\times1\times9=0$ (또는 $D/4=3^2-1\times9=0$) $\therefore$ 중근

(3) $x^2-2x+3=0$

$D=2^2-4\times1\times3=-8<0$ (또는 $D/4=1^2-1\times3=-2<0$)

$\therefore$ 서로 다른 두 허근

예제 1.4.1 다음 이차방정식의 근을 구하여라.

(1) $6x^2-7x-24=0$ (2) $x^2-(\sqrt{2}-\sqrt{3})x-\sqrt{6}=0$

풀이 (1) $6x^2-7x-24=(2x+3)(3x-8)=0$

$\therefore x=-\dfrac{3}{2}, \dfrac{8}{3}$

(2) $x^2-(\sqrt{2}-\sqrt{3})x-\sqrt{6}=(x-\sqrt{2})(x+\sqrt{3})=0$

$\therefore x=\sqrt{2}, -\sqrt{3}$ ■

예제 1.4.2 $x^2-\sqrt{5}x+1=0$의 한 근이 α일 때 $\alpha^2+\dfrac{1}{\alpha^2}$의 값을 구하여라.

풀이 α는 방정식 $x^2-\sqrt{5}x+1=0$의 근이므로 $\alpha^2-\sqrt{5}\alpha+1=0$.

양변을 α로 나누면 $\alpha-\sqrt{5}+\dfrac{1}{\alpha}=0$.

$\therefore \alpha+\dfrac{1}{\alpha}=\sqrt{5}$

$$\therefore\ \alpha^2+\frac{1}{\alpha^2}=\left(\alpha+\frac{1}{\alpha}\right)^2-2=(\sqrt{5})^2-2=3$$ ■

예제 1.4.3 방정식 $x^2+2y^2+2xy+2x+4y+2=0$을 만족하는 실수 x, y의 값을 구하여라.

풀이 주어진 식을 x에 대해 정리하면

$$x^2+2y^2+2xy+2x+4y+2=x^2+2x(y+1)+2y^2+4y+2=0.$$

x는 실수이므로

$$\begin{aligned}D/4&=(y+1)^2-(2y^2+4y+2)=-y^2-2y-1\\&=-(y+1)^2\geq 0.\end{aligned}$$

$\therefore\ y=-1\quad \because\ (\text{실수})^2\geq 0$

$y=-1$을 주어진 식에 대입하여 정리하면 $x^2=0$.

$\therefore\ x=0$ ■

예제 1.4.4 계수가 실수인 이차방정식 $x^2+ax+b=0$의 한 근이 $2-3i$일 때 a, b의 값을 구하여라.

풀이 계수가 실수이고 한 근 $\alpha=2-3i$.

$\therefore$ 다른 한 근 $\beta=2+3i$

$\therefore\ \alpha+\beta=4=-a,\ \alpha\beta=(2-3i)(2+3i)=(2^2+3^2)=13=b$

$\therefore\ a=-4,\ b=13$ ■

연습문제 1.4

1. 다음의 x에 대한 이차방정식의 근을 구하여라.

(1) $4x^2-7x-15=0$ (2) $12x^2+28x-5=0$

(3) $x^2-x-2-\sqrt{2}=0$ (4) $2x^2+2\sqrt{2}x-3=0$

(5) $x^2+1=0$ (6) $2x^2+(3p+1)x+p^2-1=0$

2. 이차방정식 $x^2+ax+b=0$의 한 근이 $2+\sqrt{3}$일 때 유리수 a, b의 값을 구하여라.

†이차방정식 $ax^2+bx+c=0\ (a\neq 0)$의 두 근을 α, β라 하면,

$\alpha+\beta=-\frac{b}{a}$, $\alpha\beta=\frac{c}{a}$이다.

x에 대한 이차방정식 $ax^2+bx+c=0$에서

(1) 근이 무리수일 때 : 계수 a, b, c가 유리수인 경우, 한 근이 $p+q\sqrt{k}$이면 다른 한 근은 $p-q\sqrt{k}$이다.

(2) 근이 허수일 때 : 계수 a, b, c가 실수인 경우, 한 근이 $p+qi$이면 다른 한 근은 $p-qi$이다.

3. 이차방정식 $x^2+ax+b=0$의 한 근이 $\frac{2+\sqrt{2}i}{2}$일 때 실수 a, b의 값을 구하여라.

4. 방정식 $x^2+y^2-4x+4y+8=0$을 만족하는 실수 x, y의 값을 구하여라.

5. 모든 실수 x에 관해 $x^2-(n-1)x+1\geq 0$이 되기 위한 정수 n의 최솟값과 최댓값을 구하여라.

1.5 유리식의 계산

[23] 유리식

두 다항식 A, B에 대하여 $\dfrac{A}{B}$의 형태로 나타내어지는 식을 유리식이라 한다. B가 상수이면 $\dfrac{A}{B}$는 다항식이므로 다항식은 유리식에 포함된다.

† $\dfrac{2}{x+3}$, $\dfrac{x+1}{x^2+3x+5}$과 같이 분모가 1차 이상의 다항식인 유리식을 분수식이라 한다.

[24] 유리식의 성질 6)

다항식 A, B, C $(B \neq 0,\ C \neq 0)$에 대하여 다음 식이 성립한다.

(1) $\dfrac{A}{B} = \dfrac{AC}{BC}$　　　(2) $\dfrac{A}{B} = \dfrac{A/C}{B/C}$

예제 1.5.1 다음 분수식을 간단히 하여라.

(1) $\dfrac{x}{x-2} - \dfrac{x-4}{2-x}$　　　(2) $\dfrac{x+4}{x^2+3x+2} - \dfrac{x+8}{x^2+x-2}$

풀이

(1)
$$\begin{aligned}\frac{x}{x-2} - \frac{x-4}{2-x} &= \frac{x}{x-2} + \frac{x-4}{x-2} \\ &= \frac{x+(x-4)}{x-2} \\ &= \frac{2(x-2)}{x-2} \\ &= 2\end{aligned}$$

(2)
$$\frac{x+4}{x^2+3x+2} - \frac{x+8}{x^2+x-2} = \frac{x+4}{(x+1)(x+2)} - \frac{x+8}{(x-1)(x+2)}$$

---

6) 유리식 계산은 제어나 전기회로 해석(입력/전달함수)을 할 때 기초가 되므로 계산방법을 잘 파악해 두도록 한다.

$$= \frac{(x+4)(x-1)-(x+8)(x+1)}{(x+1)(x+2)(x-1)}$$

$$= \frac{x^2+3x-4-(x^2+9x+8)}{(x+1)(x+2)(x-1)}$$

$$= \frac{-6(x+2)}{(x+1)(x+2)(x-1)}$$

$$= \frac{-6}{(x+1)(x-1)}$$ ■

예제 1.5.2 다음 식이 성립할 때 상수 A, B, C의 값을 구하여라.

$$\frac{x}{x^2-3x+2} = \frac{A}{x-1} + \frac{B}{x-2}$$

풀이 우변의 분모를 통분하여 정리하면

$$\frac{x}{x^2-3x+2} = \frac{A}{x-1} + \frac{B}{x-2}$$
$$= \frac{A(x-2)+B(x-1)}{(x-1)(x-2)} = \frac{(A+B)x+(-2A-B)}{x^2-3x+2}$$

이다. 첫째 식과 마지막 식의 분자를 비교하면

$$x = (A+B)x + (-2A-B)$$

가 된다. 이 방정식은 모든 x에 대해 성립하므로

$$A+B=1, \quad -2A-B=0$$

이다. 따라서 $A=-1$, $B=2$이다. ■

† 예제 1.5.2와 같이 하나의 유리함수를 두 개 이상의 유리함수의 합으로 나타내는 것을 부분분수로 분해한다고 하며, 이와 같은 부분분수 분해는 특히 유리함수를 적분할 때나 라플라스 역변환을 구할 때 많이 이용한다.

연습문제 1.5

1. 다음 분수식을 간단히 하여라.

(1) $\dfrac{x^2+5x+6}{x^2+3x+2}$ (2) $\dfrac{(x^2-y^2)(x^3+y^3)}{(x+y)(x^6-y^6)}$

(3) $\dfrac{x}{x-1}-\dfrac{x-2}{1-x}$ (4) $\dfrac{x^2+1}{x^3+1}-\dfrac{x}{x^3+1}$

2. 다음 식이 성립할 때 상수 A, B, C의 값을 구하여라.

(1) $\dfrac{3}{x^2-x-2}=\dfrac{A}{x+1}+\dfrac{B}{x-2}$

(2) $\dfrac{9x-6}{x^3+x^2-2x}=\dfrac{A}{x}+\dfrac{B}{x-1}+\dfrac{C}{x+2}$

3. 다음 분수식을 간단히 하여라.

$$\frac{1}{x(x+1)}+\frac{1}{(x+1)(x+2)}+\frac{1}{(x+2)(x+3)}+\frac{1}{(x+3)(x+4)}$$

† $\dfrac{1}{AB}=\dfrac{1}{B-A}\left(\dfrac{1}{A}-\dfrac{1}{B}\right)$

4. 다음 식의 값을 구하여라.

$$\frac{1}{1\cdot3}+\frac{1}{3\cdot5}+\frac{1}{5\cdot7}+\frac{1}{7\cdot9}+\frac{1}{9\cdot11}+\frac{1}{11\cdot13}$$

5. 다음 분수식을 간단히 하여라.

$$1-\frac{1}{1-\frac{1}{1-x}}+\frac{\frac{1}{x+1}-\frac{1}{x-1}}{\frac{1}{x+1}+\frac{1}{x-1}}$$

제2장 기초 함수

2.1 유리함수와 무리함수

[1] 다항함수(polynomial function)

음이 아닌 정수 n과 실수 a_0, a_1, a_2, $\cdots$, a_n에 대하여

$$f(x) = a_n x^n + a_{n-1} x^{n-1} + \cdots + a_1 x + a_0$$

인 함수를 다항함수라 한다. 최고차항의 계수 $a_n \neq 0$이면 함수의 차수는 n이고 $f(x)$를 n차함수라 한다.

[2] 이항정리

n이 양의 정수일 때 $(a+x)^n$을 전개하면 다음과 같다.

$$(a+x)^n = {}_nC_0 a^n + {}_nC_1 a^{n-1} x + {}_nC_2 a^{n-2} x^2 + \cdots + {}_nC_r a^{n-r} x^r + \cdots + {}_nC_n x^n$$

여기에서 ${}_nC_r = \dfrac{n!}{r!(n-r)!}$, ${}_nC_r = {}_nC_{n-r}$ $(n \geq r)$, ${}_nC_0 = {}_nC_n = 1$이고,

n의 계승(n factorial)은 $n! \neq n(n-1)(n-2) \times \cdots \times 2 \times 1$이다.

[3] 분수함수와 유리함수

(1) **분수함수** : 함수 $y = f(x)$에서 $f(x)$가 x에 대한 분수식으로 나타내어진 함수를 분수함수라 한다.

(2) **유리함수** : 다항함수와 분수함수를 통틀어 유리함수라 한다.

[4] 일차함수와 이차함수의 그래프

(1) 일차함수 $y = ax + b$의 그래프 :

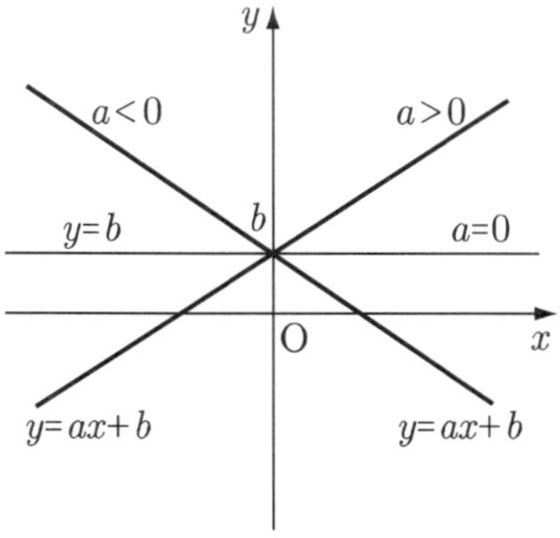

① 기울기가 a, y절편이 b인 직선

② $a > 0$이면 x값이 증가함에 따라 y값도 증가하는 함수

③ $a < 0$이면 x값이 증가함에 따라 y값은 감소하는 함수

④ $a = 0$이면 $y = b$인 상수함수이고 x축에 평행한 직선

(2) 이차함수 $y = ax^2$의 그래프 :

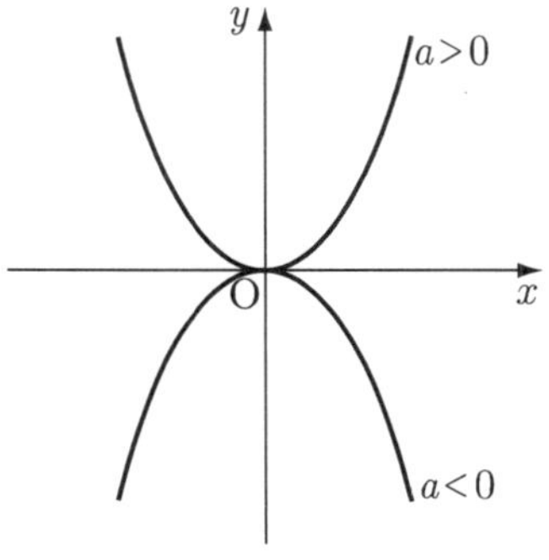

① 꼭짓점 : 원점 (0, 0)

② 대칭축 : $x = 0$

③ $a > 0$이면 아래로 볼록(∪)

$a < 0$이면 위로 볼록(∩)

④ $|a|$가 클수록 폭이 좁다.

(3) $y = a(x - m)^2 + n$의 그래프 :

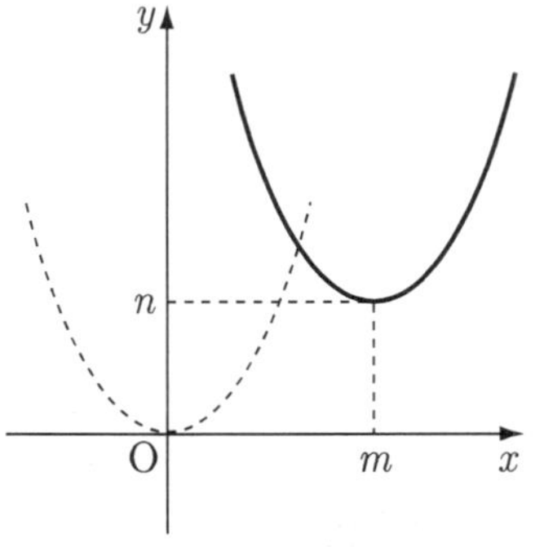

$y = ax^2$의 그러프를 x축 방향으로 m만큼, y축 방향으로 n만큼 평행이동한 그래프

① 꼭짓점 : (m, n)

② 대칭축 : $x = m$

[5] 분수함수 $y = k/x$ $(k \neq 0)$의 그래프

(1) 정의역과 치역은 0을 제외한 실수 전체의 집합이다.

(2) 점근선은 x축$(y = 0)$과 y축$(x = 0)$이다.

(3) 원점 (0, 0)에 대하여 대칭인 직각쌍곡선이다.

(4) $k>0$이면 그래프는 제1사분면과 3사분면에 있고,
$k<0$이면 그래프는 제2사분면과 4사분면에 있다.

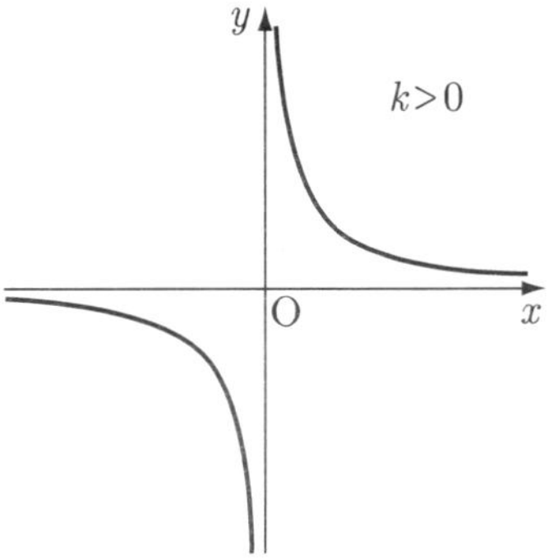

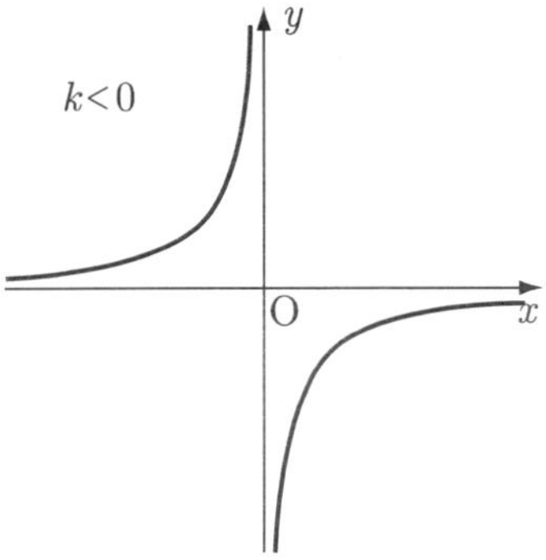

[6] 분수함수 $y=\dfrac{k}{x-m}+n\ (k\neq 0)$의 그래프

(1) 정의역은 $\{x|x\neq m$인 모든 실수$\}$,
치역은 $\{y|y\neq n$인 모든 실수$\}$.

(2) $y=k/x$의 그래프를 x축 방향으로 m만큼, y축 방향으로 n만큼 평행이동한 그래프이다.

(3) 점근선은 $x=m$, $y=n$이고, 점 (m, n)에 대하여 대칭인 직각쌍곡선이다.

(4) 점 (m, n)을 지나고 기울기가 ± 1인 직선에 대하여 대칭이다.

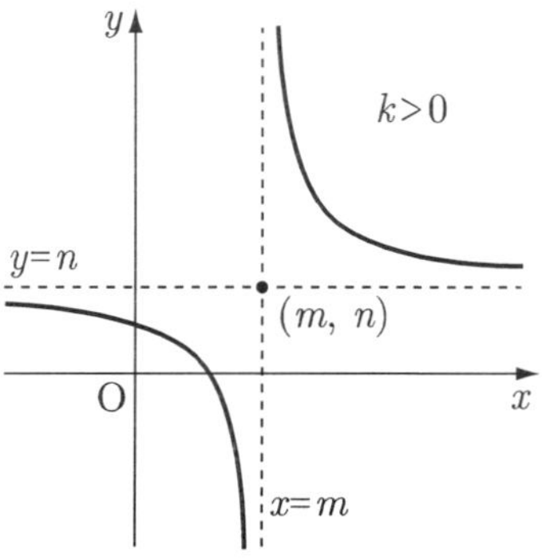

[7] 무리함수

(1) **무리함수** : 함수 $y=f(x)$에서 $f(x)$가 x에 대한 무리식일 때 이 함수를 무리함수라 한다.

$$y=\sqrt{g(x)}$$

(2) **무리함수의 정의역** : 무리함수의 정의역이 제시되지 않은 경우에는 근호 안의 함숫값이 0 또는 양이 되게 하는 실수 전체의 집합을 정의역으로 한다.

예 무리함수 $y=\sqrt{2x-3}$의 정의역은 $x \geq \frac{3}{2}$이다.

[8] 무리함수 $y=\sqrt{kx}$ $(k \neq 0)$의 그래프

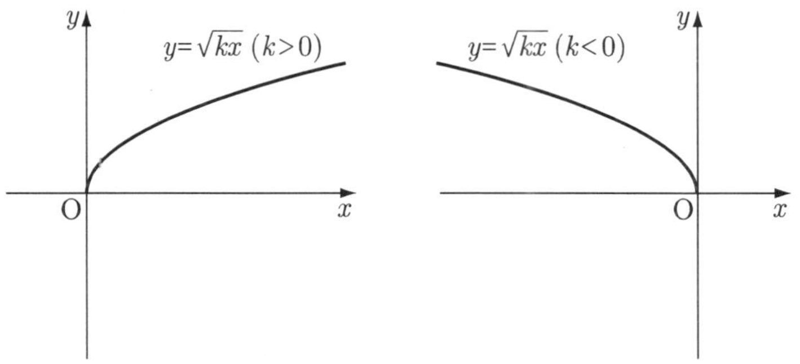

[9] 그래프의 평행이동

함수 $y=f(x)$의 그래프를 x축 방향으로 m만큼, y축 방향으로 n만큼 평행이동한 그래프의 방정식은 $y-n=f(x-m)$이다.

예 무리함수 $y=\sqrt{2x+1}$의 그래프를 x축 방향으로 2, y축 방향으로 4만큼 평행이동한 그래프의 방정식은 $y-4=\sqrt{2(x-2)+1}$, 즉 $y=\sqrt{2x-3}+4$이다.

[10] 역함수

함수 $f: X \to Y$가 일대일 대응이면 Y의 각 원소 y에 대하여 $y=f(x)$인 X의 원소 x가 하나씩 존재한다. 따라서 Y의 원소 y에 대하여 $f(x)=y$인 X의 원소 x를 대응시키는 새 함수를 정의하여 $f: X \to Y$의 역함수라 한다. 역함수의 정의역은 Y이고 공역은 X이며, 다음과 같은 기호로 나타낸다.

$$f^{-1}: Y \to X,\ x=f^{-1}(y)$$

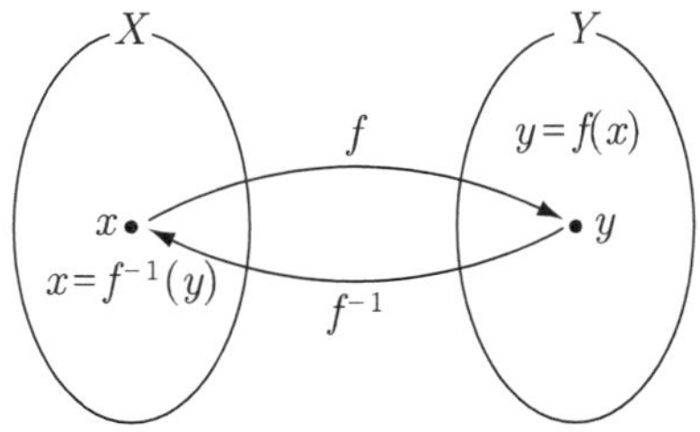

* 함수와 역함수의 관계 : $y=f(x) \Leftrightarrow x=f^{-1}(y)$

예제 2.1.1 $(x+2)^5$을 전개하여 나타내어라.

풀이 $(x+2)^5 = {}_5C_0x^5 + {}_5C_1x^4(2^1) + {}_5C_2x^3(2^2) + {}_5C_3x^2(2^3)$

$+ {}_5C_4x^1(2^4) + {}_5C_5x^0(2^5)$

여기에서 ${}_5C_0 = {}_5C_5 = 1$, ${}_5C_1 = {}_5C_4 = 5$, ${}_5C_2 = {}_5C_3 = 10$이므로

$$(x+2)^5 = x^5 + 10x^4 + 40x^3 + 80x^2 + 80x + 32.$$

■

예제 2.1.2 $\left(x+\frac{1}{x}\right)^8$의 전개식에서 $\frac{1}{x^2}$의 계수를 구하여라.

풀이 전개식의 일반항은 ${}_8C_r(x)^{8-r}\left(\frac{1}{x}\right)^r = {}_8C_r(x)^{8-2r}$이다.

$1/x^2 = x^{-2}$이 될 때 $8-2r=-2$에서 $r=5$이므로

$\frac{1}{x^2}$의 계수는 ${}_8C_5 = {}_8C_3 = \frac{8\times7\times6}{3\times2\times1} = 56$이다. ■

예제 2.1.3 다음 세 직선의 방정식을 구하고 그래프를 그려서 세 직선으로 둘러싸인 삼각형의 넓이를 구하여라.

(1) 두 점 $(-1, 5)$, $(3, 1)$을 지나는 직선

(2) 기울기가 $\frac{1}{2}$이고 점 $(2, 2)$를 지나는 직선

(3) x절편이 -2, y절편이 4인 직선

풀이 (1) $y = \frac{1-5}{3-(-1)}[x-(-1)]+5$

$=-x+4$

(2) $y=\frac{1}{2}x+b$에서 점 $(2,\ 2)$를 지나므로 $b=1$. $\therefore\ y=\frac{1}{2}x+1$

(3) $\frac{x}{-2}+\frac{y}{4}=1$에서 $y=2x+4$.

그래프에서 삼각형의 넓이

$=4\times4-\frac{1}{2}[4\times2+2\times2+2\times4]=6$

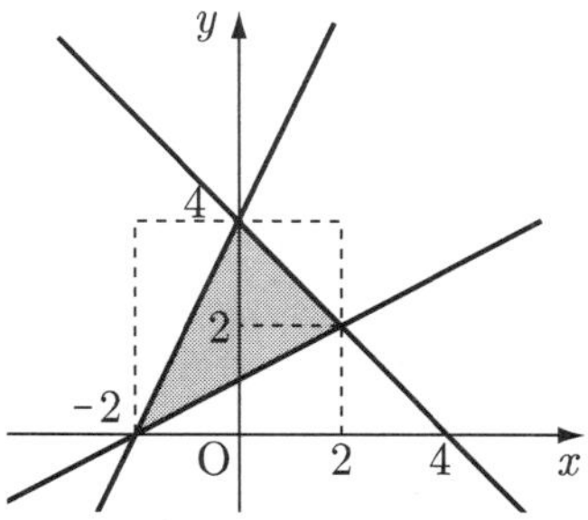

■

† x절편이 a이고 y절편이 b인 직선의 방정식은 $\frac{x}{a}+\frac{y}{b}=1\ (ab\neq0)$.

예제 2.1.4 $f(x)=x^2+2\ (x\geq0)$의 역함수를 구하여라.

풀이 $y=x^2+2$에서 $x^2=y-2$. $\therefore\ x=\pm\sqrt{y-2}\ \ (y\geq2)$

$x\geq0$이므로 $x=\sqrt{y-2}$이고 x와 y를 바꾸면

$$y=\sqrt{x-2}.$$

$\therefore\ f^{-1}(x)=\sqrt{x-2}\ \ (x\geq2)$ ■

예제 2.1.5 이차함수 $y=x^2-4x+5$의 꼭짓점, 대칭축, y절편을 구하고 그래프를 그려라.

풀이 $y=x^2-4x+5=(x^2-4x+4)+1=(x-2)^2+1$

꼭짓점 $(2,\ 1)$, 대칭축 $x=2$, y절편은 $x=0$일 때 $y=5$이고 그래프는 다음과 같다.

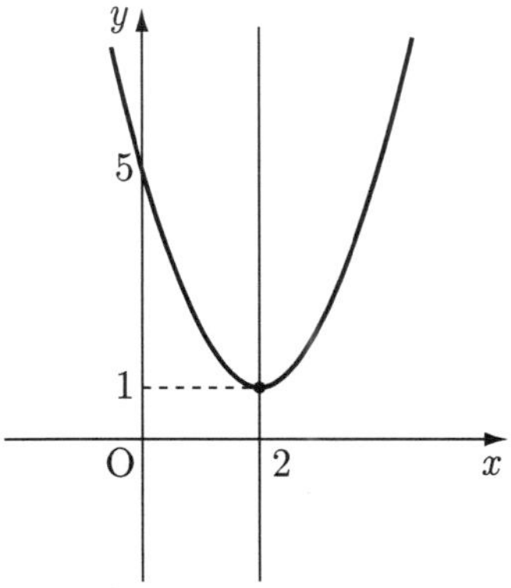

■

예제 2.1.6 분수함수 $f(x)=\dfrac{cx+d}{ax+b}$ $(a\neq 0)$의 역함수를 구하여라.

풀이 $y=\dfrac{cx+d}{ax+b}$에서 $(ax+b)y=cx+d$.

x에 대하여 풀면 $(ay-c)x=-by+d$에서 $x=\dfrac{-by+d}{ay-c}$.

x와 y를 바꾸면 $y=\dfrac{-bx+d}{ax-c}$.

$\therefore\ f^{-1}(x)=\dfrac{-bx+d}{ax-c}$ ■

연습문제 2.1

1. 함수 $f(x)=2x^3-3x+4$일 때 다음을 구하여라.
   (1) $f(0)$　　　　(2) $f(-1)$

2. $f(3x)=9x^2-3x+4$일 때 $f(1)$의 값을 구하여라.

3. $f(x+1)=x^2-2x+3$일 때 $f(x)$를 구하여라.

4. $\left(2x^2+\dfrac{1}{x}\right)^6$을 전개하였을 때 x^3의 계수를 구하여라.

5. 두 점 $(1,\ 1)$, $(3,\ -1)$을 지나는 직선의 방정식을 구하고 그래프를 그려라.

6. 이차함수 $y=x^2-2x-3$의 꼭짓점, 대칭축, x절편, y절편을 구하고 그래프를 그려라.

7. 분수함수 $y=\dfrac{4x+5}{2x+3}$의 점근선의 방정식을 구하고 그래프를 그려라.

8. 함수 $f(x)=\dfrac{x+2}{3x+4}$의 역함수를 구하여라.

9. 함수 $f(x)=\dfrac{a}{x+1}$에 대하여 $f(f(x))=\dfrac{x+1}{x+2}$이 성립할 때 상수 a의 값을 구하여라.

10. 함수 $y=\sqrt{x-1}+2$의 역함수를 구하여라.

11. 함수 $f(x)=ax+b$에서 $f^{-1}(3)=0$이고 $f[f(0)]=9$일 때 상수 a, b의 값을 구하여라.

2.2 지수함수와 로그함수

[11] 지수함수

(1) **지수함수** : $a \neq 1$, $a > 0$일 때 정의역이 실수의 집합이며 치역이 양의 실수의 집합인 함수 $y = a^x$를 a를 밑으로 하는 지수함수라 한다.

(2) **지수함수 $y = a^x$ $(a \neq 1,\ a > 0)$의 성질**

① 정의역은 실수 전체의 집합이고 치역은 $\{y | y > 0\}$이다.

② 그래프는 점 $(0,\ 1)$을 지나고 직선 $y = 0$(x축)을 점근선으로 한다.

③ $0 < a < 1$일 때, x값이 증가하면 y값은 감소한다.

$a > 1$일 때, x값이 증가하면 y값도 증가한다.

$y = a^x$ 의 그래프는 다음과 같다.

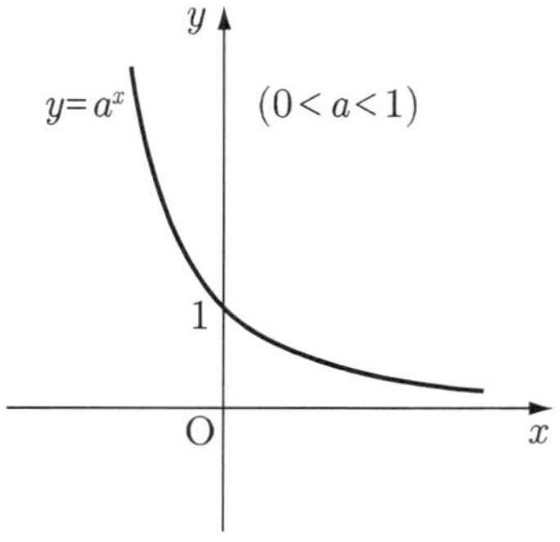

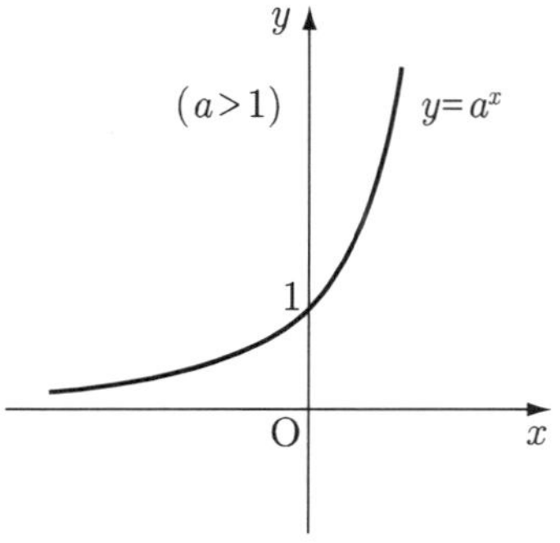

(3) $y = a^x$와 $y = a^{-x} = \left(\dfrac{1}{a}\right)^x$의 그래프는 y축에 대하여 대칭이다.

(4) 지수함수 $y = a^x$의 그래프를 x축 방향으로 m만큼, y축 방향으로 n만큼 평행이동한 방정식은 $y = a^{x-m} + n$이다.

[12] 지수법칙

$a > 0$, $b > 0$이고 x, y가 실수일 때

(1) $a^x a^y = a^{x+y}$

(2) $a^x \div a^y = a^{x-y}$

(3) $(a^x)^y = a^{xy}$

(4) $(ab)^x = a^x b^x$

$$a \neq 0\text{일 때, } a^0 = 1, \; a^{-x} = \frac{1}{a^x}.$$

[13] 로그함수(logarithmic funcion)

(1) **로그함수** : 지수함수 $y = a^x$의 역함수 $y = \log_a x$ $(a \neq 1, \; a > 0)$를 a를 밑으로 하는 로그함수라 한다.

(2) **로그함수** $y = \log_a x$ $(a \neq 1, \; a > 0)$**의 성질**

① 정의역은 $\{x \mid x > 0\}$이고, 치역은 실수 전체의 집합이다.

② 그래프는 점 $(1, 0)$을 지나고 직선 $x = 0$(y축)을 점근선으로 한다.

③ $a > 1$일 때, x값이 증가하면 y값도 증가한다.

$0 < a < 1$일 때, x값이 증가하면 y값은 감소한다.

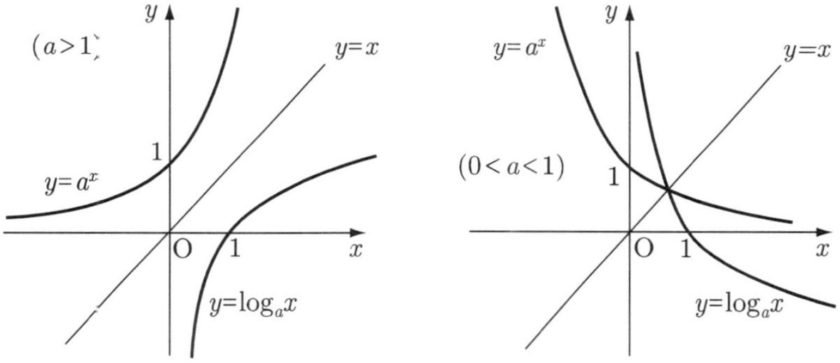

[14] 로그의 기본 성질

$a > 0, \; a \neq 1$이고 $x > 0, \; y > 0$일 때

(1) $\log_a a = 1, \; \log_a 1 = 0$

(2) $\log_a xy = \log_a x + \log_a y$

(3) $\log_a \frac{x}{y} = \log_a x - \log_a y$

(4) $\log_a x^m = m \log_a x$ (m 은 실수)

밑 변환공식 : $a > 0, \; a \neq 1, \; b > 0, \; b \neq 1, \; x > 0$일 때

(1) $\log_a x = \frac{\log_b x}{\log_b a}$

(2) $\log_a b = \frac{1}{\log_b a}$

[15] 상용로그와 자연로그

(1) **상용로그** : $\log_{10}N$과 같이 밑을 10으로 하는 로그를 상용로그라 하고, 보통 밑 10을 생략하여 $\log N$으로 나타낸다. $\log 10 = 1$, $\log 10^n = n$.

(2) **자연로그** : 밑이 e인 $\log_e x$를 자연로그(natural logarithm)라 하고 $\ln x$로 나타낸다. 즉 $\ln x = \log_e x$이다.

여기에서 $e = \lim_{h \to 0}(1+h)^{1/h} = 2.718281 \cdots$ (무리수)이다.

† 십진법을 사용하는 수의 계산에는 상용로그를 사용하는 것이 편리하다. 그러나 공학 문제를 해석할 때 사용하는 로그는 대부분 자연로그이다.

[16] 지수함수 $y = a^x$와 로그함수 $y = \log_a x$ 의 관계

(1) 두 함수는 서로 역함수이다.

(2) 두 함수의 그래프는 $y = x$에 대하여 대칭이다.

예제 2.2.1 함수 $y = 2^x$의 그래프를 $y = x$에 대하여 대칭이동한 다음, 다시 x축 방향으로 1만큼, y축 방향으로 3만큼 평행이동한 그래프의 방정식을 구하여라.

풀이 ▌ 함수 $y = 2^x$의 그래프를 $y = x$에 대하여 대칭이동한 그래프의 방정식은 $y = \log_2 x$이고($\because$ $y = 2^x$의 역함수), 이것을 다시 x축 방향으로 1만큼, y축 방향으로 3만큼 평행이동한 그래프의 방정식은 $y = \log_2(x-1)+3$이다. ■

예제 2.2.2 다음 함수의 역함수를 구하여라.

(1) $f(x) = 2 \times 3^{x+1}$　　(2) $f(x) = \ln(x+2)$

풀이 ▌ (1) $y = 2 \times 3^{x+1}$로 하면 $\frac{y}{2} = 3^{x+1}$이고, 양변에 3을 밑으로 하는 로그를 잡으면

$$\log_3(y/2) = \log_3 3^{x+1} = (x+1)\log_3 3 = x+1.$$

$\therefore\ x = \log_3(y/2) - 1$

x와 y를 바꾸면 $y = \log_3(x/2) - 1$이므로

역함수는 $f^{-1}(x) = \log_3(x/2) - 1$이다.

(2) $y = \ln(x+2)$로 하면 로그의 정의에 의해

$$x + 2 = e^y$$

이므로 $x = e^y - 2$이고, x와 y를 바꾸면

$$y = e^x - 2$$

가 된다. 따라서 역함수는 $f^{-1}(x) = e^x - 2$이다. ■

예제 2.2.3 함수 $y = \log\left(\frac{3^x\sqrt{x^2+1}}{x^4+1}\right)$을 자연로그의 합과 차로 나타내어라.

풀이 로그의 밑 변환공식으로부터

$$\begin{aligned} y = \log\left(\frac{3^x\sqrt{x^2+1}}{x^4+1}\right) &= \frac{\ln\left(\frac{3^x\sqrt{x^2+1}}{x^4+1}\right)}{\ln 10} \\ &= \frac{1}{\ln 10}\left[\ln 3^x + \ln\sqrt{x^2+1} - \ln(x^4+1)\right] \\ &= \frac{1}{\ln 10}\left[x\ln 3 + \frac{1}{2}\ln(x^2+1) - \ln(x^4+1)\right]. \end{aligned}$$

■

예제 2.2.4 $y = \log_2 4(x-1) - 2$의 정의역, 치역, 점근선의 방정식을 구하고, 그래프를 그려라.

풀이
$$\begin{aligned} y = \log_2 4(x-1) - 2 &= \log_2 4 + \log_2(x-1) - 2 \\ &= 2 + \log_2(x-1) - 2 \\ &= \log_2(x-1) \end{aligned}$$

이므로 정의역 $\{x | x > 1\}$,

치역은 실수 전체의 집합,

점근선 $x = 1$이다.

다음은 $y = \log_2 x$의 그래프를 x축 방향으로 1만큼 평행이동한 그래프이다.

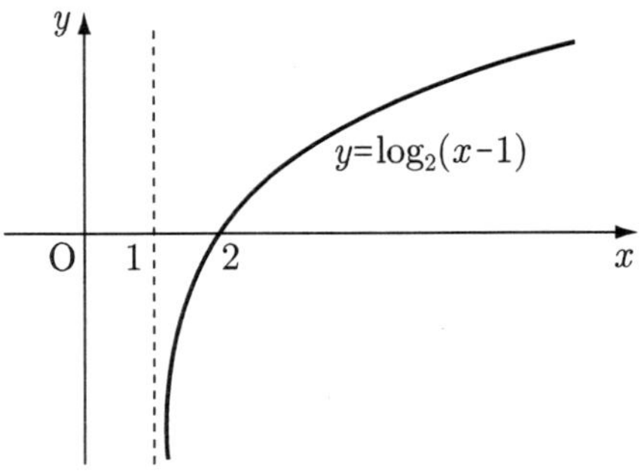
y
$y=\log_2(x-1)$
O
1
2
x

■

연습문제 2.2

1. $a>0,\ x>0$이고 $a^x+a^{-x}=5$일 때 다음 식의 값을 구하여라.

(1) $\sqrt{a^x}+\sqrt{a^{-x}}$ (2) $a^{2x}+a^{-2x}$ (3) $a^{3x}+a^{-3x}$

2. (1) $e^{a\ln b}=b^a\ (a>0,\ b>0,\ b\neq 1)$를 증명하고 (2) $e^{\ln x}$, (3) $e^{-2\ln x}$를 간단히 하여라.

3. $2^x=3^y=36$일 때 $\frac{1}{x}+\frac{1}{y}$의 값을 구하여라.

4. $\log_{\sqrt{2}}(1+\sqrt{2}-\sqrt{3})+\log_{\sqrt{2}}(1+\sqrt{2}+\sqrt{3})$을 간단히 하여라.

5. $mn\neq 1$인 양수 m, n에 대하여 $m^a=n^b=k\ (k>0,\ k\neq 1)$일 때 $\log_{mn}\sqrt{m}$을 a, b로 나타내어라.

6. $f(x)=2^x+2^{-x}$의 최솟값을 구하여라.

† $a>0,\ b>0$일 때 $a+b\geq 2\sqrt{ab}$, 등호는 $a=b$일 때 성립한다.

7. $y=-4^x+2^{x+1}$의 최댓값을 구하여라.

8. 다음 식을 만족하는 x를 구하여라.

(1) $4^{2x-1}=\dfrac{1}{8\sqrt[3]{64}}$ (2) $3^{3x+2}=\left(\dfrac{9}{\sqrt{3}}\right)^{4x+6}$

(3) $\log_2(2x+1)=4$ (4) $x^{\log x}=\dfrac{x^3}{100}$

9. x에 대한 방정식 $\log_3 x=x+k$의 두 근의 비가 $1:3$일 때 k의 값과 근을 구하여라.

2.3 삼각함수

[17] 삼각함수의 정의

동경 OP가 x축의 양의 방향과 이루는 각의 크기를 θ, 동경과 반지름의 길이가 r인 원과의 교점을 P(x, y)라고 할 때 θ의 삼각함수는 다음과 같이 정의된다.

$$\sin\theta = \frac{y}{r},\ \cos\theta = \frac{x}{r},\ \tan\theta = \frac{y}{x}\ \ (r = \sqrt{x^2 + y^2})$$

$$\csc\theta = \frac{r}{y},\ \sec\theta = \frac{r}{x},\ \cot\theta = \frac{x}{y}$$

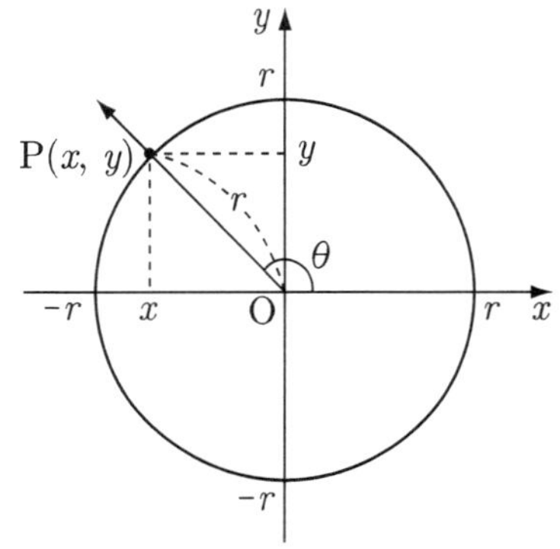

[18] 삼각함수 사이의 관계

(1) **역수 관계**: $\csc\theta = \dfrac{1}{\sin\theta},\ \sec\theta = \dfrac{1}{\cos\theta},\ \cot\theta = \dfrac{1}{\tan\theta}$

(2) **상제 관계**: $\tan\theta = \dfrac{\sin\theta}{\cos\theta},\ \cot\theta = \dfrac{\cos\theta}{\sin\theta}$

(3) **제곱 관계**: $\sin^2\theta + \cos^2\theta = 1,\ 1 + \tan^2\theta = \sec^2\theta,\ 1 + \cot^2\theta = \csc^2\theta$

[19] 삼각함수의 성질 1)

(1) $\sin(-\theta) = -\sin\theta,\ \cos(-\theta) = \cos\theta,\ \tan(-\theta) = -\tan\theta$

(2) $\sin\left(\frac{\pi}{2}-\theta\right)=\cos\theta$, $\cos\left(\frac{\pi}{2}-\theta\right)=\sin\theta$, $\tan\left(\frac{\pi}{2}-\theta\right)=\cot\theta$

(3) $\sin(2n\pi+\theta)=\sin\theta$, $\cos(2n\pi+\theta)=\cos\theta$, $\tan(n\pi+\theta)=\tan\theta$ (n: 정수)

(4) $\sin(\alpha\pm\beta)=\sin\alpha\cos\beta\pm\cos\alpha\sin\beta$ (복호동순)

$\cos(\alpha\pm\beta)=\cos\alpha\cos\beta\mp\sin\alpha\sin\beta$ (복호동순)

$\tan(\alpha\pm\beta)=\dfrac{\tan\alpha\pm\tan\beta}{1\mp\tan\alpha\tan\beta}$ (복호동순)

(5) $\sin2\alpha=2\sin\alpha\cos\alpha$

$\cos2\alpha=\cos^2\alpha-\sin^2\alpha=1-2\sin^2\alpha=2\cos^2\alpha-1$

$\tan2\alpha=\dfrac{2\tan\alpha}{1-\tan^2\alpha}$

(6) $\sin^2\frac{\alpha}{2}=\dfrac{1-\cos\alpha}{2}$, $\cos^2\frac{\alpha}{2}=\dfrac{1+\cos\alpha}{2}$, $\tan^2\frac{\alpha}{2}=\dfrac{1-\cos\alpha}{1+\cos\alpha}$

(7) $A\cos\theta+B\sin\theta=\sqrt{A^2+B^2}\sin(\theta+\alpha)$, $\tan\alpha=\dfrac{A}{B}$

예제 2.3.1 원점 O와 점 P$(-4, 3)$을 지나는 동경이 x축의 양의 방향과 이루는 각을 θ라 할 때 각 θ의 삼각함수의 값을 구하여라.

풀이 ▮ 원점 O에서 점 P$(-4, 3)$까지의 거리가 $r=\sqrt{(-4)^2+3^2}=5$이므로,

$$\sin\theta=\frac{y}{r}=\frac{3}{5},\quad \cos\theta=\frac{x}{r}=-\frac{4}{5},\quad \tan\theta=\frac{y}{x}=-\frac{3}{4},$$

$$\csc\theta=\frac{r}{y}=\frac{5}{3},\quad \sec\theta=\frac{r}{x}=-\frac{5}{4},\quad \cot\theta=\frac{x}{y}=-\frac{4}{3}.$$ ■

예제 2.3.2 $\sin\theta+\cos\theta=\dfrac{1}{\sqrt2}$일 때 다음을 구하여라.

(1) $\sin\theta\cos\theta$ (2) $\sin\theta-\cos\theta$ (3) $\tan\theta+\cot\theta$

풀이 ▮ (1) $(\sin\theta+\cos\theta)^2=\sin^2\theta+\cos^2\theta+2\sin\theta\cos\theta=1+2\sin\theta\cos\theta$

$\sin\theta+\cos\theta=\dfrac{1}{\sqrt2}$의 양변을 제곱하면 $(\sin\theta+\cos\theta)^2=\dfrac{1}{2}$.

1) 이 표에 있는 삼각함수의 성질은 실제 문제(미분, 적분, 진동 등)에서 많이 사용되므로 개념을 충분히 파악하도록 한다.

$$\therefore\ 1+2\sin\theta\cos\theta=\frac{1}{2}\text{이므로 } \sin\theta\cos\theta=-\frac{1}{4}.$$

(2) $(\sin\theta-\cos\theta)^2=\sin^2\theta+\cos^2\theta-2\sin\theta\cos\theta$

$$=1-2\times\left(-\frac{1}{4}\right)=\frac{3}{2}$$

$$\therefore\ \sin\theta-\cos\theta=\pm\sqrt{\frac{3}{2}}=\pm\frac{\sqrt{6}}{2}$$

(3) $\tan\theta+\cot\theta=\dfrac{\sin\theta}{\cos\theta}+\dfrac{\cos\theta}{\sin\theta}=\dfrac{\sin^2\theta+\cos^2\theta}{\sin\theta\cos\theta}$

$$=\frac{1}{\sin\theta\cos\theta}=\frac{1}{-1/4}=-4$$ ■

예제 2.3.3 $\cos(x+y)=\cos x\cos y-\sin x\sin y$를 이용하여 다음 반각공식을 증명하여라.

(1) $\sin^2 x=\dfrac{1-\cos 2x}{2}$ (2) $\cos^2 x=\dfrac{1+\cos 2x}{2}$

풀이 $\cos(x+y)=\cos x\cos y-\sin x\sin y$에서 $y=x$로 놓으면

$$\cos 2x=\cos^2 x-\sin^2 x \quad \cdots ①$$

이고,

$$1=\cos^2 x+\sin^2 x \quad \cdots ②$$

이므로 ①+②에서 $\cos^2 x=\dfrac{1+\cos 2x}{2}$,

②−①에서 $\sin^2 x=\dfrac{1-\cos 2x}{2}$를 얻는다. ■

예제 2.3.4 $a\sin\theta+b\cos\theta=\sqrt{a^2+b^2}\sin(\theta+\alpha)$, $(\tan\alpha=\dfrac{b}{a})$가 됨을 증명하여라.

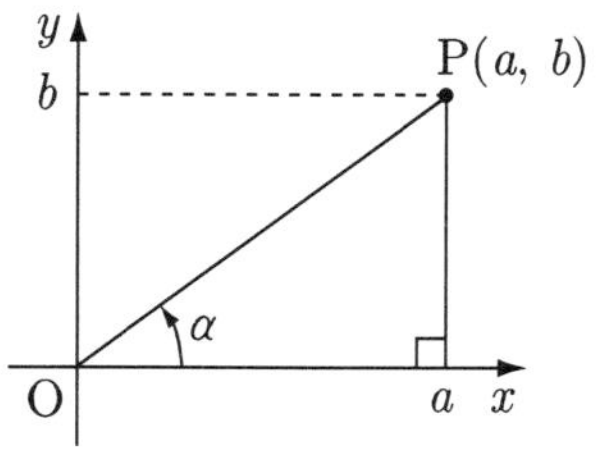

풀이 $\sin\theta$의 계수를 x좌표, $\cos\theta$의 계수를 y좌표로 하는 점 $P(a, b)$를 잡으면

$\overline{OP}=\sqrt{a^2+b^2}$ 이고, $\overline{OP}$가 x축의 양의 방향과 이루는 각을 α라 하면

$$\cos\alpha=\frac{a}{\sqrt{a^2+b^2}},\ \sin\alpha=\frac{b}{\sqrt{a^2+b^2}}$$

이다. 이 값으로 준 식을 정리하면

$$\begin{aligned} a\sin\theta+b\cos\theta &= \sqrt{a^2+b^2}\left(\frac{a}{\sqrt{a^2+b^2}}\sin\theta+\frac{b}{\sqrt{a^2+b^2}}\cos\theta\right) \\ &= \sqrt{a^2+b^2}\,(\sin\theta\cos\alpha+\cos\theta\sin\alpha) \\ &= \sqrt{a^2+b^2}\,\sin(\theta+\alpha) \end{aligned}$$

가 된다. 단, $\tan\alpha=\dfrac{b}{a}$ 이다. ■

예제 2.3.5 반각공식을 사용하여 $\tan\dfrac{\pi}{12}$의 값을 구하여라.

풀이 $\tan^2\dfrac{\tau}{12}=\dfrac{1-\cos\dfrac{\pi}{6}}{1+\cos\dfrac{\pi}{6}}=\dfrac{1-\dfrac{\sqrt{3}}{2}}{1+\dfrac{\sqrt{3}}{2}}=\dfrac{2-\sqrt{3}}{2+\sqrt{3}}=(2-\sqrt{3})^2$

$\therefore\ \tan\dfrac{\pi}{12}=2-\sqrt{3}$ ($\because$ $\dfrac{\pi}{12}$는 제1사분면에 있으므로 $\tan\dfrac{\pi}{12}>0$) ■

[20] $y=\sin x$의 그래프

(1) 함수 $y=\sin x$의 정의역은 $\{x\,|\,x$는 실수$\}$, 치역은 $\{y\,|\,-1\le y\le 1\}$.

(2) 주기$=2\pi$

(3) 기함수$[\sin(-x)=-\sin x]$이고 원점에 대하여 대칭

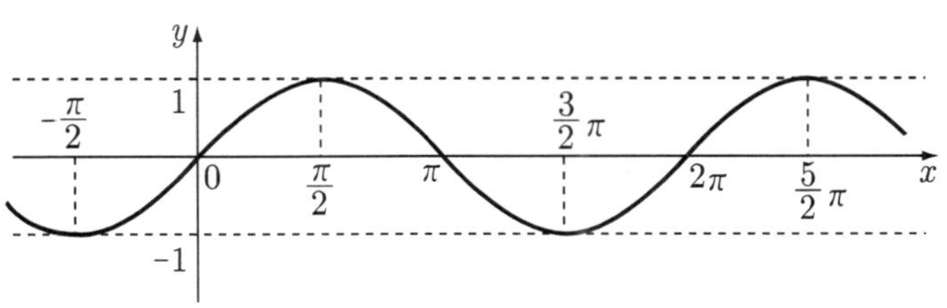

[21] $y=\cos x$의 그래프

(1) 함수 $y=\cos x$의 정의역은 $\{x \mid x$는 실수$\}$, 치역은 $\{y \mid -1 \le y \le 1\}$.

(2) 주기$=2\pi$

(3) 우함수$[\cos(-x)=\cos x]$이고 y축에 대하여 대칭

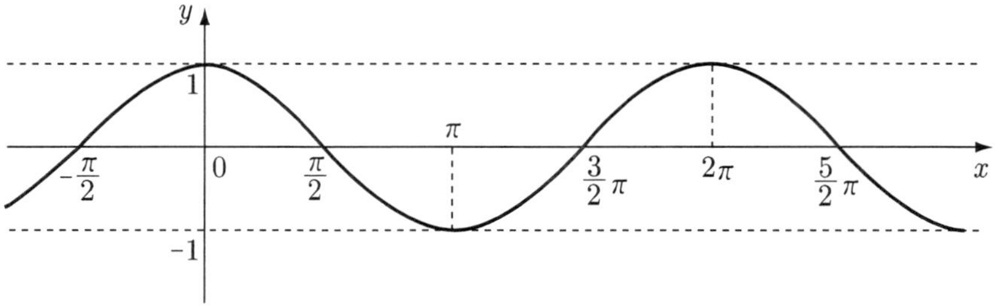

[22] $y=\tan x$의 그래프

(1) 함수 $y=\tan x$의 정의역은 $\left\{x \mid x\text{는 실수},\ x \ne \frac{\pi}{2}+n\pi,\ n\text{은 정수}\right\}$,

치역은 $\{y \mid y$는 실수$\}$.

(2) 주기$=\pi$

(3) 기함수$[\tan(-x)=-\tan x]$이고 원점에 대하여 대칭

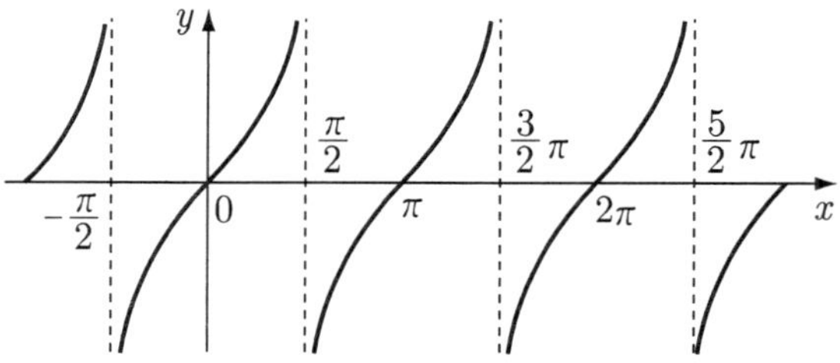

예제 2.3.6 함수 $f(x)=a\sin kx+b\ (a>0,\ k>0)$의 최댓값은 7, 최솟값은 1이고, 주기가 π일 때 상수 $a,\ b,\ k$의 값을 구하여라.

풀이 $-1 \le \sin kx \le 1$이므로 최댓값 $a+b=7$, 최솟값 $-a+b=1$이다.

$\therefore\ a=3,\ b=4$

$\sin kx$의 주기는 $\dfrac{2\pi}{k}=\pi$이므로 $k=2$이다. ■

* $y = A\sin(\omega x + \alpha) + C$와 $y = A\cos(\omega x + \alpha) + C$의 주기, 최댓값, 최솟값은 다음과 같다.

$$\text{주기} = \frac{2\pi}{|\omega|},\ \text{최댓값} = |A| + C,\ \text{최솟값} = -|A| + C$$

* $y = A\tan(\omega x + \alpha) + C$의 주기$= \dfrac{\pi}{|\omega|}$이고, 최댓값과 최솟값은 없다.

예제 2.3.7 $y = \sin x + \sqrt{3}\cos x$의 최댓값과 최솟값을 구하여라.

풀이 $y = \sin x + \sqrt{3}\cos x = 2\left(\sin x \times \dfrac{1}{2} + \cos x \times \dfrac{\sqrt{3}}{2}\right)$

$$= 2\left(\sin x \cos\frac{\pi}{3} + \cos x \sin\frac{\pi}{3}\right)$$

$$= 2\sin\left(x + \frac{\pi}{3}\right)$$

$\left(\leftarrow \cos\alpha = \dfrac{1}{2},\ \sin\alpha = \dfrac{\sqrt{3}}{2}\right.$에서 $\tan\alpha = \dfrac{\sin\alpha}{\cos\alpha} = \sqrt{3}.\ \therefore\ \left.\alpha = \dfrac{\pi}{3}\right)$

$\therefore\ -1 \le \sin\left(x + \dfrac{\pi}{3}\right) \le 1$이므로 최댓값은 2이고 최솟값은 -2이다. ■

예제 2.3.8 함수 $y = 3\cos^2 x + \sin^2 x + 2\cos x + 3$의 최댓값과 최솟값을 구하여라.

풀이 $\sin^2 x + \cos^2 x = 1$이므로

$$\begin{aligned} y &= 3\cos^2 x + \sin^2 x + 2\cos x + 3 \\ &= (\cos^2 x + \sin^2 x) + 2\cos^2 x + 2\cos x + 3 \\ &= 1 + 2\cos^2 x + 2\cos x + 3 \\ &= 2\cos^2 x + 2\cos x + 4. \end{aligned}$$

$\cos x = X$로 하면

$$y = 2X^2 + 2X + 4 = 2\left(X + \frac{1}{2}\right)^2 + \frac{7}{2}.$$

$0 \le x \le 2\pi$에서 $-1 \le \cos x \le 1$이므로 $-1 \le X \le 1$.

y는 X에 대한 이차함수이고 꼭짓점 $X = -\dfrac{1}{2}$에서의 값은 $\dfrac{7}{2}$이고,

경계에서의 값은 $X = -1$일 때 $y = 4$, $X = 1$일 때 $y = 8$이다.

$\therefore\ X = -\dfrac{1}{2}$에서 최솟값 $\dfrac{7}{2}$, $X = 1$에서 최댓값 8을 갖는다. ■

[23] 역삼각함수(inverse trigonometric function)

(1) **역사인함수** : $y = \sin x$의 역함수를 $y = \sin^{-1}x$ 또는 $y = \arcsin x$로 나타내고 역사인함수라 한다. $y = \sin^{-1}x$의 정의역은 $\{x \mid -1 \le x \le 1\}$, 치역은 $\left\{y \mid -\frac{\pi}{2} \le y \le \frac{\pi}{2}\right\}$이다.

(2) **역코사인함수** : $y = \cos x$의 역함수를 $y = \cos^{-1}x$ 또는 $y = \arccos x$로 나타내고 역코사인함수라 한다. $y = \cos^{-1}x$의 정의역은 $\{x \mid -1 \le x \le 1\}$, 치역은 $\{y \mid 0 \le y \le \pi\}$이다.

(3) **역탄젠트함수** : $y = \tan x$의 역함수를 $y = \tan^{-1}x$ 또는 $y = \arctan x$로 나타내고 역탄젠트함수라 한다. $y = \tan^{-1}x$의 정의역은 실수의 집합이고, 치역은 $\left\{y \mid -\frac{\pi}{2} < y < \frac{\pi}{2}\right\}$이다.

[24] 역삼각함수의 그래프

사인함수, 코사인함수, 탄젠트함수와 그에 대응되는 역사인함수, 역코사인함수, 역탄젠트함수는 각각 $y = x$에 대해 대칭이며, 역삼각함수의 그래프 모양은 다음과 같다.

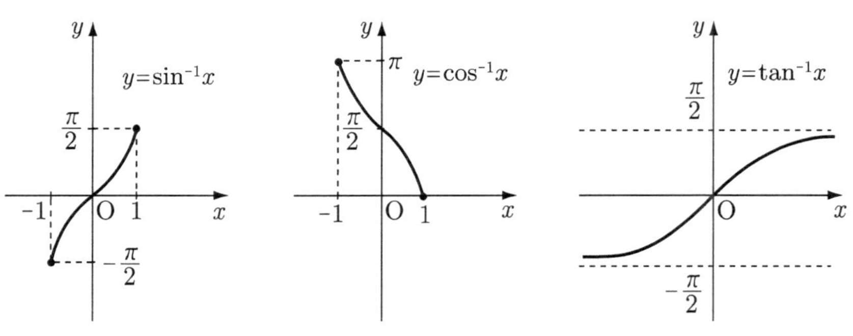

예제 2.3.9 다음 역삼각함수의 값을 구하여라.

(1) $\sin^{-1}\frac{1}{\sqrt{2}}$　　(2) $\cos^{-1}\frac{1}{2}$　　(3) $\tan^{-1}\frac{1}{\sqrt{3}}$

풀이 (1) $\sin\frac{\pi}{4}=\frac{1}{\sqrt{2}}$ $\therefore\ \sin^{-1}\frac{1}{\sqrt{2}}=\frac{\pi}{4}$

(2) $\cos\frac{\pi}{3}=\frac{1}{2}$ $\therefore\ \cos^{-1}\frac{1}{2}=\frac{\pi}{3}$

(3) $\tan\frac{\pi}{6}=\frac{1}{\sqrt{3}}$ $\therefore\ \tan^{-1}\frac{1}{\sqrt{3}}=\frac{\pi}{6}$ ■

† 역함수의 정의 $y=f(x) \Leftrightarrow x=f^{-1}(y)$에 의해
$y=\sin x \Leftrightarrow x=\sin^{-1}y$, $y=\cos x \Leftrightarrow x=\cos^{-1}y$, $y=\tan x \Leftrightarrow x=\tan^{-1}y$.

예제 2.3.10 $\sin^{-1}(\sqrt{3}x)=\cos^{-1}(x)$를 만족하는 x를 구하여라.

풀이 $\sin^{-1}(\sqrt{3}x)=\cos^{-1}(x)=k$로 놓으면
역함수의 정의에 의해

$$x=\cos k \qquad \cdots ①$$

$$\sqrt{3}x=\sin k \qquad \cdots ②$$

$x\neq 0$이므로 ② ÷ ①을 하면 $\tan k=\sqrt{3}$. $\therefore\ k=\frac{\pi}{3}$

$\therefore\ x=\cos k=\cos\frac{\pi}{3}=\frac{1}{2}$ ■

예제 2.3.11 $\sin(\tan^{-1}x)=\frac{x}{\sqrt{1+x^2}}$가 성립함을 보여라.

풀이 $\tan^{-1}x=k$로 놓으면 $x=\tan k$이므로 $\sin k=\frac{x}{\sqrt{1+x^2}}$.

$\therefore\ \sin(\tan^{-1}x)=\sin k=\frac{x}{\sqrt{1+x^2}}$ ■

연습문제 2.3

1. 원점을 O라 할 때 동경 OP가 x축의 양의 방향과 이루는 각을 θ라 한다. 점 $\mathrm{P}(-3, -4)$일 때 $\sin\theta$, $\cos\theta$, $\tan\theta$의 값을 구하여라.

2. $\csc\theta = \sqrt{5}$이고 $\frac{\pi}{2} < \theta < \pi$일 때 $\sin\theta$, $\cos\theta$, $\tan\theta$의 값을 구하여라.

3. 반각공식을 사용하여 $\sin\frac{\pi}{8}$, $\cos\frac{\pi}{8}$, $\tan\frac{\pi}{8}$의 값을 구하여라.

4. $\sin x + \cos x = \frac{1}{\sqrt{2}}$일 때 $3 + \sin 2x$의 값을 구하여라.

5. $y = 2\sin\left(x + \frac{\pi}{6}\right) + 2\cos x = A\sin(x + \phi)$일 때 상수 A, ϕ를 구하여라.

6. $y = 3\sin x + 4\cos x$의 최댓값과 최솟값을 구하여라.

7. $x + y = \frac{\pi}{2}$일 때 $\sqrt{3}\sin x + \cos y$의 최댓값과 최솟값을 구하여라.

8. $y = \cos^2 x + 4\sin x\cos x - \sin^2 x$의 최댓값과 최솟값 및 주기를 구하여라.

9. $y = 2\cos^2 x - 3\sin^2 x + 4$의 최댓값과 최솟값을 구하여라.

10. 다음 역삼각함수의 값을 구하여라.

(1) $\cos^{-1}\frac{1}{\sqrt{2}}$　　(2) $\sin^{-1}\frac{1}{2}$

(3) $\tan^{-1}\sqrt{3}$　　(4) $\sin\left(\sin^{-1}\frac{1}{3}\right)$

11. $\sin^{-1}x = \cos^{-1}x$를 만족하는 x를 구하여라.

2.4 쌍곡선함수

[25] 쌍곡선함수(hyperbolic function)의 정의 [2)]

밑을 e로 하는 지수함수 $y=e^x$와 $y=e^{-x}$의 결합으로 이루어지는 함수를 다음과 같이 정의하고 이들을 통틀어 쌍곡선함수라 한다.

$$\sinh x=\frac{e^x-e^{-x}}{2},\ \cosh x=\frac{e^x+e^{-x}}{2},\ \tanh x=\frac{\sinh x}{\cosh x},$$

$$\operatorname{sech} x=\frac{1}{\cosh x},\ \operatorname{csch} x=\frac{1}{\sinh x},\ \coth x=\frac{1}{\tanh x}$$

이상의 함수를 각각 쌍곡선 sine함수, 쌍곡선 cosine함수, 쌍곡선 tangent함수, 쌍곡선 secant함수, 쌍곡선 cosecant함수, 쌍곡선 cotangent함수라 한다.

[26] 쌍곡선함수의 성질

(1) $\sinh(-x)=-\sinh x,\ \cosh(-x)=\cosh x,\ \tanh(-x)=-\tanh x$

(2) $\cosh x+\sinh x=e^x,\ \cosh x-\sinh x=e^{-x}$

(3) $\cosh^2 x-\sinh^2 x=1,\ \tanh^2 x+\operatorname{sech}^2 x=1,\ \coth^2 x-\operatorname{csch}^2 x=1$

(4) $\sinh(x\pm y)=\sinh x\cosh y\pm\cosh x\sinh y$ (복호동순)

$\cosh(x\pm y)=\cosh x\cosh y\pm\sinh x\sinh y$ (복호동순)

$\tanh(x\pm y)=\dfrac{\tanh x\pm\tanh y}{1\pm\tanh x\tanh y}$ (복호동순)

(5) $\sinh 2x=2\sinh x\cosh x,\ \sinh^2 x=\dfrac{\cosh 2x-1}{2},\ \cosh^2 x=\dfrac{\cosh 2x+1}{2}$

† 쌍곡선함수는 삼각함수와 유사한 관계식을 갖는다.

2) 쌍곡선함수의 정의는 알아두도록 한다.

[27] 쌍곡선함수의 그래프

쌍곡선함수 $y=\sinh x$, $y=\cosh x$, $y=\tanh x$, $y=\coth x$ 의 모양은 다음 그림과 같다.

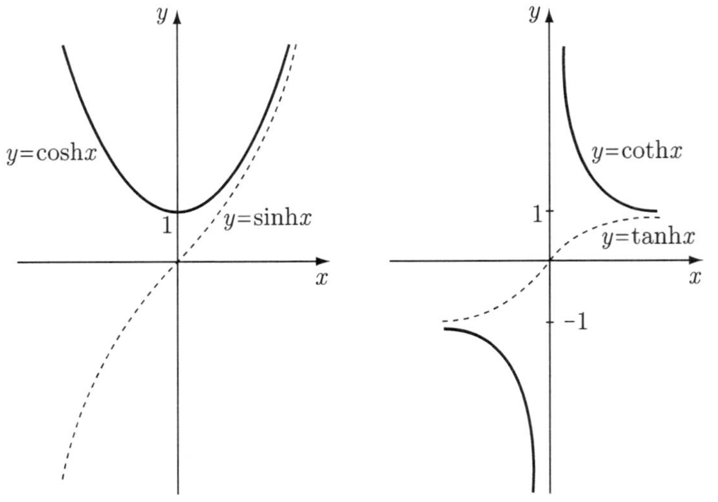

[28] 역쌍곡선함수

쌍곡선함수의 역함수를 역쌍곡선함수(inverse hyperbolic function)라 하고,

$$y=\sinh^{-1}x,\ y=\cosh^{-1}x,\ y=\tanh^{-1}x \text{ 또는}$$
$$y=\operatorname{arcsinh}x,\ y=\operatorname{arccosh}x,\ y=\operatorname{arctanh}x$$

로 나타낸다.

역쌍곡선함수는 다음과 같이 로그함수로 표현된다.

$$\sinh^{-1}x=\ln(x+\sqrt{x^2+1})$$
$$\cosh^{-1}x=\ln(x+\sqrt{x^2-1})\quad (x\ge 1)$$
$$\tanh^{-1}x=\frac{1}{2}\ln\frac{1+x}{1-x}\quad (|x|<1)$$

예제 2.4.1 $\cosh(-x)=\cosh x$, $\sinh(-x)=-\sinh x$ 임을 보여라.

풀이 $\cosh(-x)=\dfrac{e^{-x}+e^{-(-x)}}{2}=\dfrac{e^{-x}+e^{x}}{2}=\cosh x$

$$\sinh(-x)=\frac{e^{-x}-e^{-(-x)}}{2}=\frac{e^{-x}-e^{x}}{2}=-\left(\frac{e^{x}-e^{-x}}{2}\right)=-\sinh x$$ ■

예제 2.4.2 $\cosh^2 x-\sinh^2 x=1$ 임을 증명하여라.

풀이

$$\cosh^2 x-\sinh^2 x=\left(\frac{e^{x}+e^{-x}}{2}\right)^2-\left(\frac{e^{x}-e^{-x}}{2}\right)^2$$

$$=\frac{e^{2x}+2+e^{-2x}}{4}-\frac{e^{2x}-2+e^{-2x}}{4}$$

$$(\leftarrow e^{x}\times e^{-x}=e^{x-x}=e^{0}=1)$$

$$=\frac{e^{2x}+2+e^{-2x}-e^{2x}+2-e^{-2x}}{4}=\frac{2+2}{4}=1$$ ■

예제 2.4.3 $\sinh(x+y)=\sinh x\cosh y+\cosh x\sinh y$ 임을 보여라.

풀이

$$\sinh x\cosh y+\cosh x\sinh y$$

$$=\frac{e^{x}-e^{-x}}{2}\times\frac{e^{y}+e^{-y}}{2}+\frac{e^{x}+e^{-x}}{2}\times\frac{e^{y}-e^{-y}}{2}$$

$$=\frac{e^{x+y}+e^{x-y}-e^{-x+y}-e^{-x-y}}{4}+\frac{e^{x+y}-e^{x-y}+e^{-x+y}-e^{-x-y}}{4}$$

$$=\frac{2e^{x+y}-2e^{-x-y}}{4}$$

$$=\frac{e^{x+y}-e^{-(x+y)}}{2}$$

$$=\sinh(x+y)$$ ■

예제 2.4.4 $\sinh\alpha=\frac{3}{4}$ 일 때 $\cosh\alpha$, $\tanh\alpha$ 를 구하여라.

풀이

$$\cosh^2\alpha=1+\sinh^2\alpha=1+\left(\frac{3}{4}\right)^2=\frac{16+9}{16}=\frac{25}{16}$$

$\therefore\ \cosh\alpha=\frac{5}{4}$ $\quad(\leftarrow \cosh\alpha=\frac{e^{\alpha}+e^{-\alpha}}{2}>0$ 이므로 $\cosh\alpha\neq-\frac{5}{4})$

$\therefore\ \tanh\alpha=\frac{\sinh\alpha}{\cosh\alpha}=\frac{3}{5}$ ■

예제 2.4.5 $\sinh^{-1}x=\ln(x+\sqrt{x^2+1})$ 임을 증명하여라.

풀이 ▮ $y = \sinh x = \dfrac{e^x - e^{-x}}{2}$에서 x를 구한다.

$y = \dfrac{e^x - e^{-x}}{2}$의 양변에 $2e^x$를 곱하여 정리하면

$$(e^x)^2 - 2ye^x - 1 = 0$$

이다. 이 식은 e^x에 대한 이차방정식이므로 근의 공식에 의해

$$e^x = y \pm \sqrt{y^2+1}$$

이 된다. 여기에서 $e^x > 0$이므로 $y - \sqrt{y^2+1} < 0$은 e^x가 되지 않는다. 따라서

$$e^x = y + \sqrt{y^2+1}$$

이다. 이 식의 양변에 자연로그를 잡으면

$$x = \ln(y + \sqrt{y^2+1})$$

이고, 여기에서 x와 y를 바꾸면

$$y = \ln(x + \sqrt{x^2+1})$$

이므로 $y = \sinh x$의 역함수 $\sinh^{-1}x = \ln(x + \sqrt{x^2+1})$이다. ■

연습문제 2.4

1. $\cosh\alpha = \sqrt{2}$일 때 $\sinh\alpha$, $\tanh\alpha$를 구하여라.

2. 쌍곡선함수의 정의로부터 다음 값을 구하여라.

(1) $\cosh(\ln 2)$ (2) $\sinh(\ln 2)$ (3) $\tanh(\ln 3)$

3. $\cosh(x+y) = \cosh x \cosh y + \sinh x \sinh y$가 성립함을 보여라.

4. 다음 관계식이 성립함을 보여라.

$$\begin{aligned}\cosh 2x &= \cosh^2 x + \sinh^2 x \\ &= 2\cosh^2 x - 1 \\ &= 2\sinh^2 x + 1\end{aligned}$$

5. $\tanh^2 x + \operatorname{sech}^2 x = 1$을 증명하여라.

6. 계산기를 사용하여 다음 값을 구하여라.

(1) $\sinh(1)$ (2) $\cosh(1)$ (3) $\tanh(1)$

(4) $\sinh^{-1}(1)$ (5) $\cosh^{-1}(2)$ (6) $\tanh^{-1}(0.5)$

7. 함수 $y = \cosh x$의 정의역을 $x > 0$으로 제한하면 $y = \cosh x$의 역함수가 존재한다. 이때의 역함수 $\cosh^{-1} x = \ln(x + \sqrt{x^2 - 1})$임을 보여라.

8. 삼각함수에서 $(\cos\theta + i\sin\theta)^n = \cos(n\theta) + i\sin(n\theta)$ (드무아브르 정리)가 성립한다. 쌍곡선함수에서는 $(\cosh x + \sinh x)^n = \cosh(nx) + \sinh(nx)$ (n은 실수)임을 증명하여라.

제3장 미분

3.1 기초 미분공식

[1] 미분계수

함수 $y=f(x)$의 $x=a$에서의 미분계수 $f'(a)$를 다음과 같이 정의한다.

$$f'(a)=\lim_{\Delta x\to 0}\frac{f(a+\Delta x)-f(a)}{\Delta x}=\lim_{h\to 0}\frac{f(a+h)-f(a)}{h}=\lim_{x\to a}\frac{f(x)-f(a)}{x-a}$$

† $f'(a)$는 $y=f(x)$의 $x=a$에서의 미분계수 또는 순간변화율이라 한다.

[2] 미분계수의 기하학적 의미

(1) 곡선 $y=f(x)$ 위의 $x=a$에서의 미분계수 $f'(a)$는 점 $(a,\ f(a))$에서 곡선 $y=f(x)$에 접하는 접선의 기울기이다.

(2) 접선이 x축의 양의 방향과 이루는 각을 α라 하면 $\tan\alpha=f'(a)$이다.

(3) 곡선 $y=f(x)$ 위의 점 $(a,\ f(a))$에 접하는 접선의 방정식은

$$y=f'(a)(x-a)+f(a).$$

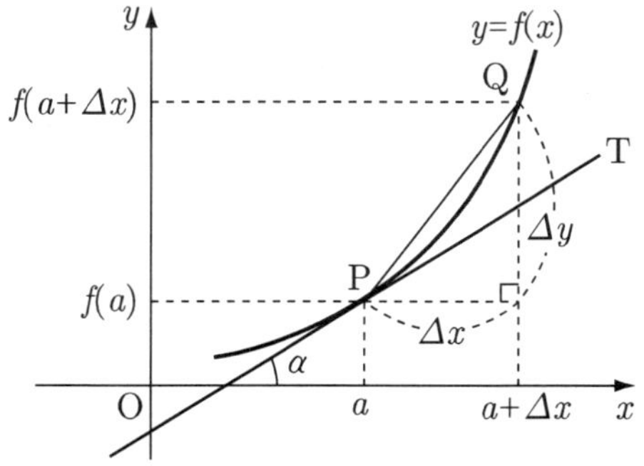

[3] 도함수

(1) 점 x에서의 함수 $y=f(x)$의 도함수(derivative) $f'(x)$는 다음과 같이 정의된다.

$$f'(x)=\lim_{h\to 0}\frac{f(x+h)-f(x)}{h}=\lim_{\Delta x\to 0}\frac{\Delta y}{\Delta x}=\frac{dy}{dx}$$

여기에서 $h=\Delta x$, $\Delta y=f(x+h)-f(x)=f(x+\Delta x)-f(x)$이다.

$y=f(x)$의 미분(differential)은 다음과 같이 정의된다.

$$dy=f'(x)dx$$

(2) $f(x)$의 도함수를 구하는 것을 $f(x)$를 x에 대하여 미분한다고 하고, 다음과 같은 여러 가지 방법으로 $y=f(x)$의 도함수를 나타낸다.

$$y',\ f'(x),\ \frac{dy}{dx},\ \frac{df(x)}{dx},\ \frac{d}{dx}f(x),\ D_xf(x),\ \cdots$$

[4] 고계도함수

함수 $y=f(x)$의 도함수 $f'(x)$가 미분가능할 때 $y=f(x)$의 2계도함수(derivative of second order)는 다음과 같이 정의된다.

$$f''(x)=\lim_{h\to 0}\frac{f'(x+h)-f'(x)}{h}$$

2계도함수는 다음과 같이 나타낸다.

$$y'',\ f''(x),\ \frac{d^2y}{dx^2},\ \frac{d^2f(x)}{dx^2},\ \frac{d^2}{dx^2}f(x),\ D_x^2y,\ \cdots$$

2계도함수 $f''(x)$가 미분가능할 때 $f''(x)$를 미분하여 얻어지는 함수를 $y=f(x)$의 3계도함수라 한다. 이와 같이 함수 $y=f(x)$를 거듭 n번 미분하여 얻어지는 함수를 n계도함수라 하고 다음과 같이 나타낸다.

$$y^{(n)},\ f^{(n)}(x),\ \frac{d^ny}{dx^n},\ \frac{d^n}{dx^n}f(x),\ D_x^ny,\ \cdots$$

$n\geq 2$일 때 $f^{(n)}(x)$를 $y=f(x)$의 고계도함수라 한다.

[5] 미분법의 기본 공식 1)

함수(y)	도함수(y')
(1) $y=c$ (c는 상수)	$y'=0$
(2) $y=x^n$ (n은 실수)	$y'=nx^{n-1}$
(3) $y=cf(x)$ (c는 상수)	$y'=cf'(x)$
(4) $y=f(x)\pm g(x)$	$y'=f'(x)\pm g'(x)$ (복호동순)
(5) $y=f(x)g(x)$	$y'=f'(x)g(x)+f(x)g'(x)$
(6) $y=\dfrac{f(x)}{g(x)}$, $g(x)\neq 0$	$y'=\dfrac{f'(x)g(x)-f(x)g'(x)}{[g(x)]^2}$

예제 3.1.1 다음 함수를 미분하여라.

(1) $y=x^3$　　(2) $y=2x^3+x^2+5$

(3) $y=(x-1)(x^2+x)$　　(4) $y=\dfrac{x+2}{x^2+1}$

풀이 (1) $y'=(x^3)'=3x^{3-1}=3x^2$

(2) $y'=(2x^3)'+(x^2)'+(5)'=6x^2+2x$

(3) $y'=(x-1)'(x^2+x)+(x-1)(x^2+x)'=(x^2+x)+(x-1)(2x+1)$
$=3x^2-1$

(4) $$y'=\frac{(x+2)'(x^2+1)-(x+2)(x^2+1)'}{(x^2+1)^2}=\frac{(x^2+1)-(x+2)(2x)}{(x^2+1)^2}=\frac{-x^2-4x+1}{(x^2+1)^2}$$ ■

예제 3.1.2 다음 함수의 도함수를 구하여라.

(1) $f(x)=3x^4+5\sqrt{x}$　　(2) $f(x)=4x+x^2+\dfrac{1}{\sqrt{x}}$

1) 이 표의 기본공식은 반드시 알아두도록 한다. 단순히 함수를 미분한다는 그 자체는 어려운 게 아니다. 이 표의 기본공식과 기초함수 미분공식 몇 개만 알면 된다.

풀이 ▮ (1) $f' = 3(x^4)' + 5(x^{1/2})' = 3 \times 4x^3 + 5 \times \frac{1}{2}x^{\frac{1}{2}-1} = 12x^3 + \frac{5}{2\sqrt{x}}$

(2) $f' = 4(x)' + (x^2)' + (x^{-1/2})' = 4 + 2x + \left(-\frac{1}{2}x^{-\frac{1}{2}-1}\right)$

$$= 4 + 2x - \frac{1}{2x\sqrt{x}}$$ ■

예제 3.1.3 다음 함수의 2계도함수를 구하여라.

(1) $y = x^4 + x^2$ (2) $y = \sqrt{x}$

풀이 ▮ (1) $y' = (x^4)' + (x^2)' = 4x^3 + 2x$

$y'' = 4(x^3)' + 2(x)' = 4 \times 3x^2 + 2 = 12x^2 + 2$

(2) $y' = (x^{1/2})' = \frac{1}{2}x^{\frac{1}{2}-1} = \frac{1}{2}x^{-\frac{1}{2}}$

$y'' = \frac{1}{2}\left(x^{-\frac{1}{2}}\right)' = \frac{1}{2} \times \left(-\frac{1}{2}x^{-\frac{1}{2}-1}\right) = -\frac{1}{4}x^{-\frac{3}{2}} = -\frac{1}{4x\sqrt{x}}$ ■

예제 3.1.4 포물선 $y = x^2 - x$ 위의 점 $(1,\ 0)$에 접하는 직선이 x축과 이루는 각(α)을 구하여라.

풀이 ▮ $y' = (x^2)' - (x)' = 2x - 1$이므로 $x = 1$일 때 $y' = 2 - 1 = 1$.

$\therefore\ \tan\alpha = y' = 1$이므로 $\alpha = \frac{\pi}{4}$. ■

연습문제 3.1

1. 다음 함수를 미분하여라.

(1) $y=4x^3+5x^2-3$

(2) $y=\dfrac{1}{\sqrt{x}}$

(3) $y=\sqrt[4]{x}$

(4) $y=\dfrac{2x-1}{x+1}$

(5) $y=x(x+1)(x^2+2)$

(6) $y=\dfrac{1}{x^2+2x+3}$

(7) $y=\dfrac{x}{x^2+1}$

(8) $y=\dfrac{x(x+1)}{x^2+x+1}$

2. 다음 함수의 도함수를 구하여라.

(1) $f(x)=3x^5+2\sqrt{x}+\dfrac{1}{x}$

(2) $f(x)=\dfrac{2x^2+3x+4\sqrt{x}}{x}$

3. 함수 $f(x)=3x^4-4x+5$의 $x=1$에서의 미분계수를 구하여라.

4. 곡선 $y=\dfrac{3}{x}$ 위의 점 $(3,\ 1)$에서 곡선에 접하는 직선의 방정식을 구하여라.

5. 미분계수의 정의와 도함수를 이용하여 극한값 $\lim\limits_{x\to1}\dfrac{x^{2010}-1}{x-1}$을 구하여라.

6. 삼차함수 $f(x)=ax^3+bx^2+cx+d$가 다음 조건을 만족할 때 상수 $a,\ b,\ c,\ d$의 값을 구하여라.

$$f(0)=1,\ f'(0)=-3,\ f''(0)=4,\ f'''(0)=6$$

3.2 여러 가지 미분법

[6] 연쇄법칙 (합성함수 미분법) 2)

함수 $g(x)$가 x에 대해 미분가능하고, 합성함수 $y=f[g(x)]$가 $g(x)$에 대하여 미분가능하면

$$\frac{d}{dx}[f(g(x))]=f'[g(x)]\cdot g'(x),\ \ y'=f'[g(x)]\cdot g'(x)$$

이다. 이것은 $y=f(u)$, $u=g(x)$라 하면 $y=f[g(x)]$이고

$$\frac{dy}{dx}=\frac{dy}{du}\cdot\frac{du}{dx}$$

로 나타낼 수 있다.

† $y=[f(x)]^n$ (n은 실수)일 때 $y'=n[f(x)]^{n-1}\cdot f'(x)$.

† $y=\sqrt{f(x)}$ 일 때 $y'=\dfrac{f'(x)}{2\sqrt{f(x)}}$ $(f(x)\neq 0)$.

예제 3.2.1 다음 함수를 미분하여라.

(1) $y=(x^2+5x+2)^4$ (2) $y=\sqrt{x^3+8}$

풀이 (1) $u=x^2+5x+2$로 놓으면 $y=u^4$이고 $\dfrac{dy}{du}=4u^3$, $\dfrac{du}{dx}=2x+5$이다.

$$\therefore\ y'=\frac{dy}{dx}=\frac{dy}{du}\cdot\frac{du}{dx}=4u^3\cdot(2x+5)=4(x^2+5x+2)^3(2x+5)$$

(2) $u=x^3+8$로 놓으면 $y=\sqrt{u}$ 이고 $\dfrac{dy}{du}=\dfrac{1}{2\sqrt{u}}$, $\dfrac{du}{dx}=3x^2$이다.

$$\therefore\ y'=\frac{dy}{dx}=\frac{dy}{du}\cdot\frac{du}{dx}=\frac{1}{2\sqrt{u}}\cdot(3x^2)=\frac{3x^2}{2\sqrt{x^3+8}}$$ ■

2) 합성함수 미분법의 개념을 완전히 익히도록 한다. 실제적인 문제의 거의 모든 미분은 이 개념에 의해 수행된다.

[7] 매개변수로 나타내어진 함수의 미분법

두 함수 $x=f(t)$, $y=g(t)$가 t에 대해 미분가능하고 $f'(t)\neq 0$일 때

$$\frac{dy}{dx}=\frac{dy}{dt}\cdot\frac{dt}{dx}=\frac{dy}{dt}\cdot\frac{1}{\frac{dx}{dt}}=\frac{dy/dt}{dx/dt}=\frac{g'(t)}{f'(t)}.$$

† 미분한 결과는 t 또는 x로 나타낼 수 있지만 대개 매개변수(t)로 나타낸다.

예제 3.2.2 $x=t^2+2t$, $y=t^3-3t$일 때 $\dfrac{dy}{dx}$를 구하여라.

풀이 $\dfrac{dx}{dt}=2t+2$, $\dfrac{dy}{dt}=3t^2-3$

$$\therefore\ \frac{dy}{dx}=\frac{dy/dt}{dx/dt}=\frac{3t^2-3}{2t+2}=\frac{3(t-1)(t+1)}{2(t+1)}=\frac{3}{2}(t-1)$$ ■

예제 3.2.3 곡선 $x=t^3-t$, $y=t^4-5t^2+4$ 위의 매개변수 $t=1$에 대응하는 점에서의 접선의 방정식을 구하여라.

풀이 $\dfrac{dx}{dt}=3t^2-1$, $\dfrac{dy}{dt}=4t^3-10t$이므로

$$\frac{dy}{dx}=\frac{dy/dt}{dx/dt}=\frac{4t^3-10t}{3t^2-1}.$$

$\therefore$ $t=1$일 때 접선의 기울기

$$\left[\frac{dy}{dx}\right]_{t=1}=\frac{4-10}{3-1}=-3$$

이고, $t=1$일 때 $x=0$, $y=0$이므로 고려하는 접점은 $(0,\ 0)$이다. 따라서 기울기가 -3이고 점 $(0,\ 0)$을 지나는 접선의 방정식은

$$y=-3x$$

이다. ■

[8] 음함수 미분법

음함수 $f(x, y)=0$에서 $y'=\dfrac{dy}{dx}$를 구할 때

(1) $f(x, y)=0$에서 $y=g(x)$를 구하여 미분한다.

(2) y를 x의 함수로 보고 $f(x, y)=0$의 각 항을 합성함수 미분법에 따라 x에 대하여 미분한 후 y'에 관한 식을 풀어서 y'을 구한다.

† y가 종속변수이고, x가 독립변수일 때 $y=f(x)$로 정의되는 함수를 양함수, $f(x, y)=0$의 모양으로 정의되는 함수를 음함수라 한다.

예제 3.2.4 음함수 미분법으로 $\dfrac{dy}{dx}$를 구하여라.

(1) $x^2+y^2-4=0$　　　(2) $x^3+y^3=2xy+3$

풀이 (1) 준 식을 x에 대하여 미분하면

$$\frac{d}{dx}(x^2+y^2-4)=0$$

이므로 $2x+2y\dfrac{dy}{dx}=0$. $\therefore\ \dfrac{dy}{dx}=-\dfrac{x}{y}$

(2) 양변을 x에 대하여 미분하면

$$\frac{d}{dx}(x^3+y^3)=\frac{d}{dx}(2xy+3),$$

$$3x^2+3y^2\frac{dy}{dx}=2y+2x\frac{dy}{dx}$$

이고 $\dfrac{dy}{dx}$에 대하여 정리하면 $(3y^2-2x)\dfrac{dy}{dx}=-3x^2+2y$이다.

$$\therefore\ \frac{dy}{dx}=\frac{-3x^2+2y}{3y^2-2x}$$ ■

예제 3.2.5 곡선 $x^2+y^3-2y-5=0$ 위의 점 $(1, 2)$를 지나는 접선의 방정식을 구하여라.

풀이 준 식을 x에 대하여 미분하면

$$\frac{d}{dx}(x^2+y^3-2y-5)=0,$$

$$2x + 3y^2 \frac{dy}{dx} - 2\frac{dy}{dx} = 0$$

이다. 이 식에서 $\frac{dy}{dx}$를 구하면

$$(3y^2 - 2)\frac{dy}{dx} = -2x.$$

$\therefore\ \frac{dy}{dx} = -\frac{2x}{3y^2 - 2}$ 이므로 점 (1, 2)에서의 접선의 기울기는

$$\left[\frac{dy}{dx}\right]_{(1,2)} = -\frac{2\times 1}{3\times 2^2 - 2} = -\frac{1}{5}$$

이다. 따라서 접선의 방정식은 다음과 같다.

$$y = -\frac{1}{5}(x-1) + 2 = -\frac{1}{5}x + \frac{11}{5}$$ ■

예제 3.2.6 다음 함수의 도함수를 구하여라.

(1) $y = \frac{1}{\sqrt[3]{x^4 + x^2 + 1}}$ (2) $y = \sqrt[4]{(x^2 + x + 1)^3}$

풀이 (1) 먼저 y를 다음과 같이 지수형식으로 쓴다.

$$y = (x^4 + x^2 + 1)^{-1/3}$$

$y = x^n$의 미분공식과 합성함수 미분법에 의해

$$\begin{aligned} y' &= -\frac{1}{3}(x^4 + x^2 + 1)^{-\frac{1}{3}-1}(x^4 + x^2 + 1)' \\ &= -\frac{1}{3}(x^4 + x^2 + 1)^{-\frac{4}{3}}(4x^3 + 2x) \\ &= -\frac{4x^3 + 2x}{3(x^4 + x^2 + 1)\sqrt[3]{x^4 + x^2 + 1}} \end{aligned}$$

이다.

(2) $$\begin{aligned} y' = \left[(x^2 + x + 1)^{3/4}\right]' &= \frac{3}{4}(x^2 + x + 1)^{\frac{3}{4}-1}(x^2 + x + 1)' \\ &= \frac{3}{4}(x^2 + x + 1)^{-\frac{1}{4}}(2x + 1) \end{aligned}$$

$$= \frac{3(2x+1)}{4\sqrt[4]{x^2+x+1}}$$ ■

† $y = \sqrt[n]{f^m}$ 의 미분은 y를 지수형식 $y = f^{m/n}$ 으로 바꾼 후 $y = x^k$의 미분공식 $y' = kx^{k-1}$과 연쇄법칙(합성함수 미분법)을 사용한다.

† 연쇄법칙은 복잡한 함수를 미분할 때 가장 기본이 되는 것이므로 잘 알아두도록 한다. 이 법칙을 이해한다면 단순히 함수를 미분한다는 그 자체는 아주 쉬운 일이다.

연습문제 3.2

1. 다음 함수를 미분하여라.

(1) $y=(x^2+x+1)^3$

(2) $y=\sqrt{2x+5}$

(3) $y=\dfrac{1}{\sqrt{x^2+1}}$

(4) $y=\sqrt{x^2+x+2}\,(x^2+x+2)^2$

(5) $y=x^2\sqrt{x+1}$

(6) $y=\dfrac{1}{(\sqrt{x}+1)^{10}}$

(7) $y=(\sqrt{x^2+1}+x)^2$

(8) $y=\dfrac{x}{\sqrt{2x+1}}$

2. 곡선 $y=\sqrt{25-x^2}$ 위의 점 $(3,\ 4)$를 지나는 접선의 방정식을 구하여라.

3. 직선 운동을 하는 물체의 시간 t에서의 위치가 $s(t)$일 때 물체의 속도 $v(t)=\dfrac{ds(t)}{dt}$이다. $s(t)=\dfrac{t}{\sqrt{t^2+1}}$일 때 $t=1$에서의 속도를 구하여라.

4. 다음에서 $\dfrac{dy}{dx}$를 구하여라.

(1) $x=t^4+3t,\ y=\sqrt{t^2+1}$

(2) $x=\dfrac{t}{1+t^3},\ y=\dfrac{t^2}{1+t^3}$

5. 다음에서 $\dfrac{dy}{dx}$를 구하여라.

(1) $x^2+y^2-2x-3y=0$

(2) $\sqrt{x}+\sqrt{y}=1$

(3) $\dfrac{y}{x}+\dfrac{x}{y}=1$

(4) $x^2+y^2-x^2y^2=0$

6. 데카르트의 엽선 $x^3-4xy+y^3=0$ 위의 점 $(2,\ 2)$를 지나는 접선의 방정식을 구하여라.

3.3 삼각함수와 역삼각함수의 도함수

[9] 삼각함수의 도함수 3)

(1) $(\sin x)' = \cos x$	(2) $(\cos x)' = -\sin x$
(3) $(\tan x)' = \sec^2 x$	(4) $(\csc x)' = -\csc x \cot x$
(5) $(\sec x)' = \sec x \tan x$	(6) $(\cot x)' = -\csc^2 x$

† 'co'가 앞에 붙는 함수(코사인, 코시컨트, 코탄젠트함수)의 도함수는 모두 '-' 부호를 갖는다.

증명 $\sin x$, $\cos x$, $\tan x$의 도함수는 다음과 같이 유도된다.

(1) $f(x) = \sin x$로 하면

$$f'(x) = \lim_{h \to 0} \frac{f(x+h) - f(x)}{h} = \lim_{h \to 0} \frac{\sin(x+h) - \sin x}{h}$$

$$= \lim_{h \to 0} \frac{\sin x \cos h + \cos x \sin h - \sin x}{h}$$

$(\leftarrow \sin(A+B) = \sin A \cos B + \cos A \sin B)$

$$= \lim_{h \to 0} \frac{\sin x(\cos h - 1) + \cos x \sin h}{h}$$

$$= \lim_{h \to 0} \left[\sin x \frac{(\cos h - 1)}{h} + \cos x \frac{\sin h}{h}\right]$$

$$= \lim_{h \to 0} \left[\sin x \left(\frac{\cos h - 1}{h}\right)\right] + \lim_{h \to 0} \left[\cos x \left(\frac{\sin h}{h}\right)\right]$$

$$= \cos x \quad \left(\leftarrow \lim_{h \to 0} \frac{\cos h - 1}{h} = 0, \quad \lim_{h \to 0} \frac{\sin h}{h} = 1\right)$$

(2) $$\frac{d}{dx}(\cos x) = \frac{d}{dx}\left[\sin\left(x + \frac{\pi}{2}\right)\right] = \cos\left(x + \frac{\pi}{2}\right) = -\sin x$$

(3) $$\frac{d}{dx}(\tan x) = \frac{d}{dx}\left(\frac{\sin x}{\cos x}\right) = \frac{(\sin x)'\cos x - \sin x(\cos x)'}{\cos^2 x}$$

$$= \frac{\cos x \cos x - \sin x(-\sin x)}{\cos^2 x} = \frac{\cos^2 x + \sin^2 x}{\cos^2 x}$$

---

3) $\sin x$, $\cos x$의 미분은 반드시 기억하도록 한다. 다른 삼각함수의 미분공식은 모두 이 두 함수의 미분을 이용하여 유도할 수 있다.

$$= \frac{1}{\cos^2 x} = \sec^2 x$$ ■

† $\csc x$, $\sec x$, $\cot x$는 $\sin x$와 $\cos x$로 나타낼 수 있으므로 $\tan x$와 같이 분수함수의 미분법을 이용하여 도함수를 구할 수 있다.

예제 3.3.1 다음 함수의 도함수를 구하여라.

(1) $y = \sin 2x + \cos 3x$ (2) $y = \sin(x^2+1)$

(3) $y = x^2 \cos x$ (4) $y = \dfrac{\sin x}{x}$

(5) $y = \tan^3 x$ (6) $y = \dfrac{\sec x}{1+\tan x}$

풀이 (1) $y' = (\sin 2x + \cos 3x)' = (\sin 2x)' + (\cos 3x)'$

$= \cos 2x \cdot (2x)' - \sin 3x \cdot (3x)' = 2\cos 2x - 3\sin 3x$

(2) $y' = [\sin(x^2+1)]' = \cos(x^2+1) \cdot (x^2+1)' = 2x\cos(x^2+1)$

(3) $y' = (x^2 \cos x)' = (x^2)' \cos x + x^2 (\cos x)' = 2x\cos x - x^2 \sin x$

(4) $y' = \left(\dfrac{\sin x}{x}\right)' = \dfrac{(\sin x)' \cdot x - \sin x \cdot (x)'}{x^2} = \dfrac{x\cos x - \sin x}{x^2}$

(5) $y' = (\tan^3 x)' = 3\tan^2 x \cdot (\tan x)' = 3\tan^2 x \sec^2 x$

(6) $y' = \left(\dfrac{\sec x}{1+\tan x}\right)' = \dfrac{(\sec x)' \cdot (1+\tan x) - \sec x \cdot (1+\tan x)'}{(1+\tan x)^2}$

$$= \frac{\sec x \tan x \cdot (1+\tan x) - \sec x \cdot \sec^2 x}{(1+\tan x)^2}$$

$$= \frac{\sec x(\tan x + \tan^2 x - \sec^2 x)}{(1+\tan x)^2} \quad (\leftarrow 1+\tan^2 x = \sec^2 x)$$

$$= \frac{\sec x(\tan x - 1)}{(1+\tan x)^2}$$ ■

예제 3.3.2 $y = \sin^4(x^2+x+1)$의 도함수를 구하여라.

풀이 $y' = [\sin^4(x^2+x+1)]' = 4\sin^3(x^2+x+1) \cdot [\sin(x^2+x+1)]'$

$= 4\sin^3(x^2+x+1) \cdot \cos(x^2+x+1) \cdot [(x^2+x+1)]'$

$= 4\sin^3(x^2+x+1) \cdot \cos(x^2+x+1) \cdot (2x+1)$

$= 4(2x+1)\cos(x^2+x+1)\sin^3(x^2+x+1)$ ■

[10] 역함수의 도함수

역함수의 정의는 $y = f(x) \Leftrightarrow x = f^{-1}(y)$이다.

$y = f(x)$가 미분가능하고 역함수 $x = g(y) = f^{-1}(y)$가 존재할 때

$$\frac{dx}{dy} = \frac{1}{\frac{dy}{dx}}, \quad \frac{dg}{dy} = \frac{1}{\frac{df}{dx}}$$

이다. (단, $f'(x) \neq 0$)

예제 3.3.3 $y = f(x) = x^3 + 2x + 1$일 때 역함수 $x = f^{-1}(y)$의 미분 $\frac{dx}{dy}$를 구하여라.

풀이 $\frac{dy}{dx} = 3x^2 + 2$이므로 $\frac{dx}{dy} = \frac{1}{\frac{dy}{dx}} = \frac{1}{3x^2 + 2}$이다. ■

[11] 역삼각함수의 도함수 4)

(1) $(\sin^{-1}x)' = \frac{1}{\sqrt{1 - x^2}}$

(2) $(\cos^{-1}x)' = \frac{-1}{\sqrt{1 - x^2}}$

(3) $(\tan^{-1}x)' = \frac{1}{1 + x^2}$

(4) $(\csc^{-1}x)' = \frac{-1}{|x|\sqrt{x^2 - 1}}$

(5) $(\sec^{-1}x)' = \frac{1}{|x|\sqrt{x^2 - 1}}$

(6) $(\cot^{-1}x)' = \frac{-1}{1 + x^2}$

† 주기함수인 삼각함수는 일대일 대응함수가 아니므로 일반적으로는 역함수를 갖지 않는다. 그러나 삼각함수의 정의역을 제한하면 일대일 대응이 되어 역함수를 가질 수 있다. 역삼각함수는 다음과 같이 정의된다.

(1) $y = \sin^{-1}x \Leftrightarrow x = \sin y \quad (-\frac{\pi}{2} < y < \frac{\pi}{2})$

(2) $y = \cos^{-1}x \Leftrightarrow x = \cos y \quad (\ 0 < y < \pi \ )$

(3) $y = \tan^{-1}x \Leftrightarrow x = \tan y \quad (-\frac{\pi}{2} < y < \frac{\pi}{2})$

4) 역삼각함수 미분 중에서는 특히 $\sin^{-1}x$, $\tan^{-1}x$의 미분이 많이 이용된다.

증명 역삼각함수의 정의와 역함수의 미분법에 의해 도함수를 구할 수 있다. $\sin^{-1}x$, $\cos^{-1}x$, $\tan^{-1}x$의 도함수는 다음과 같이 유도된다.

(1) $y=\sin^{-1}x$이면 $x=\sin y$이고 $\dfrac{dx}{dy}=\cos y$이다.

$$\therefore\ y'=\frac{dy}{dx}=\frac{1}{\frac{dx}{dy}}=\frac{1}{\cos y}=\frac{1}{\sqrt{1-\sin^2 y}}=\frac{1}{\sqrt{1-x^2}}$$

($\because\ -\dfrac{\pi}{2}<y<\dfrac{\pi}{2}$이므로 $\cos y>0$. $x=1$이 되는 $y=\pm\dfrac{\pi}{2}$는 제외한다.)

(2) $y=\cos^{-1}x$이면 $x=\cos y$이고, $\dfrac{dx}{dy}=-\sin y$이다.

$$\therefore\ y'=\frac{dy}{dx}=\frac{1}{\frac{dx}{dy}}=\frac{1}{-\sin y}=\frac{-1}{\sqrt{1-\cos^2 y}}=\frac{-1}{\sqrt{1-x^2}}$$

($\because\ 0<y<\pi$이므로 $\sin y>0$. $x=1$이 되는 $y=0,\ \pi$는 제외한다.)

(3) $y=\tan^{-1}x$이면 $x=\tan y$, $\dfrac{dx}{dy}=\sec^2 y$ 이다.

$$\therefore\ y'=\frac{dy}{dx}=\frac{1}{\frac{dx}{dy}}=\frac{1}{\sec^2 y}=\frac{1}{1+\tan^2 y}=\frac{1}{1+x^2}$$ ■

예제 3.3.4 다음 함수의 도함수를 구하여라.

(1) $y=\sin^{-1}3x$ (2) $y=\cos^{-1}(1-x^2)$

(3) $y=x\tan^{-1}\sqrt{x}$ (4) $y=\dfrac{1}{\sin^{-1}x}$

풀이 (1) $y'=(\sin^{-1}3x)'=\dfrac{1}{\sqrt{1-(3x)^2}}\times(3x)'=\dfrac{3}{\sqrt{1-9x^2}}$

(2) $$y'=[\cos^{-1}(1-x^2)]'=\frac{-1}{\sqrt{1-(1-x^2)^2}}\times(1-x^2)'$$
$$=\frac{2x}{\sqrt{-x^4+2x^2}}$$

(3) $$y'=(x\tan^{-1}\sqrt{x})'=(x)'\tan^{-1}\sqrt{x}+x(\tan^{-1}\sqrt{x})'$$
$$=\tan^{-1}\sqrt{x}+x\cdot\frac{1}{1+(\sqrt{x})^2}\times(\sqrt{x})'$$
$$=\tan^{-1}\sqrt{x}+x\cdot\frac{1}{1+x}\times\frac{1}{2\sqrt{x}}$$

$$= \tan^{-1}\sqrt{x} + \frac{x}{2\sqrt{x}(1+x)}$$

(4) $$y' = \left(\frac{1}{\sin^{-1}x}\right)' = \frac{-(\sin^{-1}x)'}{(\sin^{-1}x)^2} = \frac{-1}{(\sin^{-1}x)^2\sqrt{1-x^2}}$$ ■

연습문제 3.3

1. 다음 함수의 도함수를 구하여라.

(1) $y = \cos(3x+5)$　　(2) $y = \tan(x^2+3x+5)$

(3) $y = \sin\dfrac{4}{x}$　　(4) $y = \sin^4 5x$

(5) $y = (\sin 2x + \cos 3x)^4$　　(6) $y = \dfrac{\sin x}{1-\cos x}$

(7) $y = \cos\left(\dfrac{x}{x+1}\right)$　　(8) $y = \sin(\cos 2x)$

2. 다음 함수를 미분하여라.

(1) $y = \sin^{-1}\dfrac{x}{2}$　　(2) $y = \cos^{-1}\sqrt{x}$

(3) $y = \sqrt{\sin^{-1}x}$　　(4) $y = (1+x^2)\tan^{-1}x$

(5) $y = \cot^{-1}x + \cot^{-1}\dfrac{1}{x}$　　(6) $y = \sqrt{1-x^2}\sin^{-1}x$

(7) $y = \sin^{-1}(\cos x)$　　(8) $y = \tan^{-1}\sqrt{x^2+2x}$

3. 시간 t에서의 위치가 $s(t)$일 때 속도 $v(t) = \dfrac{ds(t)}{dt}$이다. $s(t) = t^2 + \sin(2t)$일 때 초기 속도($t=0$에서의 속도)를 구하여라.

4. xy평면에서 운동하는 물체의 시간 t에서의 좌표 $(x,\ y)$가 다음과 같을 때 $t = \dfrac{1}{3}$에서의 물체의 운동방향 $\dfrac{dy}{dx}$를 구하여라.

$$x = \cos\pi t + \pi t \sin \pi t,\quad y = \sin\pi t - \pi t\cos\pi t$$

5. RLC 전기회로에서 기전력 $E(t) = E_0 \sin\omega t$가 인가될 때 정상 상태의 전하 $Q(t) = a\sin\omega t + b\cos\omega t$이다. 전류 $I(t) = \dfrac{dQ(t)}{dt}$를 구하여라.

3.4 지수함수와 로그함수의 도함수

[12] 기본공식 [5)]

(1) $(e^x)' = e^x$	(2) $(a^x)' = a^x \ln a \ (a \neq 1,\ a > 0)$
(3) $(\ln x)' = \dfrac{1}{x}$	(4) $(\log_a x)' = \dfrac{1}{x \ln a} \ (a \neq 1,\ a > 0)$

† $\log_a x = \dfrac{\log_e x}{\log_e a} = \dfrac{\ln x}{\ln a}$ (자연로그의 정의 : $\ln x = \log_e x$)

증명 미분의 정의와 무리수 e의 정의를 사용하여 도함수를 구할 수 있다. e^x와 $\ln x$의 도함수는 다음과 같이 유도된다.

(1) $f(x) = e^x$로 하면

$$f'(x) = \lim_{h \to 0} \frac{f(x+h) - f(x)}{h} = \lim_{h \to 0} \frac{e^{x+h} - e^x}{h} = \lim_{h \to 0} \frac{e^x (e^h - 1)}{h}.$$

$e^h - 1 = t$로 하면 $h \to 0$일 때 $t \to 0$이고 $h = \ln(1+t)$이므로

$$\lim_{h \to 0} \frac{e^h - 1}{h} = \lim_{t \to 0} \frac{t}{\ln(1+t)} = \lim_{t \to 0} \frac{1}{\ln(1+t)^{\frac{1}{t}}} = \frac{1}{\ln e} = 1.$$

($\leftarrow e$의 정의 : $e = \lim_{x \to 0} (1+x)^{\frac{1}{x}}$)

$$\therefore \lim_{h \to 0} \frac{e^x (e^h - 1)}{h} = e^x \lim_{h \to 0} \frac{e^h - 1}{h} = e^x$$

$$\therefore f'(x) = (e^x)' = e^x$$

(2) $f(x) = \ln x$로 하면

$$f'(x) = \lim_{h \to 0} \frac{f(x+h) - f(x)}{h} = \lim_{h \to 0} \frac{\ln(x+h) - \ln(x)}{h}$$

5) e^x, $\ln x$의 미분은 꼭 알아두도록 한다. 다른 지수함수의 미분식은 이들에 대한 미분을 이용하여 유도할 수 있다.

$$= \lim_{h\to 0}\frac{\ln\left(\frac{x+h}{x}\right)}{h} = \lim_{h\to 0}\frac{\ln\left(1+\frac{h}{x}\right)}{h} = \lim_{h\to 0}\ln\left(1+\frac{h}{x}\right)^{\frac{1}{h}}$$

$$= \lim_{h\to 0}\frac{1}{x}\ln\left(1+\frac{h}{x}\right)^{\frac{x}{h}} = \frac{1}{x}\times \ln e \quad (\because h\to 0 \text{이므로 } \frac{h}{x}\to 0)$$

$$= \frac{1}{x}.$$

■

예제 3.4.1 다음 함수의 도함수를 구하여라.

(1) $y = e^{2x}$ (2) $y = 5^x$

(3) $y = \ln(x^2+3)$ (4) $y = \log_2 x$

(5) $y = \ln(\sqrt[3]{x+1}\sqrt[4]{x+5})$ (6) $y = \ln(\ln x)$

(7) $y = \ln(e^x + \sin x)$ (8) $y = \sin(\ln x + 1)$

풀이 (1) $y' = (e^{2x})' = e^{2x}\times(2x)' = 2e^{2x}$

(2) $y' = (5^x)' = 5^x \ln 5$

(3) $y' = [\ln(x^2+3)]' = \frac{1}{x^2+3}\times(x^2+3)' = \frac{2x}{x^2+3}$

(4) $y' = [\log_2 x]' = \frac{1}{x\ln 2}$

(5) $\ln AB = \ln A + \ln B$, $\ln A^m = m\ln A$ 이므로

$$y = \ln(\sqrt[3]{x+1}\sqrt[4]{x+5}) = \frac{1}{3}\ln(x+1) + \frac{1}{4}\ln(x+5).$$

$$\therefore\ y' = \frac{1}{3(x+1)} + \frac{1}{4(x+5)}$$

(6) $y' = [\ln(\ln x)]' = \frac{1}{\ln x}\times(\ln x)' = \frac{1}{x\ln x}$

(7) $y' = [\ln(e^x+\sin x)]' = \frac{1}{e^x+\sin x}\times(e^x+\sin x)' = \frac{e^x+\cos x}{e^x+\sin x}$

(8) $y' = [\sin(\ln x+1)]' = \cos(\ln x+1)\times(\ln x+1)'$

$$= \frac{\cos(\ln x+1)}{x}$$

■

예제 3.4.2 로그함수의 도함수를 이용하여 다음 함수의 도함수를 구하여라.

(1) $y = x^x$ (2) $y = x^{\ln x}$

(3) $y=\dfrac{\sqrt{x}}{\sqrt[4]{x+2}}$ (4) $y=\dfrac{e^{4x}}{x^2(x+1)}$

풀이 (1) $y=x^x$의 양변에 자연로그를 잡으면

$$\ln y=\ln x^x=x\ln x$$

이고, 이 식의 양변을 x에 대해 미분하면

$$\frac{1}{y}y'=(x)'\ln x+x(\ln x)'=\ln x+x\times\frac{1}{x}=\ln x+1$$

이다.

$\therefore\ y'=y(\ln x+1)=x^x(\ln x+1)$

(2) $y=x^{\ln x}$의 양변에 자연로그를 잡으면

$$\ln y=\ln x^{\ln x}=\ln x\ln x=(\ln x)^2$$

이므로 양변을 x에 대해 미분하면

$$\frac{1}{y}y'=2\ln x(\ln x)'=\frac{2\ln x}{x}$$

가 된다.

$\therefore\ y'=y\left(\dfrac{2\ln x}{x}\right)=x^{\ln x}\left(\dfrac{2\ln x}{x}\right)=2x^{\ln x-1}\ln x$

(3) $y=\dfrac{\sqrt{x}}{\sqrt[4]{x+2}}$의 양변에 자연로그를 잡으면

$$\begin{aligned}\ln y=\ln\left(\frac{\sqrt{x}}{\sqrt[4]{x+2}}\right)&=\ln\sqrt{x}-\ln\sqrt[4]{x+2}\\&=\frac{1}{2}\ln x-\frac{1}{4}\ln(x+2)\end{aligned}$$

이므로 양변을 x에 대해 미분하면

$$\frac{1}{y}y'=\frac{1}{2x}-\frac{1}{4(x+2)}=\frac{x+4}{4x(x+2)}$$

이다.

$$\therefore\ y'=y\times\frac{x+4}{4x(x+2)}=\frac{\sqrt{x}}{\sqrt[4]{x+2}}\times\frac{x+4}{4x(x+2)}$$

$$= \frac{x+4}{4\sqrt{x}(x+2)\sqrt[4]{x+2}}$$

(4) $y = \dfrac{e^{4x}}{x^2(x+1)}$의 양변에 자연로그를 잡으면

$$\ln y = \ln\left[\frac{e^{4x}}{x^2(x+1)}\right] = \ln e^{4x} - \ln x^2 - \ln(x+1)$$
$$= 4x - 2\ln x - \ln(x+1)$$

이므로 양변을 x에 대해 미분하면

$$\frac{1}{y}y' = 4 - \frac{2}{x} - \frac{1}{x+1} = \frac{4x^2+x-2}{x(x+1)}$$

가 된다.

$$\therefore\ y' = y \times \frac{4x^2+x-2}{x(x+1)} = \frac{e^{4x}}{x^2(x+1)} \times \frac{4x^2+x-2}{x(x+1)}$$
$$= \frac{(4x^2+x-2)e^{4x}}{x^3(x+1)^2}$$

■

예제 3.4.3 함수 $y = x^p$의 양변에 자연로그를 잡아서 도함수 $y' = px^{p-1}$임을 보여라.

풀이 $y = x^p$의 양변에 자연로그를 잡으면

$$\ln y = \ln x^p = p\ln x$$

이므로 이 식의 양변을 x에 대하여 미분하면

$$\frac{1}{y}\frac{dy}{dx} = \frac{p}{x}$$

가 된다.

$$\therefore\ y' = \frac{dy}{dx} = y \times \frac{p}{x} = x^p \times \frac{p}{x} = px^{p-1}$$

■

예제 3.4.4 음함수 미분법을 사용하여 다음과 같이 주어진 함수 $y(x)$의 도함수 $\dfrac{dy}{dx}$를 구하여라.

$$e^{3y} - \ln y = x^2$$

풀이 $e^{3y}-\ln y=x^2$의 양변을 x에 대해 미분하면

$$\frac{d}{dx}(e^{3y}-\ln y)=\frac{d}{dx}(x^2)$$

$$e^{3y}\frac{d}{dx}(3y)-\frac{1}{y}\frac{dy}{dx}=2x$$

$$3e^{3y}\frac{dy}{dx}-\frac{1}{y}\frac{dy}{dx}=2x$$

이다. $\dfrac{dy}{dx}$에 대해 정리하면

$$\left(3e^{3y}-\frac{1}{y}\right)\frac{dy}{dx}=2x$$

이므로 $\dfrac{dy}{dx}$는 다음과 같다.

$$\frac{dy}{dx}=\frac{2x}{\left(3e^{3y}-\dfrac{1}{y}\right)}=\frac{2xy}{(3ye^{3y}-1)}$$ ■

연습문제 3.4

1. 다음 함수의 도함수를 구하여라.

(1) $y=e^{4x+1}$ (2) $y=e^{x^2}$ (3) $y=xe^{\frac{4}{x}}$

(4) $y=e^{4x}\sin 5x$ (5) $y=e^{\sin 4x}$ (6) $y=\left(\frac{1}{2}\right)^x$

2. 다음 함수의 도함수를 구하여라.

(1) $y=x\ln x$ (2) $y=\ln(x^2+3)$ (3) $y=\frac{\sqrt{\ln x^2}}{x}$

(4) $y=\ln(\sin x+\tan x)$ (5) $y=e^{2x}\ln x$ (6) $y=\cos[\ln(\sin^2 x)]$

3. 음함수 미분법을 사용하여 도함수 $\frac{dy}{dx}$를 구하여라.

(1) $e^x+e^y=e^{x+y}$ (2) $e^{xy}+e^y=x+10$

(3) $e^{4y}-\ln y=x+1$ (4) $e^{xy}-y^2=\cos x$

(5) $y^2-e^{-xy}=1$ (6) $e^{xy}+3x-5y=\cos y$

4. 로그함수의 미분법을 사용하여 $y=a^x$의 도함수는 $y'=a^x\ln a$임을 보여라.

5. 로그 미분법을 이용하여 다음 함수의 도함수를 구하여라.

(1) $y=\frac{e^x}{\sqrt[4]{x+1}}$ (2) $y=\frac{x^2}{\sqrt[3]{1+x}}$

(3) $y=\frac{1}{x\sqrt{x}(x+1)}$ (4) $y=\frac{(x+1)\sqrt{x+1}}{\sqrt{x+2}}$

6. $y=\ln(x+\sqrt{1+x^2})$의 도함수를 구하여라.

3.5 쌍곡선함수와 역쌍곡선함수의 도함수

[13] 쌍곡선함수의 도함수	
(1) $(\sinh x)' = \cosh x$	(2) $(\cosh x)' = \sinh x$
(3) $(\tanh x)' = \text{sech}^2 x$	(4) $(\text{csch} x)' = -\text{csch} x \coth x$
(5) $(\text{sech} x)' = -\text{sech} x \tanh x$	(6) $(\coth x)' = -\text{csch}^2 x$

증명 쌍곡선함수의 정의와 지수함수 e^x의 미분을 이용하면 쌍곡선함수의 도함수를 바로 구할 수 있다. $(\sinh x)'$, $(\cosh x)'$, $(\tanh x)'$의 유도 과정은 다음과 같다.

(1) $(\sinh x)' = \dfrac{d}{dx}\left(\dfrac{e^x - e^{-x}}{2}\right) = \dfrac{e^x + e^{-x}}{2} = \cosh x$

(2) $(\cosh x)' = \dfrac{d}{dx}\left(\dfrac{e^x + e^{-x}}{2}\right) = \dfrac{e^x - e^{-x}}{2} = \sinh x$

(3) $(\tanh x)' = \dfrac{d}{dx}\left(\dfrac{\sinh x}{\cosh x}\right) = \dfrac{(\sinh x)'\cosh x - \sinh x(\cosh x)'}{\cosh^2 x}$

$= \dfrac{\cosh^2 x - \sinh^2 x}{\cosh^2 x} = \dfrac{1}{\cosh^2 x} = \text{sech}^2 x$ ■

예제 3.5.1 다음 함수의 도함수를 구하여라.

(1) $y = \sinh 3x$ (2) $y = \cosh(2x+1)$

(3) $y = \tanh(x^2+1)$ (4) $y = \sinh^3 x$

(5) $y = e^x \cosh x$ (6) $y = \ln(\tanh x)$

풀이 (1) $y' = (\sinh 3x)' = \cosh 3x \times (3x)' = 3\cosh 3x$

(2) $y' = [\cosh(2x+1)]' = \sinh(2x+1) \times (2x+1)' = 2\sinh(2x+1)$

(3) $y' = [\tanh(x^2+1)]' = \text{sech}^2(x^2+1) \times (x^2+1)' = 2x\,\text{sech}^2(x^2+1)$

(4) $y' = 3\sinh^2 x \times (\sinh x)' = 3\sinh^2 x \cosh x$

(5) $y' = (e^x)'\cosh x + e^x(\cosh x)' = e^x \cosh x + e^x \sinh x$

$= e^x(\cosh x + \sinh x) = e^x \times e^x = e^{2x}$

(6) $y' = [\ln(\tanh x)]' = \dfrac{1}{\tanh x} \times (\tanh x)' = \dfrac{\text{sech}^2 x}{\tanh x}$ ■

[14] 역쌍곡선함수의 도함수

(1) $(\sinh^{-1}x)' = \dfrac{1}{\sqrt{1+x^2}}$

(2) $(\cosh^{-1}x)' = \dfrac{1}{\sqrt{x^2-1}}$

(3) $(\tanh^{-1}x)' = \dfrac{1}{1-x^2}$

(4) $(\mathrm{csch}^{-1}x)' = \dfrac{-1}{x\sqrt{1+x^2}}$

(5) $(\mathrm{sech}^{-1}x)' = \dfrac{-1}{x\sqrt{1-x^2}}$

(6) $(\coth^{-1}x)' = \dfrac{1}{1-x^2}$

† $y=\tanh^{-1}x$와 $y=\coth^{-1}x$의 도함수는 같다. 그러나 $y=\tanh^{-1}x$의 정의역은 $|x|<1$이고, $y=\coth^{-1}x$의 정의역은 $|x|>1$이다.

† $\cosh^2x-\sinh^2x=1$, $1-\tanh^2x=\mathrm{sech}^2x$, $1-\coth^2x=-\mathrm{csch}^2x$

증명 역쌍곡함수의 정의와 역함수의 미분법에 의해 도함수를 구할 수 있다. $(\sinh^{-1}x)'$, $(\cosh^{-1}x)'$, $(\tanh^{-1}x)'$ 의 유도 과정은 다음과 같다.

(1) $y=\sinh^{-1}x$이면 $x=\sinh y$, $\dfrac{dx}{dy}=\cosh y$이다.

$$\therefore\ y'=\frac{dy}{dx}=\frac{1}{\frac{dx}{dy}}=\frac{1}{\cosh y}=\frac{1}{\sqrt{1+\sinh^2y}}=\frac{1}{\sqrt{1+x^2}}$$

($\because\ \cosh y>0$)

(2) $y=\cosh^{-1}x$이면 $x=\cosh y$, $\dfrac{dx}{dy}=\sinh y$이다.

$$\therefore\ y'=\frac{dy}{dx}=\frac{1}{\frac{dx}{dy}}=\frac{1}{\sinh y}=\frac{1}{\sqrt{\cosh^2y-1}}=\frac{1}{\sqrt{x^2-1}}$$

($\because\ x=\cosh y$에서 $y>0$로 제한할 때 역함수가 존재한다. $\therefore\ \sinh y>0$)

(3) $y=\tanh^{-1}x$이면 $x=\tanh y$이고 $\dfrac{dx}{dy}=\mathrm{sech}^2y$이다.

$$\therefore\ y'=\frac{dy}{dx}=\frac{1}{\frac{dx}{dy}}=\frac{1}{\mathrm{sech}^2y}=\frac{1}{1-\tanh^2y}=\frac{1}{1-x^2}$$ ■

예제 3.5.2 다음 함수의 도함수를 구하여라.

(1) $y=\sinh^{-1}2x$

(2) $y=\cosh^{-1}(x+1)$

(3) $y=\tanh^{-1}3x$

(4) $y=\sinh^{-1}\sqrt{x^4+2x^2}$

풀이 (1) $y' = (\sinh^{-1}2x)' = \dfrac{1}{\sqrt{1+(2x)^2}} \times (2x)' = \dfrac{2}{\sqrt{1+4x^2}}$

(2) $y' = [\cosh^{-1}(x+1)]' = \dfrac{1}{\sqrt{(x+1)^2-1}} \times (x+1)' = \dfrac{1}{\sqrt{x^2+2x}}$

(3) $y' = (\tanh^{-1}3x)' = \dfrac{1}{1-(3x)^2} \times (3x)' = \dfrac{3}{1-9x^2}$

(4) $$y' = \frac{1}{\sqrt{1+\left(\sqrt{x^4+2x^2}\right)^2}} \times \left(\sqrt{x^4+2x^2}\right)'$$

$$= \frac{1}{\sqrt{(x^2+1)^2}} \times \frac{4x^3+4x}{2\sqrt{x^4+2x^2}} = \frac{1}{(x^2+1)} \times \frac{4x(x^2+1)}{2\sqrt{x^4+2x^2}}$$

$$= \frac{2x}{\sqrt{x^4+2x^2}}$$ ■

연습문제 3.5

1. 다음 함수의 도함수를 구하여라.

(1) $y = \sinh(2x+1)$

(2) $y = \cosh(x^2+1)$

(3) $y = \dfrac{\cosh x}{x}$

(4) $y = e^{\sinh 2x}$

(5) $y = \cosh(\ln x)$

(6) $y = \ln(\cosh x)$

(7) $y = \sin(\sinh x)$

(8) $y = \sinh\sqrt{x}$

2. 다음 함수의 도함수를 구하여라.

(1) $y = \sinh^{-1} 4x$

(2) $y = \cosh^{-1}(x^2+1)$

(3) $y = \sinh^{-1}\dfrac{x}{2}$

(4) $y = \tanh^{-1}\sqrt{x}$

(5) $y = \cosh^{-1}(\sqrt{x^4+1})$

(6) $y = \tanh^{-1}(\sin x)$

(7) $y = \cosh^{-1}\dfrac{2}{x}$

(8) $y = e^{\sinh^{-1}x}$

3. $y = x\sinh^{-1}\left(\dfrac{x}{2}\right) - \sqrt{4+x^2}$ 의 도함수를 구하여라.

4. $y = A\cosh kx + B\sinh kx$는 $y'' - k^2 y = 0$을 만족함을 보여라. 단, A, B, k는 상수이다.

3.6 편미분

[15] 편미분

이변수함수 $z=f(x,\ y)$가 있을 때, 한 점 $(a,\ b)$에 대하여 다음 극한값

$$\lim_{h \to 0} \frac{f(a+h,\ b)-f(a,\ b)}{h} \qquad \cdots ①$$

가 유한 확정으로 존재하면 $f(x,\ y)$는 점 $(a,\ b)$에서 x에 대하여 편미분 가능하다고 하고 이것을 $f_x(a,\ b)$로 나타낸다. 같은 방법으로

$$\lim_{h \to 0} \frac{f(a,\ b+h)-f(a,\ b)}{h} \qquad \cdots ②$$

가 유한 확정으로 존재하면 $f(x,\ y)$는 점 $(a,\ b)$에서 y에 대하여 편미분 가능하다고 하고 이것을 $f_y(a,\ b)$로 나타낸다.

보충설명 식 ①, ②는 각각 점 $(a,\ b)$에서의 x와 y에 대한 순간변화율을 나타내고, 함수 $f(x,\ y)$는 점 $(a,\ b)$에서 x 및 y에 대하여 편미분 가능(partially differentiable)하다고 한다.

$$f_x(a,\ b)=\lim_{h \to 0} \frac{f(a+h,\ b)-f(a,\ b)}{h},$$

$$f_y(a,\ b)=\lim_{h \to 0} \frac{f(a,\ b+h)-f(a,\ b)}{h}$$

이고, $f_x(a,\ b)$를 $(a,\ b)$에서의 x에 대한 편미분계수(partial differential coefficient)라 하며, $\left.\frac{\partial f}{\partial x}\right|_{(a,\ b)}$, $f_y(a,\ b)$를 $(a,\ b)$에서의 y에 대한 편미분계수라 하고 $\left.\frac{\partial f}{\partial y}\right|_{(a,\ b)}$ 로도 나타낸다.

[16] 편도함수(partial derivative)

이변수함수 $z=f(x,\ y)$에 대하여 x에 대한 편도함수 f_x를 다음과 같이 정의하고

$$f_x=\lim_{h\to 0}\frac{f(x+h,\ y)-f(x,\ y)}{h}$$

기호로는 다음과 같이 나타낸다.

$$f_x,\ f_x(x,\ y),\ \frac{\partial f}{\partial x},\ \frac{\partial}{\partial x}f(x,\ y),\ z_x,\ \frac{\partial z}{\partial x},\ D_x f$$

같은 방법으로 y에 대한 편도함수를 다음과 같이 정의하고

$$f_y=\lim_{h\to 0}\frac{f(x,\ y+h)-f(x,\ y)}{h}$$

기호로는 다음과 같이 나타낸다.

$$f_y,\ f_y(x,\ y),\ \frac{\partial f}{\partial y},\ \frac{\partial}{\partial y}f(x,\ y),\ z_y,\ \frac{\partial z}{\partial y},\ D_y f$$

함수 f의 편도함수를 구하는 것을 편미분한다고 한다.

[17] 편도함수를 구하는 규칙

다음과 같이 이변수함수

$$z=f(x,\ y)$$

의 편도함수를 구한다.

(1) x에 대한 편도함수 $\dfrac{\partial f}{\partial x}$를 구할 때는 y를 상수로 보고 $f(x,\ y)$를 x에 대해 미분한다.

(2) y에 대한 편도함수를 $\dfrac{\partial f}{\partial y}$를 구할 때는 x를 상수로 보고 $f(x,\ y)$를 y에 대해 미분한다.

보충설명 함수 $f(x,\ y)$의 $x,\ y$에 대한 편도함수는 각각 $y,\ x$를 상수로 하고 f의 $x,\ y$에 대한 도함수를 의미한다. 즉

$$\frac{\partial f}{\partial x}=\left(\frac{df}{dx}\right)_{y=\text{상수}},\quad \frac{\partial f}{\partial y}=\left(\frac{df}{dy}\right)_{x=\text{상수}}$$

로부터 편도함수 f_x와 f_y를 구할 수 있는데, 이것을 편미분법(partial differentiation)이라 한다.

예 함수 $f(x, y)=x^2+xy+y$의 편도함수 $f_x(x, y)$, $f_y(x, y)$

(1) $f_x(x, y)=\dfrac{\partial f}{\partial x}=\dfrac{\partial}{\partial x}(x^2+xy+y)=\dfrac{\partial}{\partial x}(x^2)+y\dfrac{\partial}{\partial x}(x)+\dfrac{\partial}{\partial x}(y)$

$=2x+y\times 1+0=2x+y$

(← x에 대한 미분이므로 y는 상수로 생각한다. 이때 x^2, xy, y를 x에 대해 미분하면 각각 $2x$, y, 0이다.)

(2) $f_y(x, y)=\dfrac{\partial f}{\partial y}=\dfrac{\partial}{\partial y}(x^2+xy+y)=\dfrac{\partial}{\partial y}(x^2)+x\dfrac{\partial}{\partial y}(y)+\dfrac{\partial}{\partial y}(y)$

$=0+x\times 1+1=x+1$

(← y에 대한 미분이므로 x는 상수로 생각한다. 이때 x^2, xy, y를 y에 대해 미분하면 각각 0, x, 1이다.)

† 세 개 이상의 변수를 가지는 함수에 대해서도 이변수함수와 같은 방법으로 편도함수가 정의된다. 예를 들어 함수 f가 x, y, z의 삼변수함수이면 x, y, z에 대한 f의 편도함수는 각각 다음과 같이 정의된다.

$$f_x=\frac{\partial f}{\partial x}=\lim_{h\to 0}\frac{f(x+h, y, z)-f(x, y, z)}{h}$$

$$f_y=\frac{\partial f}{\partial y}=\lim_{h\to 0}\frac{f(x, y+h, z)-f(x, y, z)}{h}$$

$$f_z=\frac{\partial f}{\partial z}=\lim_{h\to 0}\frac{f(x, y, z+h)-f(x, y, z)}{h}$$

여기에서 f_x는 y, z를 상수로 하고 f를 x에 대해 미분한 것을 나타내고, f_y는 x, z를 상수로 하고 f를 y에 대해 미분한 것을 나타내며, f_z는 x, y를 상수로 하고 f를 z에 대해 미분한 것을 나타낸다.

[18] 다변수함수의 편도함수

일반적으로 n 변수함수

$$z = f(x_1, x_2, \cdots, x_{n-1}, x_n)$$

에서 x_i $(i = 1, 2, \cdots, n)$를 제외한 나머지 변수를 모두 고정하고 z를 x_i만의 함수로 생각하여 z를 x_i에 대해 미분한 것을 z의 x_i에 대한 편도함수라 하고 다음과 같이 나타낸다.

$$f_{x_i}, \ \frac{\partial z}{\partial x_i}, \ \frac{\partial}{\partial x_i} f(x_1, x_2, \cdots, x_n)$$

예 삼변수함수 $w = f(x, y, z) = 3x^2 + xy + z^2$의 편도함수 $f_x(x, y, z)$, $f_y(x, y, z)$, $f_z(x, y, z)$는 다음과 같다.

(1) $$f_x = \frac{\partial}{\partial x}(3x^2 + xy + z^2) = 3\frac{\partial}{\partial x}(x^2) + y\frac{\partial}{\partial x}(x) + \frac{\partial}{\partial x}(z^2)$$
$$= 3 \times 2x + y \times 1 + 0 = 6x + y$$

(← x에 대한 미분이므로 y, z는 모두 상수로 생각한다. 이때 $3x^2$, xy, z^2을 x에 대해 미분하면 각각 $6x$, y, 0이다.)

(2) $$f_y = \frac{\partial}{\partial y}(3x^2 + xy + z^2) = 3\frac{\partial}{\partial y}(x^2) + x\frac{\partial}{\partial y}(y) + \frac{\partial}{\partial y}(z^2)$$
$$= 0 + x \times 1 + 0 = x$$

(← y에 대한 미분이므로 x, z는 모두 상수로 생각한다. 이때 $3x^2$, xy, z^2을 y에 대해 미분하면 각각 0, x, 0이다.)

(3) $$f_z = \frac{\partial}{\partial z}(3x^2 + xy + z^2) = 3\frac{\partial}{\partial z}(x^2) + \frac{\partial}{\partial z}(xy) + \frac{\partial}{\partial z}(z^2)$$
$$= 0 + 0 + 2z = 2z$$

(← z에 대한 미분이므로 x, y는 모두 상수로 생각한다. 이때 $3x^2$, xy, z^2을 z에 대해 미분하면 각각 0, 0, $2z$이다.)

[19] 고계편도함수

이변수함수 $z = f(x, y)$가 편도함수 f_x, f_y를 가지고 f_x, f_y가 x, y에 대하여 편미분 가능하면 이계편도함수를 얻을 수 있고 다음과 같이 나타낸다.

$$\frac{\partial}{\partial x}\left(\frac{\partial z}{\partial x}\right)=\frac{\partial^2 z}{\partial x^2}=\frac{\partial^2 f}{\partial x^2} \quad \text{또는} \quad (z_x)_x = z_{xx},\ (f_x)_x = f_{xx}$$

$$\frac{\partial}{\partial x}\left(\frac{\partial z}{\partial y}\right)=\frac{\partial^2 z}{\partial x\,\partial y}=\frac{\partial^2 f}{\partial x\partial y} \quad \text{또는} \quad (z_y)_x = z_{yx},\ (f_y)_x = f_{yx}$$

$$\frac{\partial}{\partial y}\left(\frac{\partial z}{\partial x}\right)=\frac{\partial^2 z}{\partial y\,\partial x}=\frac{\partial^2 f}{\partial y\partial x} \quad \text{또는} \quad (z_x)_y = z_{xy},\ (f_x)_y = f_{xy}$$

$$\frac{\partial}{\partial y}\left(\frac{\partial z}{\partial y}\right)=\frac{\partial^2 z}{\partial y^2}=\frac{\partial^2 f}{\partial y^2} \quad \text{또는} \quad (z_y)_y = z_{yy},\ (f_y)_y = f_{yy}$$

이계편도함수를 얻는 방법과 같은 방법으로 3계 이상의 편도함수를 얻을 수 있는데 이들을 통틀어 고계편도함수라 한다.

기호 설명 $z = f(x,\ y)$에 대하여 f_{xy}는 $f(x,\ y)$를 x에 대하여 먼저 편미분하고 다음에 y에 대하여 편미분한 것을 나타낸다. 반면, $\frac{\partial^2 z}{\partial x\partial y}$는 z를 y에 대하여 먼저 편미분하고 다음에 x에 대하여 편미분한 것을 나타낸다.

$$f_{xy} = \frac{\partial^2 z}{\partial y\partial x}=\frac{\partial^2 f}{\partial y\partial x},\ f_{yx} = \frac{\partial^2 f}{\partial x\partial y}$$

예 (1) 이변수함수 $f(x,\ y) = x^3 + x^2y + y^4$의 이계편도함수 f_{xx}, f_{xy}, f_{yx}, f_{yy}는 다음과 같다.

일계편도함수 $f_x = 3x^2 + 2xy,\ f_y = x^2 + 4y^3$이고,

$$f_{xx} = \frac{\partial}{\partial x}(3x^2 + 2xy) = 3\times 2x + 2y\times 1 = 6x + 2y,$$

$$f_{xy} = \frac{\partial}{\partial y}(3x^2 + 2xy) = 0 + 2x\times 1 = 2x,$$

$$f_{yx} = \frac{\partial}{\partial x}(x^2 + 4y^3) = 2x + 0 = 2x,$$

$$f_{yy} = \frac{\partial}{\partial y}(x^2 + 4y^3) = 0 + 4\times 3y^2 = 12y^2.$$

(2) 세 개 이상의 변수를 갖는 함수의 고계편도함수도 이변수함수와 같은 방법으로 정의된다. 예를 들어 함수

$$f(x,\ y,\ z) = x^3y^2 + \sin 2x + x^2z^3$$

의 이계편도함수 f_{xx}는 다음과 같다.

일계편도함수 $f_x = 3x^2y^2 + 2\cos 2x + 2xz^3$

이계편도함수 $f_{xx} = 6xy^2 - 4\sin 2x + 2z^3$

† 예 (1)에서 $f_{xy} = f_{yx}$ 임을 볼 수 있는데, 다음의 '클로레 정리'가 성립한다는 것이 알려져 있다.

[20] 클로레 정리(Clairaut's theorem)

함수 $f(x, y)$, 일계편도함수 f_x, f_y, 이계편도함수 f_{xy}, f_{yx}가 한 영역에서 모두 연속이면 다음 관계식이 성립한다.

$$f_{xy}(x, y) = f_{yx}(x, y)$$

예 $f(x, y) = x^2y + xy^3$일 때 $\dfrac{\partial f}{\partial x} = 2xy + y^3$, $\dfrac{\partial f}{\partial y} = x^2 + 3xy^2$이므로

$$f_{xy} = \frac{\partial}{\partial y}\left(\frac{\partial f}{\partial x}\right) = \frac{\partial}{\partial y}(2xy + y^3) = 2x + 3y^2,$$

$$f_{yx} = \frac{\partial}{\partial x}\left(\frac{\partial f}{\partial y}\right) = \frac{\partial}{\partial x}(x^2 + 3xy^2) = 2x + 3y^2.$$

$$\therefore\ f_{xy} = f_{yx}$$

[21] 전미분

이변수함수 $z = f(x, y)$의 전미분(total differential)은 다음과 같이 정의된다.

$$dz = \frac{\partial z}{\partial x}dx + \frac{\partial z}{\partial y}dy = \frac{\partial f}{\partial x}dx + \frac{\partial f}{\partial y}dy$$

설명 미분가능한 일변수함수 $y = f(x)$에 대해 미분 dx를 독립변수로 정의하고, y의 전미분은 $dy = f'(x)dx$로 정의한다.

미분가능한 이변수함수 $z = f(x, y)$의 점 (x_0, y_0)에서의 전미분은 다음과 같이 정의된다.

$$dz = f_x(x_0, y_0)dx + f_y(x_0, y_0)dy$$

여기에서 dz는 x_0, y_0, dx, dy를 독립변수로 하는 하나의 함수이다. 따라서 다음과 같은 식을 얻을 수 있다.

$$dz = \frac{\partial f}{\partial x}dx + \frac{\partial f}{\partial y}dy \quad \text{또는} \quad dz = \frac{\partial z}{\partial x}dx + \frac{\partial z}{\partial y}dy$$

예 $z = f(x, y) = xe^y$에서 전미분 dz는 다음과 같다.

$$\begin{aligned} dz &= \frac{\partial f}{\partial x}dx + \frac{\partial f}{\partial y}dy = \left[\frac{\partial}{\partial x}(xe^y)\right]dx + \left[\frac{\partial}{\partial y}(xe^y)\right]dy \\ &= e^y dx + xe^y dy \end{aligned}$$

예제 3.6.1 $f(x, y) = \dfrac{\sqrt{x}}{y}$에 대하여 (1) $\dfrac{\partial f}{\partial x}$, (2) $\dfrac{\partial f}{\partial y}$를 구하여라.

풀이 (1) $\dfrac{\partial f}{\partial x} = \dfrac{\partial}{\partial x}\left(\dfrac{\sqrt{x}}{y}\right) = \dfrac{1}{y}\dfrac{d}{dx}(\sqrt{x}) = \dfrac{1}{y} \times \dfrac{1}{2\sqrt{x}} = \dfrac{1}{2y\sqrt{x}}$

(2) $\dfrac{\partial f}{\partial y} = \dfrac{\partial}{\partial y}\left(\dfrac{\sqrt{x}}{y}\right) = \sqrt{x}\dfrac{d}{dy}\left(\dfrac{1}{y}\right) = \sqrt{x} \times \left(-\dfrac{1}{y^2}\right) = -\dfrac{\sqrt{x}}{y^2}$ ■

예제 3.6.2 $f(x, y) = 2x^2 + 3xy - 4y^2$에 대하여 점 $(1, 2)$에서의 편미분계수 $f_x(1, 2)$, $f_y(1, 2)$를 구하여라.

풀이

$$\begin{aligned} f_x(x, y) &= \frac{\partial}{\partial x}(2x^2 + 3xy - 4y^2) = 2\frac{\partial}{\partial x}(x^2) + 3y\frac{\partial}{\partial x}(x) - 4\frac{\partial}{\partial x}(y^2) \\ &= 2 \times 2x + 3y \times 1 - 0 = 4x + 3y \end{aligned}$$

$$\begin{aligned} f_y(x, y) &= \frac{\partial}{\partial y}(2x^2 + 3xy - 4y^2) = 2\frac{\partial}{\partial y}(x^2) + 3x\frac{\partial}{\partial y}(y) - 4\frac{\partial}{\partial y}(y^2) \\ &= 0 + 3x \times 1 - 4 \times 2y = 3x - 8y \end{aligned}$$

$\therefore\ f_x(1, 2) = 4 \times 1 + 3 \times 2 = 10$, $f_y(1, 2) = 3 \times 1 - 8 \times 2 = -13$ ■

예제 3.6.3 다음 함수에 대하여 f_x와 f_y를 구하여라.

(1) $f(x, y) = x\sin y$ (2) $f(x, y) = \ln(x^2 + 3y^2 + 1)$

풀이 (1) $f_x = \dfrac{\partial}{\partial x}(x\sin y) = \sin y\dfrac{\partial}{\partial x}(x) = \sin y \times 1 = \sin y$

$$f_y = \frac{\partial}{\partial y}(x\sin y) = x\frac{\partial}{\partial y}(\sin y) = x \times \cos y = x\cos y$$

(2) $$f_x = \frac{\partial}{\partial x}[\ln(x^2+3y^2+1)] = \frac{1}{x^2+3y^2+1}\frac{\partial}{\partial x}(x^2+3y^2+1)$$

$$= \frac{1}{x^2+3y^2+1} \times 2x = \frac{2x}{x^2+3y^2+1}$$

$$f_x = \frac{\partial}{\partial y}[\ln(x^2+3y^2+1)] = \frac{1}{x^2+3y^2+1}\frac{\partial}{\partial y}(x^2+3y^2+1)$$

$$= \frac{1}{x^2+3y^2+1} \times 6y = \frac{6y}{x^2+3y^2+1}$$ ■

예제 3.6.4 $f(x,\ y) = x^2e^y + xy + ye^x$의 이계편도함수를 모두 구하여라.

풀이 $$f_x = \frac{\partial}{\partial x}(x^2e^y + xy + ye^x) = e^y\frac{\partial}{\partial x}(x^2) + y\frac{\partial}{\partial x}(x) + y\frac{\partial}{\partial x}(e^x)$$

$$= 2xe^y + y + ye^x$$

$$f_y = \frac{\partial}{\partial y}(x^2e^y + xy + ye^x) = x^2\frac{\partial}{\partial y}(e^y) + x\frac{\partial}{\partial y}(y) + e^x\frac{\partial}{\partial y}(y)$$

$$= x^2e^y + x + e^x$$

$$f_{xy} = \frac{\partial}{\partial y}(f_x) = \frac{\partial}{\partial y}(2xe^y + y + ye^x)$$

$$= 2x\frac{\partial}{\partial y}(e^y) + \frac{\partial}{\partial y}(y) + e^x\frac{\partial}{\partial y}(y) = 2xe^y + 1 + e$$

$$f_{xx} = \frac{\partial}{\partial x}(f_x) = \frac{\partial}{\partial x}(2xe^y + y + ye^x)$$

$$= 2e^y\frac{\partial}{\partial x}(x) + \frac{\partial}{\partial x}(y) + y\frac{\partial}{\partial x}(e^x) = 2e^y + 0 + ye$$

$$= 2e^y + ye^x$$

$$f_{yy} = \frac{\partial}{\partial y}(f_y) = \frac{\partial}{\partial y}(x^2e^y + x + e^x)$$

$$= x^2\frac{\partial}{\partial y}(e^y) + \frac{\partial}{\partial y}(x) + \frac{\partial}{\partial y}(e^x) = x^2e^y + 0 + 0$$

$$= x^2e^y$$ ■

예제 3.6.5 다음 함수의 전미분을 구하여라.

(1) $z = f(x,\ y) = x^2 + 3xy - y^4$

(2) $z = f(x, y) = x^2 \ln y$

풀이 ▌ (1) $dz = \dfrac{\partial f}{\partial x}dx + \dfrac{\partial f}{\partial y}dy$

$$= \left[\frac{\partial}{\partial x}(x^2 + 3xy - y^4)\right]dx + \left[\frac{\partial}{\partial y}(x^2 + 3xy - y^4)\right]dy$$

$$= (2x + 3y)dx + (3x - 4y^3)dy$$

(2) $dz = \dfrac{\partial f}{\partial x}dx + \dfrac{\partial f}{\partial y}dy$

$$= \left[\frac{\partial}{\partial x}(x^2 \ln y)\right]dx + \left[\frac{\partial}{\partial y}(x^2 \ln y)\right]dy = 2x \ln y\, dx + \frac{x^2}{y}dy$$ ■

연습문제 3.6

1. 다음 함수의 일계편도함수(f_x, f_y)를 구하여라.

(1) $f(x, y) = x + 2xy + 3y$　　(2) $f(x, y) = x^2y + 3xy + 4y^3$

(3) $f(x, y) = x^3 - xy^2 + x^2y^3$　　(4) $f(x, y) = x\sqrt{x^2 + y^2}$

(5) $f(x, y) = xe^{2y}$　　(6) $f(x, y) = e^{2x+3y}$

2. 다음 함수의 이계편도함수(f_{xx}, f_{xy}, f_{yy})를 구하여라.

(1) $f(x, y) = 2x + 3y$　　(2) $f(x, y) = x^2 + 2xy + y^2$

(3) $f(x, y) = e^{x+2y}$　　(4) $f(x, y) = e^{xy}$

(5) $f(x, y) = e^x \sin y$　　(6) $f(x, y) = x \ln y$

3. 다음 함수의 일계편도함수(f_x, f_y, f_z)를 구하여라.

(1) $f(x, y, z) = xy + 2yz + 3zx$　　(2) $f(x, y, z) = \ln(x^2 + 2y^2 + 3z^2)$

(3) $f(x, y, z) = xy - x^2y^3z^4$　　(4) $f(x, y, z) = xe^{\frac{y}{z}}$

(5) $f(x, y, z) = \sin(2x + 3y + 4z)$　　(6) $f(x, y, z) = \dfrac{x}{2y + 3z}$

4. 함수 $f(x, y) = x^y\ (x > 0)$의 이계편도함수(f_{xx}, f_{xy}, f_{yy})를 구하여라.

5. 함수 $f(x, y) = \ln(x + \sqrt{x^2 + y^2})$일 때 f_x를 구하여라.

6. 함수 $f(x, y, z) = e^{xy}\ln(z^2 + 1)$일 때 f_x, f_y, f_z를 구하여라.

7. 함수 $f(x, y, z) = \sin(2x + 3yz)$일 때 f_{xy}, f_{yz}, f_{zx}를 구하여라.

제4장 적분

4.1 적분의 기초

[1] 부정적분

함수 $F(x)$의 도함수가 $f(x)$일 때, 즉 $\frac{dF(x)}{dx} = f(x)$일 때

$$\int f(x)dx = F(x) + C \quad (C\text{는 적분상수})$$

로 나타내고 $\int f(x)dx$를 $f(x)$의 부정적분이라 한다.

† 부정적분의 정의: $F'(x) = f(x) \Leftrightarrow \int f(x)dx = F(x) + C$

[2] 부정적분과 미분의 관계

(1) $\frac{d}{dx}\int f(x)dx = f(x)$

(2) $\int \frac{d}{dx}f(x)dx = f(x) + C$ (C는 적분상수)

설명 (1) $\int f(x)dx = F(x) + C$를 x에 대해 미분하면

$$\frac{d}{dx}\int f(x)dx = \frac{d}{dx}[F(x) + C] = \frac{d}{dx}F(x) = f(x). \ (\leftarrow\text{적분의 정의})$$

$$\therefore \frac{d}{dx}\int f(x)dx = f(x)$$

(2) $\int \left[\frac{d}{dx}f(x)\right]dx = F(x)$로 하면 적분의 정의에 의해

$\frac{d}{dx}F(x) = \frac{d}{dx}f(x)$이므로 $\frac{d}{dx}[F(x) - f(x)] = 0$이다.

따라서 $F(x) - f(x) = C$ (C는 상수)에서 $F(x) = f(x) + C$.

$$\therefore \int \left[\frac{d}{dx}f(x)\right]dx = f(x) + C$$

[3] 적분공식 (C는 적분상수) [1]

$\int kf(x)dx = k\int f(x)dx$ (k는 상수)	
$\int [f(x) \pm g(x)]dx = \int f(x)dx \pm \int g(x)dx$ (복호동순)	
$\int kdx = kx + C$ (k는 상수)	$\int x^n dx = \frac{1}{n+1}x^{n+1} + C$ $(n \neq -1)$
$\int \frac{1}{x}dx = \ln\|x\| + C$	$\int e^x dx = e^x + C$
$\int a^x dx = \frac{a^x}{\ln a} + C$ $(a > 0,\ a \neq 1)$	$\int \sin dx = -\cos x + C$
$\int \cos x dx = \sin x + C$	$\int \tan x dx = -\ln\|\cos x\| + C$
$\int \sec^2 x dx = \tan x + C$	$\int \csc^2 x dx = -\cot x + C$
$\int \sec x \tan x dx = \sec x + C$	$\int \csc x \cot x dx = -\csc x + C$
$\int \frac{1}{\sqrt{1-x^2}}dx = \sin^{-1}x + C$	$\int \frac{1}{1+x^2}dx = \tan^{-1}x + C$
$\int \sinh x\, dx = \cosh x + C$	$\int \cosh x\, dx = \sinh x + C$
$\int \mathrm{sech}^2 x\, dx = \tanh x + C$	$\int \frac{1}{\sqrt{1+x^2}}dx = \sinh^{-1}x + C$
$\int \frac{1}{\sqrt{x^2-1}}dx = \cosh^{-1}x + C$	$\int \frac{1}{1-x^2}dx = \tanh^{-1}x + C$

설명 적분은 미분의 역연산이므로 미분공식으로부터 부정적분공식을 얻을 수 있다. 예를 들어 $\int x^n dx$의 적분공식은 다음과 같이 얻어진다.

미분법에 의해 $\frac{d}{dx}(x^{n+1}) = (n+1)x^n$이므로 $\frac{d}{dx}\left(\frac{1}{n+1}x^{n+1}\right) = x^n$이다. 따라서 적분의 정의에 의해

$$\int x^n dx = \frac{1}{n+1}x^{n+1} + C\ (n \neq -1,\ C\text{는 적분상수})$$

1) 기초적인 적분공식은 기억하도록 한다. 적분은 미분의 역이다.

이고, $n=-1$인 경우 $\frac{d}{dx}(\ln x)=\frac{1}{x}$이므로

$$\int \frac{1}{x}dx = \ln x + C \quad (C\text{는 적분상수})$$

이다.

예제 4.1.1 [기본공식] 다음 부정적분을 구하여라.

$$f(x) = \int (2x - 3\sin^2 x)dx - 3\int \cos^2 x\, dx$$

풀이 ‖

$$\begin{aligned} f(x) &= \int (2x - 3\sin^2 x)dx - 3\int \cos^2 x\, dx \\ &= \int (2x - 3\sin^2 x - 3\cos^2 x)dx \\ &= \int [2x - 3(\sin^2 x + \cos^2 x)]dx \qquad (\leftarrow \sin^2 x + \cos^2 x = 1) \\ &= \int (2x-3)dx \\ &= 2\int x dx - 3\int dx \\ &= 2 \cdot \frac{1}{1+1}x^{1+1} - 3x + C \\ &= x^2 - 3x + C \quad (C\text{는 적분상수}) \end{aligned}$$

■

예제 4.1.2 [부정적분과 미분의 관계] 함수 $f(x)$가 다음과 같을 때 $f(0)$의 값을 구하여라.

$$f(x) = \frac{d}{dx}\left[\int (x^2 + e^{4x} + 2\cosh x)dx\right]$$

풀이 ‖ $\frac{d}{dx}\int f(x)dx = f(x)$이므로

$$\begin{aligned} f(x) &= \frac{d}{dx}\left[\int (x^2 + e^{4x} + 2\cosh x)dx\right] \\ &= x^2 + e^{4x} + 2\cosh x \end{aligned}$$

이다.

$\therefore\ f(0) = 0 + 1 + 2 = 3$

■

예제 4.1.3 다음 부정적분을 구하여라.

(1) $\int (5x^4 + 6x^2 + 7)dx$ (2) $\int (x\sqrt{x} + \sqrt[4]{x})dx$

(3) $\int \left(e^x + 2\cos x + \frac{3}{x}\right)dx$

풀이 (1)
$$\begin{aligned}\int (5x^4 + 6x^2 + 7)dx &= \int 5x^4 dx + \int 6x^2 dx + \int 7dx \\ &= 5\int x^4 dx + 6\int x^2 dx + 7\int dx \\ &= 5 \cdot \frac{1}{4+1}x^{4+1} + 6 \cdot \frac{1}{2+1}x^{2+1} + 7 \cdot x + C \\ &= x^5 + 2x^3 + 7x + C\end{aligned}$$

(2)
$$\begin{aligned}\int (x\sqrt{x} + \sqrt[4]{x})dx &= \int (x^{\frac{3}{2}} + x^{\frac{1}{4}})dx = \int x^{\frac{3}{2}} dx + \int x^{\frac{1}{4}} dx \\ &= \frac{1}{\frac{3}{2}+1}x^{\frac{3}{2}+1} + \frac{1}{\frac{1}{4}+1}x^{\frac{1}{4}+1} + C \\ &= \frac{2}{5}x^{\frac{5}{2}} + \frac{4}{5}x^{\frac{5}{4}} + C \\ &= \frac{2}{5}x^2\sqrt{x} + \frac{4}{5}x\sqrt[4]{x} + C\end{aligned}$$

(3)
$$\begin{aligned}\int \left(e^x + 2\cos x + \frac{3}{x}\right)dx &= \int e^x dx + 2\int \cos x dx + 3\int \frac{1}{x}dx \\ &= e^x + 2\sin x + 3\ln x + C\end{aligned}$$

■

연습문제 4.1

1. 다음 부정적분을 구하여라.

(1) $\int 3x^2 dx$

(2) $\int x^4 dx$

(3) $\int (2x^{14}) dx$

(4) $\int \frac{6}{x^4} dx$

(5) $\int \sqrt{x}\, dx$

(6) $\int \frac{1}{\sqrt[4]{x}} dx$

(7) $\int \left(\frac{9}{x^{10}} + \frac{3}{x^4}\right) dx$

(8) $\int \left(\frac{1}{x\sqrt{x}} + \sqrt[4]{x}\right) dx$

(9) $\int (x^2\sqrt{x} + x\sqrt[4]{x}) dx$

(10) $\int \left(4e^x + 2^{x+2} + \frac{3}{x}\right) dx$

(11) $\int (\sin x + \cos x + \sec^2 x) dx$

(12) $\int (2\cos x + 3x^4) dx$

2. 함수 $g(x)$가 $g(0) = 2$를 만족할 때 $g(\pi/2)$의 값을 구하여라.

$$g(x) = \int \left[\frac{d}{dx}(\cos^2 x + 2\sin x)\right] dx$$

3. 함수 $f(x)$의 도함수 $f'(x) = 4x^3 - 2x + \sin x$이고 $f(0) = 2$일 때 $f(x)$를 구하여라.

4. 자유 낙하하는 물체의 시간 t에서의 가속도가 $a(t) = -g$일 때 물체의 속도 $v(t)$와 위치 $s(t)$를 구하여라. 단, $v(t) = \frac{ds(t)}{dt}$, $a(t) = \frac{dv(t)}{dt}$이고 시간 $t = 0$에서의 속도와 위치는 각각 v_0, s_0이며, g는 중력가속도이다.

† $v(t) = \int a(t)dt$, $s(t) = \int v(t)dt$

4.2 치환적분법

[4] 치환적분법 [2)]

함수 $u=g(x)$가 미분가능하면

$$\int f[g(x)]g'(x)dx=\int f(u)du$$

이다.

† 변수를 치환할 때 $u=g(x)$로 놓으면 u의 미분 du와 x의 미분 dx 사이에는 $\frac{du}{dx}=g'(x)$에서 $du=g'(x)dx$의 관계식이 성립한다.

(증명) $u=g(x)$일 때

$$\frac{d}{dx}\left[\int f(u)du\right]=\frac{d}{du}\left[\int f(u)du\right]\frac{du}{dx}=f(u)\times\frac{du}{dx}$$
$$=f[g(x)]\times g'(x).$$

$\therefore$ 적분의 정의에 의해 $\int f(u)du$는 $f[g(x)]\times g'(x)$의 부정적분이므로

$$\int f[g(x)]g'(x)dx=\int f(u)du$$

가 된다. ■

[5] 분자가 분모의 도함수인 경우

임의의 연속함수 $f(x)$에 대하여

$$\int\frac{f'(x)}{f(x)}dx=\ln|f(x)|+C\quad(f(x)\neq 0)$$

2) 실제적인 문제에 있어서는 치환적분이 많이 이용된다.

증명 $u=f(x)$라 하면 $du=f'(x)dx$이다.

$$\therefore \int \frac{f'(x)}{f(x)}dx=\int \frac{1}{f(x)}\cdot f'(x)dx=\int \frac{1}{u}du$$

$$=\ln|u|+C=\ln|f(x)|+C$$

가 된다. ■

예제 4.2.1 다음 부정적분을 구하여라.

(1) $\int (x+1)^4 dx$ (2) $\int \cos(3x+4)dx$

(3) $\int 20x(x^2+1)^4 dx$ (4) $\int 2x\,e^{x^2}dx$

풀이 (1) $u=x+1$로 하면 $du=(x+1)'dx=dx$이므로

$$\int (x+1)^4 dx=\int u^4 du=\frac{1}{4+1}u^{4+1}+C=\frac{1}{5}u^5+C$$

$$=\frac{1}{5}(x+1)^5+C.$$

(2) $u=3x+4$로 하면 $du=(3x+4)'dx=3dx$에서 $dx=\frac{1}{3}du$이므로

$$\int \cos(3x+4)dx=\int \cos u\cdot\frac{1}{3}du=\frac{1}{3}\int \cos u\,du=\frac{1}{3}\sin u+C$$

$$=\frac{1}{3}\sin(3x+4)+C.$$

(3) $x^2+1=u$로 하여 양변을 미분하면 $2xdx=du$이므로

$$\int 20x(x^2+1)^4 dx=\int 10(x^2+1)^4(2xdx)=\int 10u^4 du$$

$$=10\cdot\frac{1}{5}u^5+C=2(x^2+1)^5+C.$$

(4) $x^2=u$로 하면 $2xdx=du$이므로

$$\int 2x\,e^{x^2}dx=\int e^{x^2}\cdot 2xdx=\int e^u du=e^u+C$$

$$=e^{x^2}+C.$$

■

예제 4.2.2 다음 부정적분을 구하여라.

(1) $\int \sin^5 x \cos x dx$　　　　(2) $\int 2\sin x \cos x \, e^{\sin^2 x} dx$

풀이 (1) $\sin x = u$로 하면 $\cos x dx = du$이므로

$$\int \sin^5 x \cos x dx = \int \sin^5 x (\cos x dx) = \int u^5 du$$
$$= \frac{1}{6}u^6 + C$$
$$= \frac{1}{6}\sin^6 x + C.$$

(2) $\sin^2 x = u$로 하면 $2\sin x \cos x dx = du$이므로

$$\int 2\sin x \cos x e^{\sin^2 x} dx = \int e^{\sin^2 x}(2\sin x \cos x dx) = \int e^u du$$
$$= e^u + C$$
$$= e^{\sin^2 x} + C.$$

■

예제 4.2.3 다음 부정적분을 구하여라.

(1) $\int \frac{x}{x^2+4} dx$　　　　(2) $\int \frac{2x+1}{(x^2+x+2)^3} dx$

풀이 (1) $x^2+4 = u$로 하면 $2xdx = du$에서 $xdx = \frac{1}{2}du$이므로

$$\int \frac{x}{x^2+4} dx = \int \frac{1}{x^2+4}(xdx) = \int \frac{1}{u}\left(\frac{1}{2}du\right) = \frac{1}{2}\int \frac{1}{u} du$$
$$= \frac{1}{2}\ln u + C$$
$$= \frac{1}{2}\ln(x^2+4) + C.$$

(2) $x^2+x+2 = u$로 하여 양변을 미분하면 $(2x+1)dx = du$이므로

$$\int \frac{2x+1}{(x^2+x+2)^3} dx = \int \frac{1}{(x^2+x+2)^3}(2x+1)dx$$
$$= \int \frac{1}{u^3} du = \int u^{-3} du$$
$$= \frac{1}{-3+1}u^{-3+1} + C = -\frac{1}{2}u^{-2} + C$$

$$=-\frac{1}{2(x^2+x+2)^2}+C.$$ ■

예제 4.2.4 [삼각함수 치환법] 다음 부정적분을 구하여라.

$$\int \sqrt{9-x^2}\,dx$$

풀이 $x=3\sin\theta\ (-\frac{\pi}{2}<\theta<\frac{\pi}{2})$로 하면 $dx=3\cos\theta d\theta$이다.

$$\begin{aligned}\therefore \int \sqrt{9-x^2}\,dx &= \int \sqrt{9-9\sin^2\theta}\cdot 3\cos\theta d\theta \\ &= \int \sqrt{9(1-\sin^2\theta)}\cdot 3\cos\theta d\theta \\ &= \int \sqrt{9\cos^2\theta}\cdot 3\cos\theta d\theta \\ &= \int 9\cos^2\theta d\theta \\ &= 9\int \frac{1+\cos 2\theta}{2}d\theta \\ &= \frac{9}{2}\left(\theta+\frac{1}{2}\sin 2\theta\right)+C\end{aligned}$$

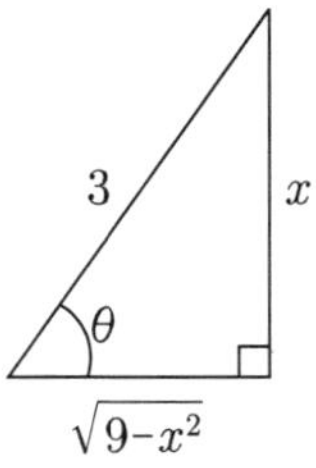

여기에서 $\sin\theta=\frac{x}{3}$이므로 $\theta=\sin^{-1}\frac{x}{3}$, $\cos\theta=\frac{\sqrt{9-x^2}}{3}$이고,

$\sin 2\theta=2\sin\theta\cos\theta=\frac{2}{9}x\sqrt{9-x^2}$이다.

$$\therefore \int \sqrt{9-x^2}\,dx=\frac{9}{2}\left(\sin^{-1}\frac{x}{3}+\frac{1}{9}x\sqrt{9-x^2}\right)+C$$ ■

† 삼각함수 치환법 : 피적분함수가 $\sqrt{a^2-x^2}$이면 $x=a\sin\theta$, $\sqrt{a^2+x^2}$이면 $x=a\tan\theta$로 치환한다.

연습문제 4.2

1. 다음 부정적분을 구하여라.

(1) $\int (x+1)^4 dx$　　(2) $\int \frac{x^3}{x^4+1} dx$

(3) $\int x^2(x^3+1)^4 dx$　　(4) $\int x^3 e^{x^4+2} dx$

(5) $\int x\cos(x^2) dx$　　(6) $\int (x+1)\sin(x^2+2x) dx$

(7) $\int (2\sin x+3)^4 \cos x\, dx$　　(8) $\int \frac{\cos\sqrt{x}}{\sqrt{x}} dx$

2. 다음 부정적분을 구하여라. 단, $a\ (a \neq 0)$, b, $n\ (n \neq -1)$은 상수이다.

(1) $\int (ax+b)^n dx$　　(2) $\int e^{ax+b} dx$

(3) $\int \frac{1}{\sqrt[n]{ax-b}} dx$　　(4) $\int \sin^2(ax+b) dx$

3. 다음 부정적분을 구하여라.

(1) $\int \sin x \cdot \cos(\cos x) dx$　　(2) $\int \frac{\sin x}{\sqrt{\cos x}} dx$

4. $x = 3\tan\theta\ (0 < \theta < \frac{\pi}{2})$일 때 다음 물음에 답하여라.

(1) $\sin\theta = \frac{x}{\sqrt{9+x^2}}$, $\cos\theta = \frac{3}{\sqrt{9+x^2}}$ 임을 보여라.

(2) $dx = 3\sec^2\theta d\theta$ 임을 보여라.

(3) 부정적분 $\int \frac{1}{(9+x^2)^{3/2}} dx$를 구하여라.

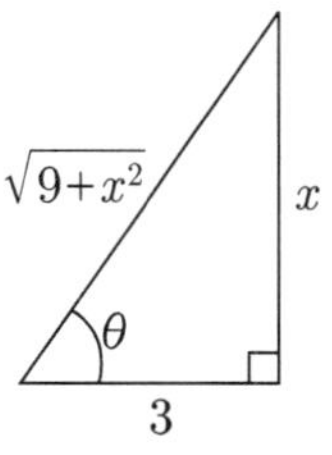

4.3 부분적분법

[6] 부분적분법 3)

두 함수 $f(x)$, $g(x)$가 미분가능할 때

$$\int f'(x)g(x)dx = f(x)g(x) - \int f(x)g'(x)dx$$

가 되며, 이 식을 이용하여 적분하는 방법을 부분적분법이라 한다.

† 부분적분법은 $\int u'v = uv - \int uv'$ 으로 표현된다. 부분적분법의 요령은, u와 v를 적절히 선택하여 우변의 $\int uv'$항이 쉽게 적분할 수 있는 형태가 되도록 만드는 데에 있다.

증명 $\frac{d}{dx}[f(x)g(x)] = f'(x)g(x) + f(x)g'(x)$이므로 적분의 정의에 의해

$$\begin{aligned} f(x)g(x) &= \int [f'(x)g(x) + f(x)g'(x)]dx \\ &= \int f'(x)g(x)dx + \int f(x)g'(x)dx. \end{aligned}$$

$$\therefore \int f'(x)g(x)dx = f(x)g(x) - \int f(x)g'(x)dx$$

■

예제 4.3.1 다음 부정적분을 구하여라.

(1) $\int x e^x dx$ (2) $\int x \sin x \, dx$

풀이 (1) $u = e^x$, $v = x$로 선택하면 $v' = 1$이므로 $\int uv' = \int e^x dx$가 적분가능한 형태가 된다.

$$\begin{aligned} \int xe^x dx = \int (e^x)' x dx &= e^x x - \int e^x (x)' dx \\ &= xe^x - \int e^x dx \end{aligned}$$

---

3) 기초적인 적분 중에서는 가장 마지막 단계의 어려운 것이라고 할 수 있지만, 몇 번 연습해보면 개념을 파악할 수 있을 것이다.

$$= xe^x - e^x + C$$

(2) $u = -\cos x$, $v = x$로 하면 $v' = 1$이므로 $\int uv' = \int (-\cos x)dx$가 적분가능한 형태가 된다.

$$\int x\sin x dx = \int (-\cos x)' x dx = -\cos x \cdot x - \int (-\cos x) \cdot (x)' dx$$

$$= -x\cos x + \int \cos x dx$$

$$= -x\cos x + \sin x + C$$

■

예제 4.3.2 [항이 하나일 때] 다음 적분을 구하여라.

(1) $\int \ln x dx$ (2) $\int \tan^{-1} x\, dx$

풀이 적당한 함수를 도입하여 우변이 적분가능한 형태가 되게 만든다. (1), (2)에서는 모두 $u = x$로 하면 적분이 된다.

(1) $u = x$, $v = \ln x$로 하면 $v' = \dfrac{1}{x}$이므로 $\int uv' = \int 1dx$는 적분가능한 형태가 된다.

$$\int \ln x dx = \int (x)' \ln x dx = x\ln x - \int x(\ln x)' dx$$

$$= x\ln x - \int x\left(\frac{1}{x}\right)dx$$

$$= x\ln x - \int 1dx$$

$$= x\ln x - x + C$$

(2) $u = x$, $v = \tan^{-1} x$로 하면 $v' = \dfrac{1}{x^2+1}$이므로 $\int uv' = \int \dfrac{x}{x^2+1}dx$는 적분가능한 형태이다.

$$\int \tan^{-1} x dx = \int (x)' \tan^{-1} x dx = x\tan^{-1} x - \int x(\tan^{-1} x)' dx$$

$$= x\tan^{-1} x - \int x \cdot \frac{1}{x^2+1}dx$$

$$= x\tan^{-1} x - \int \frac{x}{x^2+1}dx$$

$$= x\tan^{-1} x - \frac{1}{2}\ln(x^2+1) + C$$

($x^2+1=u$로 치환하면 $2xdx=du$이므로
$\int \frac{x}{x^2+1}dx=\int \frac{1}{u}\cdot\frac{1}{2}du=\frac{1}{2}\int\frac{1}{u}du=\frac{1}{2}\ln u=\frac{1}{2}\ln(x^2+1)$이다.)

■

예제 4.3.3 [부분적분법의 반복 적용] 다음 적분을 구하여라.

(1) $\int x^2 e^x dx$ (2) $\int x^2 \sin x dx$

풀이 부분적분법을 한 번 수행하여 적분이 되지 않으면 반복하여 부분적분법을 적용한다.

(1)
$$\begin{aligned}\int x^2e^xdx &= \int (e^x)'x^2dx = e^x x^2 - \int e^x(x^2)'dx \\ &= x^2e^x - \int e^x(2x)dx \\ &= x^2e^x - 2\int (e^x)'xdx = x^2e^x - 2\left[xe^x - \int e^x(x)'dx\right] \\ &= x^2e^x - 2\left[xe^x - \int e^xdx\right] \\ &= x^2e^x - 2(xe^x - e^x) + C = e^x(x^2-2x+2)+C\end{aligned}$$

(2)
$$\begin{aligned}\int x^2\sin xdx &= \int(-\cos x)'x^2dx = -x^2\cos x - \int(-\cos x)(x^2)'dx \\ &= -x^2\cos x + \int \cos x(2x)dx \\ &= -x^2\cos x + 2\int(\sin x)'xdx \\ &= -x^2\cos x + 2\left[x\sin x - \int \sin x(x)'dx\right] \\ &= -x^2\cos x + 2\left[x\sin x - \int \sin xdx\right] \\ &= -x^2\cos x + 2(x\sin x + \cos x) + C\end{aligned}$$

■

예제 4.3.4 [부분적분하였을 때 같은 적분식이 나오는 경우] $\int e^x \sin x dx$를 구하여라.

풀이
$$\begin{aligned}I = \int e^x\sin xdx &= \int (e^x)'\sin xdx = e^x\sin x - \int e^x(\sin x)'dx \\ &= e^x\sin x - \int e^x\cos xdx\end{aligned}$$

$$= e^x \sin x - \int (e^x)' \cos x dx$$

$$= e^x \sin x - \left[e^x \cos x - \int e^x (\cos x)' dx \right]$$

$$= e^x \sin x - \left[e^x \cos x - \int e^x (-\sin x) dx \right]$$

$$= e^x \sin x - e^x \cos x - \int e^x \sin x dx$$

$$= e^x \sin x - e^x \cos x - I$$

즉 $I = e^x \sin x - e^x \cos x - I$이므로

$$I = \frac{e^x}{2} (\sin x - \cos x)$$

가 된다. 부정적분이므로 적분상수를 더하면

$$\int e^x \sin x \, dx = \frac{e^x}{2} (\sin x - \cos x) + C \quad (C\text{는 상수})$$

이다. ■

연습문제 4.3

1. 다음 부정적분을 구하여라.

(1) $\int x e^{4x} dx$

(2) $\int \ln(x+1) dx$

(3) $\int x \sin(2x) dx$

(4) $\int (x+2)e^{x} dx$

(5) $\int \frac{\ln x}{x^2} dx$

(6) $\int x^3 e^{x^2} dx$

(7) $\int x^4 \ln x dx$

(8) $\int \cos x \ln(\sin x) dx$

2. $\sqrt{x} = t$의 치환과 부분적분을 이용하여 $\int \frac{\sin\sqrt{x}}{2} dx$를 계산하여라.

3. $\int \frac{e^{\sqrt{x}}}{2} dx$를 계산하여라.

4. $x^2 = t$의 치환과 부분적분을 이용하여 $\int 2x^3 \sin(x^2) dx$를 계산하여라.

5. 다음 적분을 구하여라.

(1) $\int 2x \ln(x^2+3) dx$

(2) $\int (2x+1) \ln(x^2+x+1) dx$

6. 치환과 부분적분을 이용하여 $\int \tan^{-1}\sqrt{x}\, dx$를 계산하여라.

7. 함수 $f(x)$가 다음 관계식을 만족할 때 $f(1)$의 값을 구하여라.

$$\frac{d}{dx} f(x) = x e^{x} + 1 \,, \quad f(0) = 1$$

4.4 유리함수 적분법

[7] 분자의 차수가 분모의 차수보다 큰 경우

분자의 차수가 분모의 차수보다 큰 경우에는 다항식의 나눗셈을 하여 분자의 차수를 분모보다 작게 한 후 부분분수를 이용한 유리함수 적분법으로써 적분한다.

설명 분자의 차수가 분모의 차수보다 큰 경우, 분자를 분모로 나눈 몫을 $P(x)$라 하면, 몫 $P(x)$는 다항식이므로 $\int x^n dx = \frac{1}{n+1}x^{n+1}$을 사용하면 바로 적분된다. (* 부분분수에 의한 유리함수 적분법은 분자의 차수가 분모의 차수보다 낮은 경우에 대한 적분법을 말한다.)

예제 4.4.1 $\int \frac{3x^3+4x^2+2x+5}{x+1}dx$를 계산하여라.

풀이 분자의 차수가 분모의 차수보다 높으므로 다음과 같이 나눗셈을 하여 분자를 간단하게 만든다.

$$\begin{array}{r|l} & 3x^2 + x + 1 \\ \hline x+1 & 3x^3 + 4x^2 + 2x + 5 \\ & 3x^3 + 3x^2 \\ \hline & \quad x^2 + 2x + 5 \\ & \quad x^2 + x \\ \hline & \qquad x + 5 \\ & \qquad x + 1 \\ \hline & \qquad\quad 4 \end{array}$$

몫은 $3x^2+x+1$, 나머지는 4이다.

$$\therefore \int \frac{3x^3+4x^2+2x+5}{x+1}dx = \int\left(3x^2+x+1+\frac{4}{x+1}\right)dx$$

$$= x^3+\frac{1}{2}x^2+x+4\ln|x+1|+C$$

■

[8] 분모가 서로 다른 1차식으로 인수분해되는 경우 4)

분모가 서로 다른 일차식으로 인수분해되면 다음과 같이 일차식의 부분분수로 분해한다. (단, $P(x)$의 차수는 n보다 작다.)

$$\frac{P(x)}{(a_1x+b_1)(a_2x+b_2)\cdots(a_nx+b_n)}=\frac{A_1}{a_1x+b_1}+\frac{A_2}{a_2x+b_2}+\cdots+\frac{A_n}{a_nx+b_n}$$

여기에서 부분분수식의 각 항은 다음과 같이 적분된다.

$$\int\frac{A_m}{a_mx+b_m}dx=\frac{A_m}{a_m}\ln|a_mx+b_m|+C$$

† 부분분수 분해 : 다음과 같이 분모와 분자가 모두 다항식으로 이루어진 하나의 유리함수를 두 개 이상의 유리함수의 합으로 나타내는 것을 부분분수로 분해한다고 한다.

$$\frac{2x+3}{(x+1)(x+2)}=\frac{1}{x+1}+\frac{1}{x+2},\quad \frac{3x-1}{x(x-1)(x+1)}=\frac{1}{x}+\frac{1}{x-1}-\frac{2}{x+1}$$

예제 4.4.2 [부분분수 : 두 개의 서로 다른 일차항이 있는 경우]

$\int\frac{5x+3}{x^2+2x-3}dx$를 계산하여라.

풀이 먼저 피적분함수를 다음과 같이 부분분수들의 합으로 나타낸다.

$$\frac{5x+3}{x^2+2x-3}=\frac{5x+3}{(x-1)(x+3)}=\frac{A}{x-1}+\frac{B}{x+3}$$
$$=\frac{A(x+3)+B(x-1)}{(x-1)(x+3)}$$

첫째 식과 마지막 식의 분자를 비교하면

$$5x+3=A(x+3)+B(x-1)$$

이 된다. 이 방정식은 모든 x에 대해 성립하므로 $x=1$을 대입하면

$$5+3=A\times(1+3)$$

이 되어 $A=2$가 된다. 마찬가지로 $x=-3$을 대입하면

$$5\times(-3)+3=B\times(-3-1)$$

4) 부분분수 분해법은 라플라스 변환에서도 꼭 알아야 하는 것이므로 그 방법을 완전히 익히도록 한다.

이 되어 $B=3$이 구해진다.

$$\therefore \int \frac{5x+3}{x^2+2x-3}dx = \int\left(\frac{2}{x-1}+\frac{3}{x+3}\right)dx$$

$$= 2\ln|x-1|+3\ln|x+3|+C$$

■

예제 4.4.3 [부분분수 : 세 개의 서로 다른 일차항이 있는 경우]

$\displaystyle\int \frac{4x+2}{x^3+3x^2+2x}dx$를 계산하여라.

풀이 피적분함수를 다음과 같이 부분분수들의 합으로 나타낸다.

$$\frac{4x+2}{x^3+3x^2+2x} = \frac{4x+2}{x(x+1)(x+2)} = \frac{A}{x}+\frac{B}{x+1}+\frac{C}{x+2}$$

$$= \frac{A(x+1)(x+2)+Bx(x+2)+Cx(x+1)}{x(x+1)(x+2)}$$

첫 번째 식과 마지막 식의 분자를 비교하면

$$4x+2 = A(x+1)(x+2)+Bx(x+2)+Cx(x+1)$$

이 된다. 이 방정식은 모든 x에 대해 성립하므로 $x=0,\ -1,\ -2$를 대입하면

$$2 = A\times 2,\ -2 = B\times(-1),\ -6 = C\times 2$$

가 되어 $A=1,\ B=2,\ C=-3$이 각각 구해진다.

$$\therefore \int \frac{4x+2}{x^3+3x^2+2x}dx = \int\left(\frac{1}{x}+\frac{2}{x+1}-\frac{3}{x+2}\right)dx$$

$$= \ln|x|+2\ln|x+1|-3\ln|x+2|+C$$

■

[9] 분모에 1차식의 n제곱이 있는 경우

(1) 분모가 일차인수 $(ax+b)$의 n제곱 $(ax+b)^n$ $(n\geq 2)$을 포함하고 있으면 다음과 같이 부분분수 분해를 하여 적분한다.

$$\frac{P(x)}{(ax+b)^n}=\frac{A_1}{ax+b}+\frac{A_2}{(ax+b)^2}+\cdots+\frac{A_n}{(ax+b)^n}$$

(단, $P(x)$의 차수는 n보다 작다.)

(2) 적분 : $\displaystyle\int\frac{1}{(ax+b)^m}dx=-\frac{1}{a(m-1)(ax+b)^{m-1}}+C \quad (m\neq 1)$

예제 4.4.4 [일차항의 제곱이 있는 부분분수] $\displaystyle\int\frac{3x+1}{x^3+2x^2+x}dx$를 계산하여라.

풀이 분모 $x^3+2x^2+x=x(x+1)^2$에 일차인수의 제곱 $(x+1)^2$이 포함되어 있으므로 다음과 같이 부분분수로 분해한다.

$$\frac{3x+1}{x^3+2x^2+x}=\frac{3x+1}{x(x+1)^2}=\frac{A}{x}+\frac{B}{x+1}+\frac{C}{(x+1)^2}$$
$$=\frac{A(x+1)^2+Bx(x+1)+Cx}{x(x+1)^2}$$

첫째 식과 마지막 식의 분자를 비교하면

$$3x+1=A(x+1)^2+Bx(x+1)+Cx$$

가 된다. 이 식에 $x=0$을 대입하면 $A=1$, $x=-1$을 대입하면 $C=2$가 구해진다. 그리고 우변에서 이차항(x^2)의 계수 $A+B=0$이 되어야 하므로 $B=-A=-1$이다.

$$\therefore \int\frac{3x+1}{x^3+2x^2+x}dx=\int\left[\frac{1}{x}-\frac{1}{x+1}+\frac{2}{(x+1)^2}\right]dx$$
$$=\ln|x|-\ln|x+1|-\frac{2}{x+1}+C$$

■

[10] 분모가 2차식의 인수를 갖는 경우

유리함수의 분모에 반복되지 않는 이차식의 인수가 있을 때는 다음과 같이 부분분수 분해를 한다. (단, $P(x)$의 차수는 $2n$보다 작다.)

$$\frac{P(x)}{(a_1x^2+b_1x+c_1)(a_2x^2+b_2x+c_2)\cdots(a_nx^2+b_nx+c_n)}$$
$$=\frac{A_1x+B_1}{(a_1x^2+b_1x+c_1)}+\frac{A_2x+B_2}{(a_2x^2+b_2x+c_2)}+\cdots+\frac{A_nx+B_n}{(a_nx^2+b_nx+c_n)}$$

예제 4.4.5 [이차식의 항이 있는 부분분수] $\int\frac{2x^2+3x+2}{x^3+x}dx$를 계산하여라.

풀이 분모 $x^3+x=x(x^2+1)$에 이차항 (x^2+1)이 포함되어 있으므로 다음과 같이 부분분수로 분해한다.

$$\frac{2x^2+3x+2}{x^3+x}=\frac{2x^2+3x+2}{x(x^2+1)}=\frac{A}{x}+\frac{Bx+C}{x^2+1}$$
$$=\frac{A(x^2+1)+x(Bx+C)}{x(x^2+1)}$$

첫째 식과 마지막 식의 분자를 같게 놓으면

$$2x^2+3x+2=A(x^2+1)+x(Bx+C)$$
$$=(A+B)x^2+Cx+A$$

가 된다. 여기에서 같은 차수에 대한 양변의 계수를 비교하면

$$x^2\text{의 계수}:\ 2=A+B$$
$$x\text{ 의 계수}:\ 3=C$$
$$\text{상수항}\quad:\ 2=A$$

이므로, 따라서 $A=2$, $B=0$, $C=3$이 구해진다.

$$\therefore\ \int\frac{2x^2+3x+2}{x^3+x}dx=\int\left(\frac{2}{x}+\frac{3}{x^2+1}\right)dx$$
$$=2\ln|x|+3\tan^{-1}x+C$$

■

[11] 분모가 2차식인 경우의 적분

분모를 완전제곱으로 고친 후 다음 적분공식을 이용한다. $(a \neq 0)$

$$\int \frac{1}{x^2+a^2}dx = \frac{1}{a}\tan^{-1}\left(\frac{x}{a}\right) + C$$

$$\int \frac{1}{(x+b)^2+a^2}dx = \frac{1}{a}\tan^{-1}\left(\frac{x+b}{a}\right) + C$$

예제 4.4.6 [이차식의 항이 있는 부분분수] $\int \frac{x+10}{x(x^2+2x+5)}dx$를 계산하여라.

풀이 분모에 이차식 (x^2+2x+5)가 포함되어 있으므로 다음과 같이 부분분수로 분해한다.

$$\begin{aligned}\frac{x+10}{x(x^2+2x+5)} &= \frac{A}{x} + \frac{Bx+C}{x^2+2x+5} \\ &= \frac{A(x^2+2x+5)+x(Bx+C)}{x(x^2+2x+5)}\end{aligned}$$

첫째 식과 마지막 식의 분자를 같게 놓으면

$$\begin{aligned}x+10 &= A(x^2+2x+5)+x(Bx+C) \\ &= (A+B)x^2+(2A+C)x+5A\end{aligned}$$

가 된다. 여기에서 같은 차수에 대한 양변의 계수를 비교하면

x^2의 계수 : $0 = A+B$

x 의 계수 : $1 = 2A+C$

상수항 : $10 = 5A$

이므로, 따라서 $A=2$, $B=-2$, $C=-3$이 구해진다.

$$\begin{aligned}\therefore \int \frac{x+10}{x(x^2+2x+5)}dx &= \int \left(\frac{2}{x} - \frac{2x+3}{x^2+2x+5}\right)dx \\ &= \int \left[\frac{2}{x} - \frac{2(x+1)+1}{x^2+2x+5}\right]dx \\ &= \int \left[\frac{2}{x} - \frac{2(x+1)}{x^2+2x+5} - \frac{1}{x^2+2x+5}\right]dx\end{aligned}$$

$$= \int \left[\frac{2}{x} - \frac{2(x+1)}{x^2+2x+5} - \frac{1}{(x+1)^2+4} \right] dx$$

$$= 2\ln x - \ln(x^2+2x+5) - \frac{1}{2}\tan^{-1}\left(\frac{x+1}{2}\right) + C$$

■

[12] 분모에 2차식의 n제곱이 있는 경우

분모의 인수에 이차식 (ax^2+bx+c)의 n제곱 $(ax^2+bx+c)^n$ $(n \geq 2)$이 포함되어 있으면 다음과 같이 부분분수 분해를 할 수 있다.

$$\frac{P(x)}{(ax^2+bx+c)^n} = \frac{A_1x+B_1}{ax^2+bx+c} + \frac{A_2x+B_2}{(ax^2+bx+c)^2} + \cdots + \frac{A_nx+B_n}{(ax^2+bx+c)^n}$$

(단, $P(x)$의 차수는 $2n$보다 작다.)

예제 4.4.7 [이차식의 제곱이 있는 부분분수] $\displaystyle\int \frac{-x^3+3x^2-x+2}{x(x^2+1)^2}dx$를 계산하여라.

풀이 분모에 이차식의 제곱 $(x^2+1)^2$이 포함되어 있으므로 다음과 같이 부분분수로 분해한다.

$$\frac{-x^3+3x^2-x+2}{x(x^2+1)^2} = \frac{A}{x} + \frac{Bx+C}{x^2+1} + \frac{Dx+E}{(x^2+1)^2}$$

$$= \frac{A(x^2+1)^2+(Bx+C)x(x^2+1)+(Dx+E)x}{x(x^2+1)^2}$$

첫째 식과 마지막 식의 분자를 같게 놓으면

$$-x^3+3x^2-x+2 = A(x^2+1)^2+(Bx+C)x(x^2+1)+(Dx+E)x$$

$$= (A+B)x^4+Cx^3+(2A+B+D)x^2+(C+E)x+A$$

가 된다. 여기에서 같은 차수에 대한 양변의 계수를 비교하면

x^4의 계수 : $0 = A+B$

x^3의 계수 : $-1 = C$

x^2의 계수 : $3 = 2A+B+D$

$$x \text{ 의 계수}: -1 = C + E$$

$$\text{상수항} \quad : 2 = A$$

이므로, 따라서 $A=2$, $B=-2$, $C=-1$, $D=1$, $E=0$이 구해진다.

$$\therefore \int \frac{-x^3+3x^2-x+2}{x(x^2+1)^2}dx = \int \left[\frac{2}{x} - \frac{2x+1}{x^2+1} + \frac{x}{(x^2+1)^2}\right]dx$$

$$= \int \left[\frac{2}{x} - \frac{2x}{x^2+1} - \frac{1}{x^2+1} + \frac{x}{(x^2+1)^2}\right]dx$$

$$= 2\int \frac{1}{x}dx - \int \frac{2x}{x^2+1}dx - \int \frac{1}{x^2+1}dx + \int \frac{x}{(x^2+1)^2}dx$$

$$= 2\ln x - \ln(x^2+1) - \tan^{-1}x - \frac{1}{2(x^2+1)} + C$$

■

연습문제 4.4

1. 다음 적분을 계산하여라.

(1) $\displaystyle\int \frac{x^3+2x^2+3x-4}{x-1}dx$ (2) $\displaystyle\int \frac{2x^3+x^2+3x+3}{x^2+1}dx$

2. [부분분수 : 일차식] 다음 적분을 계산하여라.

(1) $\displaystyle\int \frac{2}{x^2+4x+3}dx$ (2) $\displaystyle\int \frac{5x}{x^2-x-6}dx$

(3) $\displaystyle\int \frac{x-1}{x^2+3x+2}dx$ (4) $\displaystyle\int \frac{4}{x(x+1)(x+2)}dx$

3. [부분분수 : 이차식] 다음 적분을 계산하여라.

(1) $\displaystyle\int \frac{3x^2+1}{x(x^2-1)}dx$ (2) $\displaystyle\int \frac{2x^2+x+2}{x(x^2+1)}dx$

(3) $\displaystyle\int \frac{2x-1}{x(x^2+1)}dx$ (4) $\displaystyle\int \frac{x^2-2x+9}{x(x^2+9)}dx$

4. [부분분수 : 이차식의 제곱] 다음 적분을 계산하여라.

(1) $\displaystyle\int \frac{2x^3-x^2-1}{(x^2+1)^2}dx$ (2) $\displaystyle\int \frac{x^2-2x+4}{(x^2+4)^2}dx$

5. [일차식의 제곱과 이차식] $\displaystyle\int \frac{3x^2-6x-20}{x^2(x^2+4x+5)}dx$를 계산하여라.

6. [이차식의 제곱과 일차식] $\displaystyle\int \frac{-x^3+4x^2-x+2}{x(x^2+1)^2}dx$를 계산하여라.

4.5 정적분

[13] 정적분의 정의

함수 $f(x)$가 구간 $[a, b]$에서 연속일 때 극한값 $\lim_{n\to\infty}\sum_{k=1}^{n} f(x_k)\Delta x$를 $\int_a^b f(x)dx$로 나타내고 이 값을 함수 $f(x)$의 a에서 b까지의 정적분이라 한다.

$$\int_a^b f(x)dx = \lim_{n\to\infty}\sum_{k=1}^{n} f(x_k)\Delta x, \quad \Delta x = \frac{b-a}{n}, \quad x_k = a + k\Delta x$$

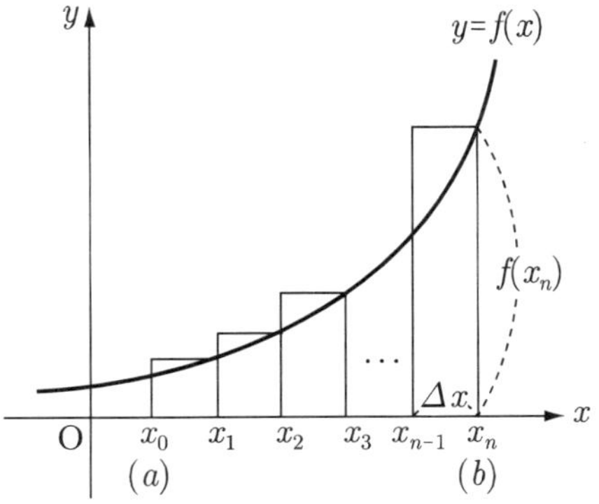

설명 위 그림과 같이 함수 $f(x)$가 폐구간 $[a, b]$에서 연속이고 $f(x) \geq 0$일 때, 구간 $[a, b]$를 n등분하여 분점과 양 끝점을 차례로 $x_0(=a)$, x_1, x_2, $\cdots$, x_{n-1}, $x_n(=b)$이라 하고 각 소구간의 길이를 $\Delta x = (b-a)/n$이라 하면 n개의 직사각형의 넓이의 합은

$$S_n = f(x_1)\Delta x + f(x_2)\Delta x + \cdots + f(x_{n-1})\Delta x + f(x_n)\Delta x = \sum_{k=1}^{n} f(x_k)\Delta x$$

이다. 여기에서 $\Delta x \to 0$, 즉 $n\to\infty$이면 S_n은 곡선 $y=f(x)$와 x축 및 직선 $x=a$, $x=b$로 둘러싸인 도형의 넓이 S에 한없이 가까워지므로 이것을 극한으로 나타내면 다음과 같이 된다.

$$S = \lim_{n\to\infty} S_n = \lim_{n\to\infty}\sum_{k=1}^{n} f(\Delta x_k)\Delta x$$

함수 $f(x)$가 폐구간 $[a, b]$에서 연속이고 $f(x) < 0$일 때는 $f(x_k)\Delta x < 0$이므로 $\lim_{n\to\infty} S_n = \lim_{n\to\infty}\sum_{k=1}^{n} f(\Delta x_k)\Delta x = -S$가 된다. 일반적으로 함수 $f(x)$가 폐구간 $[a, b]$에서 연속일 때 극한값 $\lim_{n\to\infty}\sum_{k=1}^{n} f(\Delta x_k)\Delta x$가 존재하고, 이 극한값을 함수 $f(x)$의 a에서 b까지의 정적분이라 하고 기호로는 $\int_a^b f(x)dx$로 나타낸다.

[14] 정적분의 성질

함수 $f(x)$, $g(x)$가 구간 $[a, b]$에서 연속일 때 다음이 성립한다.

(1) $\int_a^a f(x)dx = 0$

(2) $\int_a^b f(x)dx = -\int_b^a f(x)dx$

(3) $\int_a^b kf(x)dx = k\int_a^b f(x)dx$ (단, k는 상수)

(4) $\int_a^b [f(x) \pm g(x)]dx = \int_a^b f(x)dx \pm \int_a^b g(x)dx$ (복호동순)

(5) $\int_a^b f(x)dx = \int_a^c f(x)dx + \int_c^b f(x)dx$

[15] 미적분학의 기본정리 (I)

함수 $f(x)$가 구간 $[a, b]$에서 연속이면 $F(x) = \int_a^x f(t)\,dt\ (a \le x \le b)$로 정의된 함수 $F(x)$는 구간 $[a, b]$에서 연속이고 $\frac{d}{dx}F(x) = f(x)$이다.

[16] 미적분학의 기본정리 (Ⅱ)

함수 $f(x)$가 구간 $[a,\ b]$에서 연속이고 $\dfrac{d}{dx}F(x)=f(x)$이면

$$\int_a^b f(x)dx=[F(x)]_a^b=F(b)-F(a)$$

이다.

예제 4.5.1 다음 정적분의 값을 구하여라.

(1) $\displaystyle\int_0^2 x^n\,dx\ \ (n\neq -1)$

(2) $\displaystyle\int_1^2 (3x^2-4x+5)dx$

(3) $\displaystyle\int_0^1 (6x^2+4x+3)dx+\int_1^2 (6x^2+4x+3)dx$

풀이 (1) $\displaystyle\int_0^2 x^n\,dx=\left[\frac{1}{n+1}x^{n+1}\right]_0^2=\frac{1}{n+1}(2^{n+1}-0)=\frac{2^{n+1}}{n+1}$

(2) $\displaystyle\int_1^2 (3x^2-4x+5)dx=\left[x^3-2x^2+5x\right]_1^2$

$$=(2^3-2\cdot 2^2+5\cdot 2)-(1^3-2\cdot 1^2+5\cdot 1)$$

$$=10-4=6$$

(3) $\displaystyle\int_0^1 (6x^2+4x+3)dx+\int_1^2 (6x^2+4x+3)dx$

$$=\int_0^2 (6x^2+4x+3)dx=\left[2x^3+2x^2+3x\right]_0^2$$

$$=(2\cdot 2^3+2\cdot 2^2+3\cdot 2)-(0+0+0)=30$$ ■

[17] 정적분의 치환적분

함수 $f(x)$가 구간 $[a,\ b]$에서 연속이고, 함수 $t=g(x)$는 $\alpha=g(a)$, $\beta=g(b)$인 구간

$[\alpha, \beta]$에서 $g'(x)$가 연속이다. 이때 $g(x)=t$의 변수 치환에 의한 정적분은 다음과 같이 된다.

$$\int_a^b f[g(x)]g'(x)dx = \int_\alpha^\beta f(t)dt, \ \alpha = g(a), \ \beta = g(b)$$

증명 함수 F를 f의 원시함수라 하면 $F[g(x)]$는 $f[g(x)]g'(x)$의 원시함수이므로 미적분학의 기본정리 Ⅱ에 의하여

$$\begin{aligned}\int_a^b f[g(x)]g'(x)dx &= [F\{g(x)\}]_a^b \\ &= F\{g(b)\} - F\{g(a)\} = F(\beta) - F(\alpha)\end{aligned}$$

이다. 또한 함수 $f(t)$의 적분에서 미적분학의 기본정리 Ⅱ에 의하여

$$\int_\alpha^\beta f(t)dt = [F(x)]_\alpha^\beta = F(\beta) - F(\alpha)$$

이다. 따라서 $\int_a^b f[g(x)]g'(x)dx = \int_\alpha^\beta f(t)dt$이다. ■

예제 4.5.2 치환적분을 이용하여 다음 정적분의 값을 구하여라.

(1) $\int_0^1 (x+2)^3 dx$ (2) $\int_0^1 3x^2(x^3+1)^4 dx$

(3) $\int_0^2 \frac{2x+1}{x^2+x+1}dx$ (4) $\int_0^{\frac{\pi}{2}} \sin^4 x \cos x dx$

풀이 (1) $x+2=t$로 하면 $dx=dt$이고, $x=0$일 때 $t=2$, $x=1$일 때 $t=3$이므로 t에 대한 적분구간은 $[2, 3]$이 된다.

$$\begin{aligned}\therefore \int_0^1 (x+2)^3 dx &= \int_2^3 t^3 dt \\ &= \left[\frac{1}{4}t^4\right]_2^3 = \frac{1}{4}(3^4 - 2^4) = \frac{65}{4}\end{aligned}$$

(2) $x^3+1=t$로 하면 $3x^2dx=dt$이고, $x=0$일 때 $t=1$, $x=1$일 때 $t=2$이므로 t에 대한 적분구간은 $[1, 2]$가 된다.

$$\therefore \int_0^1 3x^2(x^3+1)^4dx = \int_0^1 (x^3+1)^4 3x^2dx = \int_1^2 t^4dt$$

$$= \left[\frac{1}{5}t^5\right]_1^2 = \frac{1}{5}\times(2^5-1^5) = \frac{31}{5}$$

(3) $x^2+x+1=t$로 하면 $(2x+1)dx=dt$이고, $x=0$일 때 $t=1$, $x=2$일 때 $t=7$이므로 t에 대한 적분구간은 $[1,\ 7]$이 된다.

$$\therefore \int_0^2 \frac{2x+1}{x^2+x+1}dx = \int_0^2 \frac{1}{x^2+x+1}(2x+1)dx = \int_1^7 \frac{1}{t}dt$$

$$= [\ln t]_1^7 = (\ln 7 - \ln 1) = \ln 7$$

(4) $\sin x = t$로 하면 $\cos x dx = dt$이므로 $\sin^4 x \cos x\, dx = t^4 dt$이고, $x=0$일 때 $t=0$, $x=\frac{\pi}{2}$일 때 $t=1$이므로 t에 대한 적분구간은 $[0,\ 1]$이 된다.

$$\therefore \int_0^{\frac{\pi}{2}} \sin^4 x \cos x dx = \int_0^1 t^4 dt = \left[\frac{1}{5}t^5\right]_0^1 = \frac{1}{5}$$

■

예제 4.5.3 삼각함수 치환을 이용하여 $\int_0^R \sqrt{R^2-x^2}\,dx$의 값을 구하여라.(단, $R>0$이다.)

풀이 $x=R\sin\theta\ (-\frac{\pi}{2}\le\theta\le\frac{\pi}{2})$로 하면 $dx=R\cos\theta d\theta$, $x=0$일 때 $\theta=0$, $x=R$일 때 $\theta=\frac{\pi}{2}$이다.

$$\therefore \int_0^R \sqrt{R^2-x^2}\,dx = \int_0^{\frac{\pi}{2}} \sqrt{R^2-R^2\sin^2\theta}\, R\cos\theta d\theta$$

$$= \int_0^{\frac{\pi}{2}} \sqrt{R^2(1-\sin^2\theta)}\, R\cos\theta d\theta$$

$$= \int_0^{\frac{\pi}{2}} \sqrt{R^2(\cos^2\theta)}\, R\cos\theta d\theta = \int_0^{\frac{\pi}{2}} R^2\cos^2\theta d\theta$$

$$= \int_0^{\frac{\pi}{2}} \frac{R^2(1+\cos 2\theta)}{2}d\theta = \frac{R^2}{2}\left[\theta+\frac{1}{2}\sin 2\theta\right]_0^{\frac{\pi}{2}}$$

$$= \frac{\pi R^2}{4}$$ ■

[18] 넓이 (I)

함수 $f(x)$가 폐구간 $[a, b]$에서 연속일 때 곡선 $y=f(x)$와 x축 및 두 직선 $x=a$, $x=b$로 둘러싸인 도형의 넓이는

$$S=\int_a^b |f(x)|dx$$

이다.

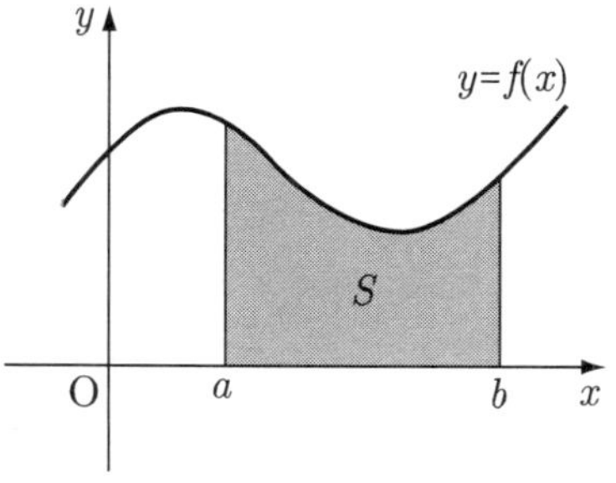

설명 정적분의 정의에 의해 폐구간 $[a, b]$에서 $f(x) \geq 0$이면 곡선 $y=f(x)$와 x축 및 두 직선 $x=a$, $x=b$로 둘러싸인 도형의 넓이 $S=\int_a^b f(x)dx$이다. 폐구간 $[a, b]$에서 $y=f(x) \leq 0$이면 도형의 넓이 S는 $y=f(x)$와 x축에 대해 대칭인 $y=-f(x)$와 x축 및 두 직선 $x=a$, $x=b$로 둘러싸인 도형의 넓이와 같으므로 $S=\int_a^b [-f(x)]dx$이다. 따라서 $S=\int_a^b |f(x)|dx$이다.

[19] 넓이 (II)

두 함수 $f(x)$, $g(x)$가 폐구간 $[a, b]$에서 연속일 때 두 곡선 $y=f(x)$, $y=g(x)$ 및 두 직선 $x=a$, $x=b$로 둘러싸인 도형의 넓이는

$$S=\int_a^b |f(x)-g(x)|dx$$

이다.

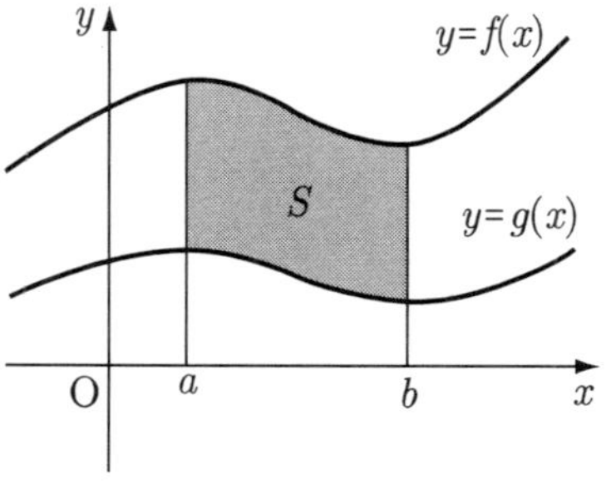

예제 4.5.4 포물선 $y=x^2+1$과 x축 및 두 직선 $x=-1$, $x=2$로 둘러싸인 도형의 넓이를 구하여라.

풀이 적분구간 $[-1,\ 2]$에서 $x^2+1>0$이므로 넓이는

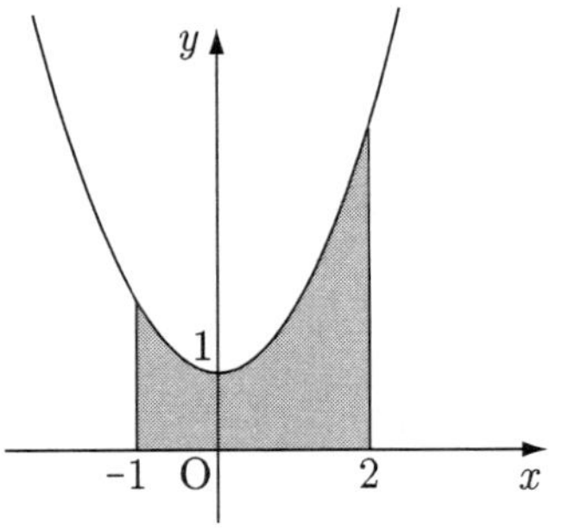

$$S=\int_{-1}^{2}(x^2+1)dx=\left[\frac{1}{3}x^3+x\right]_{-1}^{2}$$

$$=\left(\frac{1}{3}\cdot 2^3+2\right)-\left(-\frac{1}{3}-1\right)$$

$$=6$$

이다. ■

연습문제 4.5

1. 다음 정적분의 값을 구하여라.

(1) $\int_{0}^{2}(x^3-x+1)dx$　　(2) $\int_{1}^{2}(4x^3-3x^2+1)dx$

(3) $\int_{-\pi/2}^{\pi/2}(\sin x+\cos x)dx$　　(4) $\int_{-\frac{1}{2}}^{\frac{1}{2}}\cos\pi x dx$

(5) $\int_{0}^{1}\sin\pi x dx$　　(6) $\int_{0}^{\frac{\pi}{2}}(\sin 2x+\cos 2x)dx$

2. [치환 적분] 다음 적분값을 구하여라.

(1) $\int_{0}^{1}(x+1)^4 dx$　　(2) $\int_{0}^{1}(2x+1)^4 dx$

(3) $\int_{0}^{1}\frac{1}{(x+1)^2}dx$　　(4) $\int_{0}^{3}\frac{1}{2\sqrt{x+1}}dx$

(5) $\int_{10}^{11}(x-10)^{10}dx$　　(6) $\int_{0}^{\frac{1}{2}}2x\cos(\pi x^2)dx$

3. 포물선 $y=-x^2+4$와 직선 $y=x+2$로 둘러싸인 부분의 넓이를 구하여라.

4. 곡선 $y=e^x$와 직선 $y=x$, $x=0$, $x=1$로 둘러싸인 도형의 넓이를 구하여라.

5. $0\le x\le\pi$에서 곡선 $y=\sin x$, $y=\cos x$와 $x=0$으로 둘러싸인 부분의 넓이를 구하여라.

제5장 1계미분방정식

5.1 기본개념 1)

[1] 미분방정식(differential equation)

하나의 독립변수를 가진 미지함수와 그 도함수를 포함하고 있는 방정식을 상미분방정식(ordinary differential equation), 두 개 이상의 독립변수를 가진 미지함수와 이들의 편도함수를 포함하는 방정식을 편미분방정식(partial differential equation)이라 하고, 상미분방정식과 편미분방정식을 통틀어 미분방정식이라고 한다.

† 여기에서는 상미분 항을 $\frac{dy}{dx}, \frac{d^2y}{dx^2}, \cdots$ 혹은 $y', y'', \cdots$ 등으로 표기한다.

예 (1) 다음은 상미분방정식의 예이다.

① 미지함수가 $y(x)$일 때 $y' + y = \sin x$.

② $m\frac{d^2y}{dt^2} + ky = 0$ (m : 질량, k : 용수철상수, y : 이동거리)

③ $L\frac{d^2I}{dt^2} + R\frac{dI}{dt} + \frac{1}{C}I = E_0\omega\cos\omega t$ (I: 전류, L : 인덕턴스, C: 커패시턴스, t : 시각, $E_0\omega\cos\omega t$: 기전력의 도함수)

(2) 다음은 편미분방정식의 예이다.

① $\frac{\partial^2 u}{\partial t^2} = c^2\frac{\partial^2 u}{\partial x^2}$ (파동방정식, Longitudinal Vibration of a Beam)

② $\nabla^2 v = \frac{\partial^2 v}{\partial x^2} + \frac{\partial^2 v}{\partial y^2} + \frac{\partial^2 v}{\partial z^2} = 0$ (라플라스 방정식, Laplace equation)

③ $\frac{\partial^2 E}{\partial x^2} + \frac{\partial^2 E}{\partial y^2} + \frac{\partial^2 E}{\partial z^2} + k^2E = 0$ (Helmholtz equation : 전자기학)

1) 이 절에서는 '미분방정식이란 어떤 것인가'에 대한 개념만 파악하면 된다.

[2] 미분방정식의 계수(order)와 차수(degree)

미분방정식의 계수는 방정식에 나타난 도함수의 최대 계수(가장 많이 미분한 횟수)이고, 계수가 최고인 도함수의 차수(지수)를 그 미분방정식의 차수라 한다.

예 (1) $y' = x^2 - y^2$은 계수가 1, 차수가 1인 상미분방정식
(→ 1계 1차 상미분방정식)

(2) $y'' + (y')^2 + xy = x^3$은 계수가 2, 차수가 1인 상미분방정식
(→ 2계 1차 상미분방정식)

(3) $\frac{\partial^2 u}{\partial t^2} = c^2 \frac{\partial^2 u}{\partial x^2}$은 2계 1차 편미분방정식

[3] 선형미분방정식(linear differential equation)

x의 함수 $a_i(x)$ $(i = 0, 1, 2, \cdots, n)$, $f(x)$에 대하여

$$a_n(x)\frac{d^n y}{dx^n} + a_{n-1}(x)\frac{d^{n-1}y}{dx^{n-1}} + \cdots + a_1(x)\frac{dy}{dx} + a_0(x)y = f(x) \quad \cdots\cdots (*)$$

의 형태로 표현되는 n계 상미분방정식을 선형미분방정식이라 하고, 선형이 아닌 미분방정식을 비선형미분방정식(non-linear differential equation)이라고 한다.
$f(x) = 0$일 때 (*)를 제차방정식(homogeneous equation)이라 하고,
$f(x) \neq 0$일 때는 비제차방정식(nonhomogeneous equation)이라고 한다.

† 제차방정식은 동차방정식, 비제차방정식은 비동차방정식이라고도 한다. 선형미분방정식의 차수는 1이 되고, 미지함수(y)와 그 도함수(y', y'', $\cdots$, $y^{(n)}$)들을 서로 곱한 항은 나타나지 않는다.

예 (1) 다음은 선형미분방정식의 예이다.

① $e^x y' + y = x^2 + \cos x$ (→ 1계 선형미분방정식)

② $\frac{dy}{dx} + P(x)y = Q(x)$ (→ 1계 선형미분방정식)

③ $y'' + xy' + x^2 y = \sin x$ (→ 2계 선형미분방정식)

(2) 다음은 비선형미분방정식의 예이다.

① $y'' + yy' + x^2 y = x$: yy'이 있으므로 비선형미분방정식

② $(x-y)\dfrac{dy}{dx} = (x+y)$: $y\dfrac{dy}{dx}$가 있으므로 비선형미분방정식

③ $(y')^2 - xy' + y = 0$: $(y')^2$이 있으므로 비선형미분방정식

[4] 초기값 문제(initial value problem)

미지함수가 $y(x)$일 때 주어진 구간에 포함되는 x_0에 대하여 다음과 같은 초기조건(initial condition)

$$y(x_0) = y_0,\ y'(x_0) = y_1,\ y''(x_0) = y_2,\ \cdots,\ y^{(n-1)}(x_0) = y_{n-1}$$

을 포함하는 미분방정식 $F(x, y, y', \cdots, y^{(n)}) = 0$을 초기값 문제라 한다.

예 (1) 1계미분방정식 : $y' + xy = 0,\ y(0) = 1$

(2) 2계미분방정식 : $y'' + 2y' + y = e^x,\ y(0) = 1,\ y'(0) = -1$

[5] 경계값 문제(boundary value problem)

미지함수에 대하여 두 개 이상의 점에서 함숫값 또는 도함수 값이 주어질 때 이 조건을 경계조건(boundary condition)이라 하고, 경계조건을 만족하는 미분방정식의 해를 구하는 문제를 경계값 문제라 한다.

예 2계미분방정식 : $y'' + 2y' + 5y = 0,\ y(0) = 1,\ y'(\pi) = 3$

[6] 1계미분방정식(first-order differential equation)

미지함수(y)의 도함수(y')만을 포함하고 y 및 독립변수(x)의 함수를 포함할 수 있는 방정식을 1계미분방정식이라 한다.

$$F(x,\ y,\ y')=0 \text{ 혹은 } y'=f(x,\ y)$$

예 다음과 같은 미분방정식은 1계미분방정식이다.

(1) $xy'+2y+3x=0$

(2) $y'=x+y+1$

[7] 1계미분방정식의 해(solution)

하나의 열린구간 $a<x<b$의 모든 x에서 도함수 $y'=h'(x)$를 가지고 식 $F(x,\ y,\ y')=0$을 만족하는 함수 $y=h(x)$를 미분방정식 $F(x,\ y,\ y')=0$의 해라 한다.

예 $y=x^3$이면 $y'=3x^2$이므로 $xy'=x(3x^2)=3x^3=3y$이다. 따라서 모든 x에 대하여 $y=x^3$은 미분방정식 $xy'-3y=0$을 만족한다.

$\therefore\ y=x^3$은 미분방정식 $xy'-3y=0$의 해이다.

[8] 양함수 해(explicit solution), 음함수 해(implicit solution)

미분방정식의 해를 $y=h(x)$와 같이 양함수로 나타낸 것을 양함수 해, $H(x,\ y)=0$와 같이 음함수 형태로 나타낸 것을 음함수 해라 한다.

예 (1) 양함수 해 : $xy'=2y$의 해는 $y=Cx^2$ (C는 상수)이다.

($\leftarrow y'=2Cx$이므로 $xy'=x(2Cx)=2(Cx^2)=2y$.

$\therefore\ y=Cx^2$은 $xy'=2y$의 해이다.)

(2) 음함수 해 : $x^2+y^2y'=0$의 해는 $x^3+y^3=C$ (C는 상수)이다.

($\leftarrow$ 음함수 미분법에 의해 $x^3+y^3=C$의 양변을 미분하면

$3x^2+3y^2y'=0$이므로 $x^2+y^2y'=0$.

$\therefore\ x^3+y^3=C$는 $x^2+y^2y'=0$의 해이다.)

[9] 일반해(general solution), 특수해(particular solution)

(1) 일반해 : 일반적으로 n계미분방정식은 n개의 임의 상수를 포함하는 해를 갖는다. 이와 같이 임의 상수를 포함하는 해를 일반해라 한다.

(2) 특수해 : 초기조건이나 경계조건이 주어졌을 때 일반해의 상수값이 결정된 함수를 특수해라 한다.

예 (1) $y' = 2x$의 일반해는 $y = x^2 + C$이다.

(1계미분방정식의 일반해는 1개의 임의 상수를 포함한다.)

$y(0) = 1$의 조건이 주어지면 특수해는 $y = x^2 + 1$이다.

(2) $y'' - 3y' + 2y = 0$의 일반해는 $y = C_1 e^x + C_2 e^{2x}$이다.

(2계미분방정식의 일반해는 2개의 임의 상수를 포함한다.)

$y(0) = 0$, $y'(0) = 1$의 조건이 주어지면

$y(0) = C_1 + C_2 = 0$, $y'(0) = C_1 + 2C_2 = 1$.

$\therefore\ C_1 = -1$, $C_2 = 1$이고 특수해는 $y = -e^x + e^{2x}$이다.

예제 5.1.1 다음 각 함수가 주어진 미분방정식의 해가 될 수 있는지 확인하여라.

(1) $y' - x + y = 0$, $y = x - 1 + Ce^{-x}$

(2) $y'' + 9y = 0$, $y = A\cos 3x + B\sin 3x$

풀이 (1) $y = x - 1 + Ce^{-x}$, $y' = 1 - Ce^{-x}$를 준 식에 대입하면

$$y' - x + y = (1 - Ce^{-x}) - x + (x - 1 + Ce^{-x}) = 0.$$

$\therefore\ y = x - 1 + Ce^{-x}$는 $y' - x + y = 0$의 해이다.

(2) $y = A\cos 3x + B\sin 3x$, $y' = -3A\sin 3x + 3B\cos 3x$,

$y'' = -9A\cos 3x - 9B\sin 3x$.

$\therefore\ y'' + 9y = (-9A\cos 3x - 9B\sin 3x) + 9(A\cos 3x + B\sin 3x) = 0$

$\therefore\ y = A\cos 3x + B\sin 3x$는 $y'' + 9y = 0$의 해이다. ■

예제 5.1.2 [초기값 문제] $y = Ae^x + Be^{2x} + \dfrac{x}{2} + \dfrac{3}{4}$이 $y'' - 3y' + 2y = x$의 해가 됨을 확인하고 $y(0) = 1$, $y'(0) = 0$일 때 상수 A, B의 값을 구하여라.

풀이 $y = Ae^{x} + Be^{2x} + \frac{x}{2} + \frac{3}{4}$, $y' = Ae^{x} + 2Be^{2x} + \frac{1}{2}$, $y'' = Ae^{x} + 4Be^{2x}$

$\therefore\ y'' - 3y' + 2y$

$$= (Ae^{x} + 4Be^{2x}) - 3\left(Ae^{x} + 2Be^{2x} + \frac{1}{2}\right) + 2\left(Ae^{x} + Be^{2x} + \frac{x}{2} + \frac{3}{4}\right)$$

$$= (A - 3A + 2A)e^{x} + (4B - 6B + 2B)e^{2x} - \frac{3}{2} + x + \frac{3}{2}$$

$$= x$$

$\therefore\ y = Ae^{x} + Be^{2x} + \frac{x}{2} + \frac{3}{4}$은 $y'' - 3y' + 2y = x$ 의 해가 된다.

초기조건을 적용하면

$$y(0) = 1 \text{에서 } A + B + \frac{3}{4} = 1,$$

$$y'(0) = 0 \text{에서 } A + 2B + \frac{1}{2} = 0$$

이므로 $A = 1$, $B = -\frac{3}{4}$이다.

(→ 초기조건 $y(0) = 1$, $y'(0) = 0$을 만족하는 특수해는

$y = e^{x} - \frac{3}{4}e^{2x} + \frac{x}{2} + \frac{3}{4}$이 된다.) ■

연습문제 5.1

1. 다음 미분방정식의 독립변수와 종속변수를 기술하고, 상미분방정식인지 편미분방정식인지 분류하여라.

(1) $\dfrac{dy}{dx} = x^2 + y^2$ (2) $x^2y'' + xy' + (x^2 - n^2)y = 0$

(3) $\dfrac{\partial^2 u}{\partial t^2} = 3\dfrac{\partial^2 u}{\partial x^2}$ (4) $\dfrac{\partial^2 T}{\partial x^2} + \dfrac{\partial^2 T}{\partial y^2} + \dfrac{\partial^2 T}{\partial z^2} = 0$

2. 다음 미분방정식이 ( )계 ( )차 (선형) 혹은 (비선형) 미분방정식인지 분류하여라.

(1) $y' + 2xy = 3x^2$ (2) $y' + y^2 = x + 1$

(3) $(y')^2 + y = x^3 + 1$ (4) $x^2y'' + xy' + y = x$

3. $y(x)$가 주어진 미분방정식의 한 해임을 보이고, 주어진 초기조건을 만족하는 특수해를 가지기 위한 상수 C의 값을 구하여라.

(1) $xy' + y = 0,\ y = \dfrac{C}{x},\ y(1) = 2$

(2) $y' + 2y = 4,\ y = Ce^{-2x} + 2,\ y(0) = 3$

4. $x(t) = A\cos\omega t + B\sin\omega t$ (A, B는 상수)가 $\dfrac{d^2x}{dt^2} + 9x = 0$의 해가 되기 위한 상수 ω의 값을 구하여라.

5. $y = x^m$이 $x^2y'' - xy' - 3y = 0$의 해가 되기 위한 상수 m의 값을 구하여라.

6. $I(t) = Ae^t + Be^{-3t} + \sin t$가 방정식 $\dfrac{d^2I}{dt^2} + 2\dfrac{dI}{dt} - 3I = 2\cos t - 4\sin t$의 일반해가 됨을 보이고, 초기조건이 $I(0) = 2,\ I'(0) = 7$일 때 특수해를 구하여라. A, B는 상수이다.

5.2 변수분리형 미분방정식

[10] 변수분리형 미분방정식 2)

미지함수 $y(x)$에 대한 1계미분방정식이

$$g(y)dy = f(x)dx$$

의 형태로 나타나는 방정식을 변수분리형 미분방정식이라 하고, 이 미분방정식의 해는 다음과 같이 양변을 적분하여 구할 수 있다. (C는 상수)

$$\int g(y)dy = \int f(x)dx + C$$

† 미적분학에서 $\left(\frac{dy}{dx}\right) \times dx = dy$이므로, 1계미분방정식 $g(y)y' = f(x)$ 또는 $g(y)\frac{dy}{dx} = f(x)$도 $g(y)dy = f(x)dx$로 변형되는 같은 형태의 변수분리형 미분방정식이다.

설명 독립변수 x와 종속변수 y를 서로 분리하여 방정식의 좌변과 우변에 나타낼 수 있기 때문에 변수분리형이라 한다.

예 미분방정식 $yy' + 4x = 0$의 일반해는 다음과 같이 구할 수 있다.

준 식은 $y\frac{dy}{dx} = -4x$이므로 양변에 dx를 곱하면

$$ydy = -4xdx$$

이고, 이 식의 양변을 적분하면 $\int ydy = \int (-4x)dx + C'$이다.

$\therefore \ \frac{y^2}{2} = -2x^2 + C'$ (C'은 상수)

$\therefore$ 일반해는 $x^2 + \frac{y^2}{4} = C \, (C = C'/2)$이다.

예제 5.2.1 다음 미분방정식의 일반해를 구하여라.

(1) $xy' = y$ (2) $y' = y^2 e^x$

---

2) 학부과정의 전공에서 나오는 문제는 대부분 변수분리형 미분방정식 풀이법으로 해결된다.

(3) $y' = ky$ (k는 상수) (4) $xy' = (y+1)$

풀이 (1) 준 식은 $x\frac{dy}{dx} = y$이고, 양변에 dx를 곱하고 변수를 분리하면 $\frac{dy}{y} = \frac{dx}{x}$이므로 양변을 적분하면 $\int \frac{dy}{y} = \int \frac{dx}{x} + C'$이다.

$\therefore \ln|y| = \ln|x| + C'$

$|y| = e^{C'} \times |x|$이므로 일반해는 $y = Cx$이다.

(2) 준 식은 $\frac{dy}{dx} = y^2 e^x$로 쓸 수 있고, 양변에 dx를 곱하고 변수를 분리하면 $\frac{dy}{y^2} = e^x dx$이다. 이 식의 양변을 적분하면 $\int \frac{dy}{y^2} = \int e^x dx + C'$이다.

$\therefore -\frac{1}{y} = e^x + C'$

$\therefore$ 일반해 $y = \frac{1}{C - e^x}$

(3) 준 식에서 $\frac{dy}{y} = kdx$이고, 양변을 적분하면 $\int \frac{dy}{y} = \int kdx + C'$이다.

$\therefore \ln|y| = kx + C'$

$|y| = e^{kx + C'} = e^{C'} \times e^{kx}$이므로 일반해는 $y = Ce^{kx}$이다.

(4) 준 식에서 $\frac{dy}{y+1} = \frac{dx}{x}$이고, 양변을 적분하면 $\int \frac{dy}{y+1} = \int \frac{1}{x} dx + C'$이다.

$\therefore \ln|y+1| = \ln|x| + C'$

$|y+1| = e^{C'} \times |x|$이므로 일반해는 $y = Cx - 1$이다. ■

예제 5.2.2 다음 초기값 문제의 해를 구하여라.

(1) $y' - y^2 = 1,\ y(0) = \sqrt{3}$

(2) $e^x y' = 2(x+1)y^2,\ y(0) = \frac{1}{7}$

풀이 (1) 준 식의 변수를 분리하면 $\frac{dy}{y^2+1} = dx$이므로 양변을 적분하면 $\int \frac{dy}{y^2+1} = \int dx + C$이다.

$\therefore\ \tan^{-1}y = x + C$

$\therefore$ 일반해 $y = \tan(x + C)$

$y(0) = \sqrt{3}$ 에서 $\sqrt{3} = \tan C$. $\therefore\ C = \dfrac{\pi}{3}$

$\therefore$ 특수해 $y = \tan\left(x + \dfrac{\pi}{3}\right)$

(2) 준 식의 변수를 분리하면 $\dfrac{dy}{y^2} = 2e^{-x}(x+1)\,dx$가 된다.

이 식의 양변을 적분하면 $\displaystyle\int \frac{dy}{y^2} = \int 2e^{-x}(x+1)dx + C$ 에서

$$\int \frac{dy}{y^2} = -\frac{1}{y}$$

$$\begin{aligned}\int 2e^{-x}(x+1)dx &= \int 2(-e^{-x})'(x+1)dx \\ &= -2e^{-x}(x+1) - \int(-2e^{-x})(x+1)'dx \\ &= -2e^{-x}(x+1) + \int 2e^{-x}dx \\ &= -2e^{-x}(x+1) - 2e^{-x} \\ &= -2e^{-x}(x+2)\end{aligned}$$

이므로 $-\dfrac{1}{y} = -2e^{-x}(x+2) + C'$ 이다.

따라서 일반해는 $y = \dfrac{1}{2e^{-x}(x+2) + C}$ $(C = -C')$이고, 초기조건 $y(0) = \dfrac{1}{7}$ 로부터 $\dfrac{1}{7} = \dfrac{1}{2\times 2 + C}$ 에서 $C = 3$이므로 특수해는

$$y = \frac{1}{2e^{-x}(x+2) + 3}$$

이다. ■

예제 5.2.3 자유 낙하하는 물체에서 지면으로부터 물체까지의 수직거리를 $h(t)$라 하면 물체의 속도 $v(t)$와 가속도 $a(t)$는 $v(t) = \dfrac{dh(t)}{dt}$, $a(t) = \dfrac{dv(t)}{dt}$로 정의된다. 공기저항을 무시하고 물체에 작용하는 힘이 중력(mg)뿐일 때 뉴턴의 운동법칙$(F = ma)$을 적용하면 $ma = -mg$이므로 자유 낙하하는

물체의 가속도 $a = -g$이다. 시각 $t=0$에서의 초기위치는 h_0, 초기속도는 v_0이고, 중력가속도 g가 일정할 때, $v(t)$와 $h(t)$를 구하여라.

(† 중력의 방향과 h 및 a의 방향이 반대이므로 $a = -g$가 된다.)

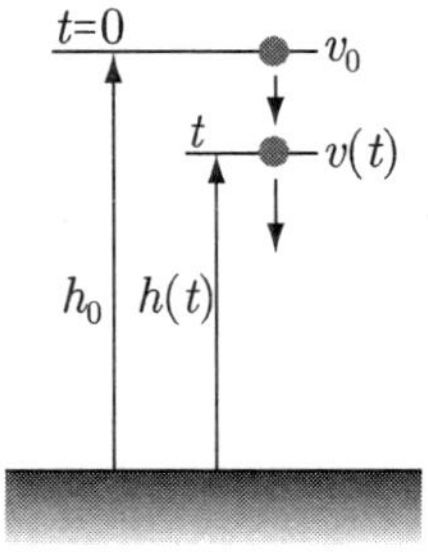

풀이 $a = \dfrac{dv}{dt}$와 $a = -g$에서 $\dfrac{dv}{dt} = -g$가 된다.

$\therefore\ dv = -g dt$이고, 적분하면 $\int dv = \int (-g)dt + C$

이므로

$$v = -gt + C$$

이다. $t=0$에서 $v = v_0$이므로 $C = v_0$.

$\therefore\ v(t) = -gt + v_0$

$v = \dfrac{dh}{dt}$에서 $dh = vdt = (-gt + v_0)dt$이고, 적분하면

$\int dh = \int (-gt + v_0)dt + C$이다.

$\therefore\ h = -\dfrac{1}{2}gt^2 + v_0 t + C$

초기조건 $t=0$에서 $h = h_0$이므로 $C = h_0$이다.

$\therefore\ h(t) = -\dfrac{1}{2}gt^2 + v_0 t + h_0$ ■

예제 5.2.4 그림과 같은 RL 전기회로에 흐르는 전류 $I(t)$는 키르히호프의 법칙에 의해 다음 미분방정식으로 기술된다.

$$L\frac{dI}{dt} + RI = E$$

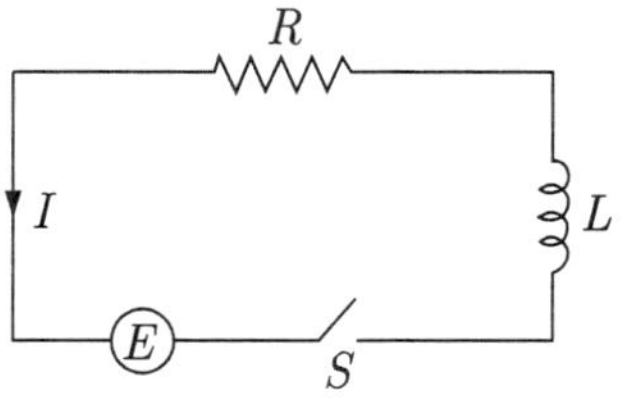

시간 $t=0$에서 스위치를 연결하고 이때의 전류 $I=0$이다. 저항 $R = 8$Ohm, 인덕턴스 $L = 2$Henry, 전압 $E = 10$Volt일 때 $t > 0$에서의 전류 $I(t)$를 구하여라.

풀이 $R=8$, $L=2$, $E=10$일 때 미분방정식은 $2\dfrac{dI}{dt}+8I=10$이다.

$\therefore$ $\dfrac{dI}{dt}+4I=5$에서 변수를 분리하면 $\dfrac{dI}{5-4I}=dt$이므로 식의 양변을 적분하면

$$\int \frac{dI}{5-4I}=\int dt+C',$$

$$-\frac{1}{4}\ln|5-4I|=t+C'.$$

$\therefore$ $|5-4I|=e^{-4t+C''}=e^{C''}\times e^{-4t}=C'''e^{-4t}$

$\therefore$ 일반해 $I=\dfrac{1}{4}(Ce^{-4t}+5)$이다. 초기조건 $t=0$일 때 $I=0$이므로 $C=-5$가 된다. 따라서 전류

$$I=\frac{5}{4}(1-e^{-4t})$$

이다. ■

† 기초적인 공학 문제에 있어서는 간단한 적분에 의해 해를 구할 수 있는 경우가 많으므로 변수분리형 미분방정식의 풀이법을 잘 알아두도록 한다.

연습문제 5.2

1. 다음 미분방정식의 일반해를 구하여라.

(1) $y' = 2x + 1$

(2) $y' = y + 1$

(3) $y' = 2x(y+1)$

(4) $yy' = 1$

(5) $(x+1)y' = 2$

(6) $(x^2 + x)y' = 1$

(7) $(x^2+1)y' = x$

(8) $(x^2 + 3x + 2)y' = 1$

2. 다음 초기값 문제를 풀어라.

(1) $y' + 5y = 0$, $y(0) = 2$

(2) $y' + 2xy = 0$, $y(0) = 3$

(3) $y' + 2y = 3$, $y(0) = 4$

(4) $y' - y\tan x = 0$, $y(0) = \dfrac{\pi}{2}$

(5) $y' + 2xy = 0$, $y(0) = 3$

(6) $xy' + y = 0$, $y(2) = 3$

(7) $(x^2 - 1)y' + 4y = 0$, $y(0) = 1$

(8) $(x^2+1)y\dfrac{dy}{dx} + x(4 + y^2) = 0$, $y(0) = 2$

3. 변수분리형 고계미분방정식은 방정식의 계수만큼 차례로 적분하여 해를 구할 수 있다. 예를 들어 다음 방정식 (1)은 y'에 대한 변수분리형 1계미분방정식이므로 적분하여 y'을 구한다. 그리고 다시 y'을 적분하여 y를 구한다. 이와 같은 방법으로 다음 경계값 문제의 해 $y(x)$를 구하여라.

(1) $y'' = \dfrac{15}{4}\sqrt{x}$, $y(0) = 3$, $y'(0) = 5$

(2) $y'' = 2x - 1$, $y(0) = 1$, $y'(1) = 2$

(3) $2x^2y'' = x^4 - 1$, $y(1) = y'(1) = 0$

(4) $\dfrac{d^2u}{dt^2} = -6t + 2\cos t$, $u(0) = u'(0) = 1$

5.3 동차형 미분방정식

[11] 동차함수(homogeneous function)

이변수함수 $F(x, y)$가 임의의 실수 t에 대하여

$$F(tx, ty) = t^n F(x, y)$$

를 만족할 때 $F(x, y)$를 n차 동차함수라 한다.

예 (1) $F(x, y) = \left(\frac{y}{x}\right)^2$:

$F(tx, ty) = \left(\frac{ty}{tx}\right)^2 = \left(\frac{y}{x}\right)^2 = t^0 F(x, y)$이므로 동차함수.

(2) $F(x, y) = x^2 + y^2$:

$F(tx, ty) = (tx)^2 + (ty)^2 = t^2(x^2 + y^2) = t^2 F(x, y)$이므로 동차함수.

(3) 함수 $x - y + 1$, e^{x+y}, $\sin(x+y)$는 $F(tx, ty) \neq t^n F(x, y)$이므로 동차함수가 아니다.

[12] 동차형 미분방정식(homogeneous differential equation)

1계미분방정식 $M(x, y)dx + N(x, y)dy = 0$에서 함수 M, N이 임의의 실수 t에 대하여

$$M(tx, ty) = t^n M(x, y), \quad N(tx, ty) = t^n N(x, y)$$

를 만족할 때 주어진 미분방정식을 동차형 미분방정식이라 한다.

예 다음은 동차형 미분방정식의 예이다.

(1) $(x + y)dx + xdy = 0$

(2) $(x^2 - y^2 + xy)dx + (x^2 + y^2)dy = 0$

(3) $(2x^3 + y^3 + 2x^2y - xy^2)dx + (x^3 - y^3)dy = 0$

[13] 동차형 미분방정식의 해

동차형 미분방정식은 $\frac{dy}{dx}=f\left(\frac{y}{x}\right)$로 표현된다. 여기에서

$$\frac{y}{x}=u\ (y=ux)$$

로 치환하면

$$\frac{dy}{dx}=u+x\frac{du}{dx}\ (dy=udx+xdu)$$

이므로 방정식 $\frac{dy}{dx}=f\left(\frac{y}{x}\right)$는 $u+x\frac{du}{dx}=f(u)$, 즉

$$xdu=\{f(u)-u\}dx$$

가 되어 변수분리형 미분방정식

$$\frac{du}{f(u)-u}=\frac{dx}{x}$$

로 변환된다. 이 식의 양변을 적분한 후

$$\int\frac{du}{f(u)-u}=\ln x+C\ (C\text{는 상수})$$

$u=\frac{y}{x}$를 대입하여 주어진 미분방정식의 해를 구할 수 있다.

예 미분방정식 $x\frac{dy}{dx}-(x+y)=0$의 해는 다음과 같이 구할 수 있다.

양변을 x로 나누고 dx를 곱하면 $dy-\left(1+\frac{y}{x}\right)dx=0$이다. 여기에서

$u=\frac{y}{x}$ $(y=ux)$로 치환하면 $dy=udx+xdu$이므로

$$udx+xdu-(1+u)dx=0,$$
$$xdu-dx=0$$

가 되어 변수분리형 미분방정식 $du=\frac{dx}{x}$로 변환된다. 이 식의 양변을 적분하면

$u=\ln x+C$ 이므로 $u=\frac{y}{x}$를 대입하면 미분방정식의 일반해 $y=x\ln x+Cx$

가 구해진다.

예제 5.3.1 다음 미분방정식의 일반해를 구하여라.

$$2(x+y)dx - xdy = 0$$

풀이 $M(x,\ y) = x+y$, $N(x,\ y) = x$로 하면 $M(tx,\ ty) = t(x+y) = tM(x,\ y)$, $N(tx,\ ty) = tx = tN(x,\ y)$이므로 동차형 미분방정식이다.
준 식의 양변을 x로 나누어주면

$$2\left(1+\frac{y}{x}\right)dx - dy = 0$$

이다. 여기에서 $u = \dfrac{y}{x}(y = ux)$로 치환하면 $dy = udx + xdu$이므로

$$2(1+u)dx - (udx + xdu) = 0,$$
$$(2+u)dx - xdu = 0$$

이고, 변수를 분리하면

$$\frac{du}{2+u} = \frac{dx}{x}$$

가 된다. 이 식을 적분하면

$$\int \frac{du}{2+u} = \int \frac{dx}{x} + C'$$
$$\ln|2+u| = \ln|x| + C'$$
$$\ln\left|\frac{2+u}{x}\right| = C' \quad \left(\leftarrow \ln A - \ln B = \ln\frac{A}{B}\right)$$
$$\therefore\ \frac{2+u}{x} = C$$

를 얻는다. $u = \dfrac{y}{x}$를 대입하면 $2 + \dfrac{y}{x} = Cx$에서 일반해는

$$y = Cx^2 - 2x$$

이다. ■

예제 5.3.2 미분방정식 $(x^2 + xy - y^2)dx + xydy = 0$과 초기조건 $y(2) = 0$을 만족하는 해를 구하여라.

풀이 $M(x,\ y) = x^2 + xy - y^2$, $N(x,\ y) = xy$로 하면

$$M(tx,\ ty) = (tx)^2 + (tx)(ty) - (ty)^2 = t^2(x^2 + xy - y^2) = t^2 M(x,\ y)$$
$$N(tx,\ ty) = (tx)(ty) = t^2(xy) = t^2 N(x,\ y)$$

이므로 동차형 미분방정식이다.

준 식의 양변을 x^2으로 나누어주면 $\left(1 + \dfrac{y}{x} - \dfrac{y^2}{x^2}\right)dx + \dfrac{y}{x}dy = 0$이고,

$u = \dfrac{y}{x}$ $(y = ux)$로 치환하면 $dy = udx + xdu$이므로 준 식은

$$(1 + u - u^2)dx + u(udx + xdu) = 0,$$
$$(1 + u)dx + xudu = 0$$

으로 변환된다. 이 식의 변수를 분리하여 적분하면

$$\int \frac{dx}{x} + \int \frac{u}{u+1}du = C'$$
$$\ln|x| + \int \left(1 - \frac{1}{u+1}\right)du = C'$$
$$\ln|x| + u - \ln|u+1| = C'$$

이다. 여기에서 $u = \ln e^u$이므로 $\ln|x| + \ln e^u - \ln|u+1| = C'$이 된다.

$u = \dfrac{y}{x}$를 대입하면

$$\ln|x| + \ln e^{\frac{y}{x}} - \ln\left|\frac{y}{x} + 1\right| = C'$$

인데 $\ln A + \ln B = \ln AB$, $\ln B - \ln A = \ln\dfrac{B}{A}$를 이용하여 정리하면

$$\ln\left|\frac{x^2 e^{\frac{y}{x}}}{x+y}\right| = C'$$

이므로 일반해는 $\dfrac{x^2 e^{\frac{y}{x}}}{x+y} = C$이다. 따라서 $y(2) = 0$에서 $C = 2$가 되고 미분방정식의 해는 $2(x+y) = x^2 e^{\frac{y}{x}}$이다. ■

동차형 미분방정식 판정

$M(x, y)dx + N(x, y)dy = 0$에서 함수 $M(x, y)$, $N(x, y)$의 각 단항식의 변수 (x, y)의 차수의 합이 모두 같으면 동차형 미분방정식이 된다.

(예1) $2(x+y)dx - xdy = 0$: x의 차수는 1, y의 차수는 1이므로 단항식 x, y의 차수가 모두 1로서 같다.

∴ 동차형 미분방정식

(예2) $(x^2 + xy - y^2)dx + xydy = 0$: x^2의 차수는 2, xy의 차수는 $1+1=2$, y^2의 차수는 2이므로 각 단항식의 변수의 차수의 합이 모두 2로서 같다.

∴ 동차형 미분방정식

(예3) $(x^4 + y^4)dx - 2x^3y\,dy = 0$: x^4의 차수는 4, y^4의 차수는 4, x^3y의 차수는 $3+1=4$이므로 모두 4로서 같다.

∴ 동차형 미분방정식

(예4) $(x+y+4)dx - xdy = 0$: 단항식 x, y의 차수는 1이지만, 상수항 4의 차수는 0이므로 단항식$(x, y, 4)$들의 차수가 모두 같지는 않다.

∴ 동차형 미분방정식이 아니다.

연습문제 5.3

1. 다음 함수가 동차함수인지 판별하여라.

(1) $x^3 + xy^2 - 2y^3$

(2) $x + y + 1$

(3) $\sin(x + y)$

(4) $\sin\left(\dfrac{x+y}{x}\right)$

(5) $x(x+y) - 2x^2 + 3y^2$

(6) $2x^4y + 3y^5 - 4x^{-3}y^8$

2. 다음 미분방정식의 일반해를 구하여라.

(1) $xy' - (x+y) = 0$

(2) $xy\dfrac{dy}{dx} = 4x^2 + 2y^2$

(3) $(xe^{\frac{y}{x}} + y)dx - xdy = 0$

(4) $y(x+y)dx - x^2dy = 0$

(5) $(x^2 + xy + y^2)dx - x^2dy = 0$

(6) $(x\sec\dfrac{y}{x} - 2y)dx + 2xdy = 0$

3. 미분방정식 $2xy\dfrac{dy}{dx} = y^2 - x^2$, $y(1) = 2$의 해를 구하여라.

4. 미분방정식 $2x^3y\dfrac{dy}{dx} = x^4 + y^4$, $y(1) = 0$을 풀어라.

5. 미분방정식 $-y^2dx + x(x+y)dy = 0$, $y(1) = 1$을 만족하는 해를 구하여 $x = f(y)$의 형태로 나타내어라.

6. 미분방정식 $(x - 2y) + 3xy' = 0$, $y(1) = 1$을 만족하는 $y(x)$를 구하여라.

5.4 완전미분방정식

[14] 완전미분방정식(exact differential equation)

미분방정식

$$M(x,\ y)dx + N(x,\ y)dy = 0 \qquad \cdots ①$$

의 좌변이 적당한 함수 $u(x,\ y)$의 전미분

$$du = \frac{\partial u}{\partial x}dx + \frac{\partial u}{\partial y}dy$$

와 일치할 때 미분방정식 ①을 완전미분방정식이라 한다. 이때 식 ①은 $du = 0$이 되므로 적분하면

$$u(x,\ y) = C \ \ (C\text{는 상수}) \qquad \cdots ②$$

인 일반해를 얻는다.
식 ①이 완전미분방정식이 될 필요충분조건은

$$\frac{\partial M}{\partial y} = \frac{\partial N}{\partial x} \qquad \cdots ③$$

이다.

설명 이변수함수의 전미분 $du = \frac{\partial u}{\partial x}dx + \frac{\partial u}{\partial y}dy$이므로, $\frac{\partial u}{\partial x} = M$, $\frac{\partial u}{\partial y} = N$을 만족하는 적당한 함수 $u(x,\ y)$가 존재하면 미분방정식 $du = Mdx + Ndy = 0$은 완전미분방정식이 된다.

한편 $\frac{\partial M}{\partial y} = \frac{\partial^2 u}{\partial y \partial x}$, $\frac{\partial N}{\partial x} = \frac{\partial^2 u}{\partial x \partial y}$이므로 $\frac{\partial M}{\partial y} = \frac{\partial N}{\partial x}$이다.

예 (1) 미분방정식 $(y^2+1)dx + 2xydy = 0 \ \cdots (*)$

$M = y^2+1$, $N = 2xy$로 하면 $\frac{\partial M}{\partial y} = 2y$, $\frac{\partial N}{\partial x} = 2y$.

$\therefore \ \frac{\partial M}{\partial y} = \frac{\partial N}{\partial x}$이므로 (*)는 완전미분방정식이다.

(2) $du=0$이면 $u(x,\ y)=C$ (C는 상수)이다.

$(y^2+1)dx+2xydy=d(xy^2+x)=0$이므로

완전미분방정식 (*)의 해는 $xy^2+x=C$이다.

[15] 완전미분방정식 $M(x,\ y)dx+N(x,\ y)dy=0$의 일반해

$\dfrac{\partial u}{\partial x}=M$을 x에 대해 적분하고 적분상수를 $k(y)$로 하면

$$u=\int M dx+k(y) \quad \cdots ①$$

이다. 식 ①을 y에 대해 미분하면 $\dfrac{\partial u}{\partial y}=N$ 이므로

$$\frac{\partial}{\partial y}\int M dx+\frac{dk}{dy}=N$$

$$\frac{dk}{dy}=N-\frac{\partial}{\partial y}\int M dx \quad \cdots ②$$

이다. 식 ②로부터 $\dfrac{dk}{dy}$를 구한 후, y에 대해 적분하여 $k(y)$를 얻는다.

$u(x,\ y)$가 결정되면

$$u(x,\ y)=C \ (C\text{는 상수}) \quad \cdots ③$$

인 일반해를 얻는다.

† $\dfrac{\partial u}{\partial y}=N$을 y에 대해 적분하면 $u=\int N dy+l(x)$. 이 식을 x에 대해 미분하여 $\dfrac{\partial u}{\partial x}=M$으로부터 $\dfrac{dl}{dx}$를 구한 다음, 적분하여 $l(x)$를 결정하고 일반해 $u(x,\ y)=C$를 구할 수도 있다.

예 완전미분방정식 $(y^2+1)dx+2xydy=0$의 일반해는 다음과 같이 구할 수 있다.

$M=y^2+1,\ N=2xy$로 하면 $\dfrac{\partial u}{\partial x}=M$으로부터

$$u=\int M dx+k(y)=\int (y^2+1)dx+k(y)=x(y^2+1)+k(y)$$

이다. 이 식으로부터 $\dfrac{\partial u}{\partial y}=2xy+\dfrac{dk}{dy}$이고, $\dfrac{\partial u}{\partial y}=N=2xy$ 이므로

$$2xy+\frac{dk}{dy}=2xy.$$

$\therefore\ k(y)=C'$ (C'은 상수)

따라서 $u=x(y^2+1)+C'$이므로 일반해는

$$u(x,\ y)=x(y^2+1)=C\ (C\text{는 상수})$$

이다.

[16] 적분인자(integrating factor) : 완전미분방정식으로 변환

완전미분방정식이 아닌 방정식

$$P(x,\ y)dx+Q(x,\ y)dy=0$$

에 함수 $F(x,\ y)$를 곱한 미분방정식

$$F(x,\ y)\,P(x,\ y)dx+F(x,\ y)\,Q(x,\ y)dy=0$$

이 완전미분방정식이 될 때 함수 $F(x,\ y)$를 적분인자라 한다.

예 미분방정식 $2ydx+xdy=0$ ……(*)

(1) (*)에서 $M=2y,\ N=x$로 하면

$$\frac{\partial M}{\partial y}=2,\ \ \frac{\partial N}{\partial x}=1.$$

$\therefore\ \frac{\partial M}{\partial y}\neq\frac{\partial N}{\partial x}$이므로 (*)는 완전미분방정식이 아니다.

(2) (*)에 $F(x)=x$를 곱한 미분방정식

$$2xydx+x^2dy=0\ \cdots\cdots(**)$$

에서 $M=2xy,\ N=x^2$으로 하면

$$\frac{\partial M}{\partial y}=2x,\ \ \frac{\partial N}{\partial x}=2x.$$

$\therefore\ \frac{\partial M}{\partial y}=\frac{\partial N}{\partial x}$

따라서 (**)는 완전미분방정식이다. 이때 식 (*)를 완전미분방정식 (**)로 변환시키는 함수 $F(x)=x$를 적분인자라 한다.

(3) 변환된 미분방정식은

$$2xydx+x^2dy=d(x^2y)=0$$

이므로

$$x^2y=C\ (C\text{는 상수})$$

인 (*)의 해를 구할 수 있다.

[17] 적분인자를 구하는 방법

미분방정식 $P(x,\ y)dx+Q(x,\ y)dy=0$이 완전미분방정식이 아닐 때 다음 각각의 경우에 대하여 $F(x)$ 또는 $F(y)$가 하나의 적분인자가 된다.

(1) $\frac{1}{Q}\left(\frac{\partial P}{\partial y}-\frac{\partial Q}{\partial x}\right)$가 x만의 함수일 때,

$$R(x)=\frac{1}{Q}\left(\frac{\partial P}{\partial y}-\frac{\partial Q}{\partial x}\right),\ F(x)=e^{\int R(x)dx}$$

(2) $\frac{1}{P}\left(\frac{\partial Q}{\partial x}-\frac{\partial P}{\partial y}\right)$가 y만의 함수일 때,

$$R(y)=\frac{1}{P}\left(\frac{\partial Q}{\partial x}-\frac{\partial P}{\partial y}\right),\ F(y)=e^{\int R(y)dy}$$

† $\int R(x)dx$, $\int R(y)dy$는 로그함수 형태로 나오는 경우가 많은데 이때는 $e^{\ln X}=X$를 이용한다.

설명 $FPdx+FQdy=0$이 완전미분방정식이 될 조건 $\frac{\partial}{\partial y}(FP)=\frac{\partial}{\partial x}(FQ)$로부터

$$P\frac{\partial F}{\partial y}+F\frac{\partial P}{\partial y}=Q\frac{\partial F}{\partial x}+F\frac{\partial Q}{\partial x} \quad \cdots\cdots ①$$

이다. 여기에서 $F=F(x)$이면 $\frac{\partial F}{\partial y}=0$이고 $\frac{\partial F}{\partial x}=\frac{dF}{dx}$이므로 식 ①은

$$F\frac{\partial P}{\partial y}=Q\frac{dF}{dx}+F\frac{\partial Q}{\partial x} \quad \cdots\cdots ②$$

가 된다. 양변을 FQ로 나누고 항을 정리하면 식 ②는

$$\frac{1}{F}\frac{dF}{dx}=\frac{1}{Q}\left(\frac{\partial P}{\partial y}-\frac{\partial Q}{\partial x}\right) \qquad \cdots\cdots ③$$

로 된다. 식 ③의 우변을 $R(x)$로 하면 $\frac{1}{F}\frac{dF}{dx}=R(x)$이므로 변수를 분리하여 적분하면

$$\frac{dF}{F}=R(x)dx, \ \ln F=\int R(x)dx$$

이므로

$$F(x)=e^{\int R(x)dx}$$

를 얻는다.

마찬가지로 $F=F(y)$이면 $\frac{1}{F}\frac{dF}{dy}=\frac{1}{P}\left(\frac{\partial Q}{\partial x}-\frac{\partial P}{\partial y}\right)$를 얻고 이 식의 우변을 $R(y)$로 하여 적분하면 $F(y)=e^{\int R(y)dy}$가 구해진다.

예 미분방정식 $(4x+3y)dx+xdy=0$ 의 적분인자와 일반해.

(1) 적분인자 : $P=4x+3y$, $Q=x$로 하면 $\frac{\partial P}{\partial y}=3$, $\frac{\partial Q}{\partial x}=1$이므로

$$\frac{\partial P}{\partial y}\neq\frac{\partial Q}{\partial x}$$

이다. 따라서 준 식은 완전미분방정식이 아니다. 여기에서

$$R(x)=\frac{1}{Q}\left(\frac{\partial P}{\partial y}-\frac{\partial Q}{\partial x}\right)=\frac{1}{x}(3-1)=\frac{2}{x}$$

로 하면

$$\int R(x)dx=\int\frac{2}{x}dx=2\ln x$$

이므로 하나의 적분인자

$$F(x)=e^{\int R(x)dx}=e^{2\ln x}=e^{\ln x^2}=x^2$$

을 구할 수 있다.

(2) 일반해 : $F(x)=x^2$을 주어진 미분방정식 $(4x+3y)dx+xdy=0$에 곱하면

$$(4x^3+3x^2y)dx+x^3dy=0$$

이고, 이 식을 전 미분 형태로 쓰면

$$(4x^3+3x^2y)dx+x^3dy=d(x^4+x^3y)=0$$

이 되므로 일반해 $x^4+x^3y=C$를 구할 수 있다.

예제 5.4.1 다음 완전미분방정식을 풀어라.

(1) $d(x^2y^2-2x+y)=0$ (2) $\sin y\,dx+x\cos y\,dy=0$

(3) $xy'+y=0$ (4) $(y+1)dx+(x+1)dy=0$

풀이 $du=0$이면 $u(x,\ y)=C$ (C는 상수)이다.

(1) $\therefore\ x^2y^2-2x+y=C$

(2) $\sin y\,dx+x\cos y\,dy=d(x\sin y)=0$

$\therefore\ x\sin y=C$

(3) $xy'+y=x\dfrac{dy}{dx}+y=0$

dx를 곱하면 $xdy+ydx=d(xy)=0$.

$\therefore\ xy=C$

(4) $(y+1)dx+(x+1)dy=d(xy+x+y)=0$

$\therefore\ xy+x+y=C$ ■

† 간단한 완전미분방정식인 경우 이와 같이 $du=0$의 꼴로 변형하여 곧바로 해를 구할 수 있다.

예제 5.4.2 다음 방정식이 완전미분방정식임을 보이고 일반해를 구하여라.

$$(3x^2-4y)dx+(-4x+2y+3)dy=0$$

풀이 $M=3x^2-4y,\ N=-4x+2y+3$으로 하면 $\dfrac{\partial M}{\partial y}=-4,\ \dfrac{\partial N}{\partial x}=-4$이므로

$\dfrac{\partial M}{\partial y}=\dfrac{\partial N}{\partial x}.\quad \therefore$ 완전미분방정식이다.

$\dfrac{\partial u}{\partial x}=M$으로부터

$$u=\int Mdx+k(y)=\int(3x^2-4y)dx+k(y)$$

$$=x^3-4xy+k(y)\quad\cdots\cdots(*)$$

이다. 이 식을 y에 대하여 미분하면 $\frac{\partial u}{\partial y}=N=-4x+2y+3$에서

$$\frac{\partial u}{\partial y}=-4x+\frac{dk}{dy}=-4x+2y+3$$

이 된다. 따라서

$$\frac{dk}{dy}=2y+3$$

이고 적분하면

$$k(y)=y^2+3y+\text{상수}$$

를 얻는다. 이것을 식 (*)에 대입하면 일반해는

$$u=x^3-4xy+y^2+3y=C$$

가 된다. ■

예제 5.4.3 다음 초기값 문제를 풀어라.

$$(2\cos x-y)dx-(3\sin y+x)dy=0,\ y(0)=\pi$$

풀이 $M=2\cos x-y$, $N=-3\sin y-x$로 하면 $\frac{\partial M}{\partial y}=-1$, $\frac{\partial N}{\partial x}=-1$이므로

$\frac{\partial M}{\partial y}=\frac{\partial N}{\partial x}$. $\therefore$ 완전미분방정식이다.

$\frac{\partial u}{\partial x}=M$으로부터

$$u=\int Mdx+k(y)=\int(2\cos x-y)dx+k(y)$$
$$=2\sin x-xy+k(y)\ \cdots\cdots\cdots(*)$$

이다. 이 식을 y에 대하여 미분하면 $\frac{\partial u}{\partial y}=N=-3\sin x-y$이므로

$$\frac{\partial u}{\partial y}=-x+\frac{dk}{dy}=-3\sin y-x$$

가 된다. 따라서

$$\frac{dk}{dy}=-3\sin y$$

이고 적분하면

$$k = 3\cos y + \text{상수}$$

를 얻는다. 이것을 식 (*)에 대입하면 일반해는

$$u = 2\sin x - xy + 3\cos y = C$$

가 된다.

초기조건 $y(0) = \pi$에서 $C = -3$이므로 구하는 특수해는

$$2\sin x - xy + 3\cos y = -3$$

이다. ■

예제 5.4.4 적분인자를 이용하여 다음 미분방정식을 풀어라.

(1) $\sin y\,dx + \cos y\,dy = 0$ (2) $y\sin x\,dx - 3\cos x\,dy = 0$

풀이 (1) $P = \sin y$, $Q = \cos y$로 하면 $\dfrac{\partial P}{\partial y} = \cos y$, $\dfrac{\partial Q}{\partial x} = 0$이므로

$\dfrac{\partial P}{\partial y} \neq \dfrac{\partial Q}{\partial x}$. ∴ 완전미분방정식이 아니다.

여기에서 x의 함수인 적분인자를 생각하여

$$R(x) = \frac{1}{Q}\left(\frac{\partial P}{\partial y} - \frac{\partial Q}{\partial x}\right) = \frac{1}{\cos y}(\cos y - 0) = 1$$

로 하면

$$\int R(x)dx = \int dx = x$$

이므로 적분인자

$$F(x) = e^{\int R(x)dx} = e^x$$

이다. $F(x) = e^x$를 주어진 미분방정식에 곱하면

$$e^x \sin y dy + e^x \cos y dy = 0$$

이 된다. 따라서

$$e^x \sin y dy + e^x \cos y dy = d(e^x \sin y) = 0$$

이므로 일반해

$$e^x \sin y = C \ (C\text{는 상수})$$

를 얻는다.

(2) $P = y\sin x$, $Q = -3\cos x$로 하면 $\dfrac{\partial P}{\partial y} = \sin x$, $\dfrac{\partial Q}{\partial x} = 3\sin x$이므로

$\dfrac{\partial P}{\partial y} \neq \dfrac{\partial Q}{\partial x}$. ∴ 완전미분방정식이 아니다.

여기에서 y의 함수인 적분인자를 생각하여

$$R(y) = \frac{1}{P}\left(\frac{\partial Q}{\partial x} - \frac{\partial P}{\partial y}\right) = \frac{1}{y\sin x}(3\sin x - \sin x) = \frac{2}{y}$$

로 하면

$$\int R(y)dy = \int \frac{2}{y}dy = 2\ln y$$

이므로 적분인자

$$F(y) = e^{\int R(y)dy} = e^{2\ln y} = e^{\ln y^2} = y^2$$

이다. $F(y) = y^2$을 주어진 미분방정식에 곱하면

$$y^3 \sin x dx - 3y^2 \cos x\, dy = 0$$

이고, 이 식은 다음과 같은 전미분 형태로 표현된다.

$$y^3 \sin x dx - 3y^2 \cos x\, dy = -d(y^3 \cos x) = 0$$

따라서 일반해는

$$y^3 \cos x = C \quad (C\text{는 상수})$$

이다. ■

† 적분인자를 구할 때 $R(x) = \dfrac{1}{Q}\left(\dfrac{\partial P}{\partial y} - \dfrac{\partial Q}{\partial x}\right)$와 $R(y) = \dfrac{1}{P}\left(\dfrac{\partial Q}{\partial x} - \dfrac{\partial P}{\partial y}\right)$ 중에서 적분이 쉽고 간단한 형태의 결과가 나오는 것을 선택한다. 예제 5.4.4에서 [17]의 방법을 적용하면 (1)에서는 $R(x) = 1$, $R(y) = -\dfrac{\cos y}{\sin y}$이고, (2)에서는 $R(x) = \dfrac{2\sin x}{3\cos x}$, $R(y) = \dfrac{2}{y}$이다.

연습문제 5.4

1. 전미분 $du = \dfrac{\partial u}{\partial x}dx + \dfrac{\partial u}{\partial y}dy$를 사용하여 다음의 일반해를 갖는 완전미분방정식 을 구하여라. (단, C는 상수이다.)

(1) $x^2 - 2xy + y^3 = C$　　(2) $e^{x^2} - xy + y^2 = C$

2. 다음 방정식이 완전미분방정식임을 보이고 일반해를 구하여라.

(1) $xdx - ydy = 0$　　(2) $\ln y\, dx + \dfrac{x}{y}dy = 0$

(3) $2ye^{-2x}dx - e^{-2x}dy = 0$　　(4) $2x\sin(y)dx + x^2\cos(y)dy = 0$

3. 다음 초기값 문제를 풀어라.

(1) $(1-2y)dx + (-2x+3)dy = 0,\ y(0) = 3$

(2) $(3x^2 - 2xy + 2)dx - x^2 dy = 0,\ y(1) = 2$

(3) $2x\cos 2y dx + (-2x^2\sin 2y + \cos y)dy = 0,\ y(0) = \dfrac{\pi}{2}$

(4) $(2x\ln x + x - 2y)dx + (-2x + 2y)dy = 0,\ y(1) = 3$

4. 방정식 $(x+2y)dx + (kx+3y)dy = 0$이 완전미분방정식이 되기 위한 상수 k의 값을 구하고, 그때의 해를 구하여라.

5. 주어진 함수 F가 방정식의 적분인자임을 보이고 미분방정식을 풀어라.

$$2\left(\frac{1}{x} + \frac{y}{x}\right)dx + \left(3 + \frac{2}{y}\right)dy = 0,\ F = x^2y^2$$

6. 적분인자를 구하고 미분방정식을 풀어라.

(1) $3y^2dx + 2xydy = 0$　　(2) $2xydx + 3x^2dy = 0$

(3) $(2\sin y - 3x)dx + x\cos y dy = 0$　　(4) $-y\sin x\, dx + (2\cos x + 4y^2)dy = 0$

5.5 1계 선형미분방정식

[18] 1계 선형미분방정식

$$\text{미분방정식 } \frac{dy}{dx}+p(x)y=r(x) \quad \cdots\cdots (*)$$

를 1계 선형미분방정식이라 한다.
$r(x)=0$일 때 $(*)$를 제차방정식(homogeneous equation)이라 하고,
$r(x)\neq 0$일 때는 비제차방정식(nonhomogeneous equation)이라고 한다.

설명 미지함수 y에 대한 1계미분방정식이고, y와 그 도함수 y'의 차수는 1차이며 $p(x)$와 $r(x)$는 x만의 함수이다.

예 다음 방정식은 모두 1계 선형미분방정식이다.

(1) $y'-y=e^{2x}$ (2) $y'+2x^2y=1$ (3) $y'+y\tan x=\sin x\cos x$

[19] 제차방정식의 해

제차방정식 $\frac{dy}{dx}+p(x)y=0$의 해는 다음과 같다.

$$y=Ce^{-\int p(x)dx} \quad (C \text{ 는 상수})$$

증명 방정식 $\frac{dy}{dx}+p(x)y=0$의 변수를 분리하여 나타내면

$$\frac{dy}{y}+p(x)dx=0$$

이므로 적분하면

$$\ln|y|+\int p(x)dx=C',$$

$$\ln|y| = \ln\left[e^{C'} \times e^{-\int p(x)dx}\right]$$

이다. 따라서

$$y = Ce^{-\int p(x)dx} \quad (\text{상수 } C = \pm e^{C'})$$

가 된다. ■

예 (1) $y' - y = 0$의 해는 $y = Ce^{-\int (-1)dx} = Ce^{x}$.

(2) $y' + 2xy = 0$의 해는 $y = Ce^{-\int 2x dx} = Ce^{-x^2}$.

(3) $y' + y\cos x = 0$의 해는 $y = Ce^{-\int \cos dx} = Ce^{-\sin x}$.

[20] 비제차방정식의 해 3)

비제차방정식 $\dfrac{dy}{dx} + p(x)y = r(x)$의 해는 다음과 같다.

$$h = \int p(x)dx$$

$$y = e^{-h}\left(\int e^{h} r dx + C\right) \quad (C\text{는 상수})$$

증명 미분방정식 $\dfrac{dy}{dx} + p(x)y = r(x)$ … (*)는

$$(py - r)dx + dy = 0$$

으로 쓸 수 있다. 여기에서 $P = py - r$, $Q = 1$로 하여 [17]에 따라 적분인자 $F(x)$를 구한다. $\dfrac{\partial P}{\partial y} = p$, $\dfrac{\partial Q}{\partial x} = 0$이므로

$$R(x) = \frac{1}{Q}\left(\frac{\partial P}{\partial y} - \frac{\partial Q}{\partial x}\right) = \frac{1}{1}(p - 0) = p.$$

$\therefore\ F(x) = e^{\int R(x)dx} = e^{\int p(x)dx}$이다. 식 (*)에 $F(x)$를 곱하면

3) 증명 과정은 참고로 하고 결과 식을 잘 이용하면 된다.

$$e^{\int p dx}\left(\frac{dy}{dx}+py\right)=re^{\int p dx},$$

$$\frac{d}{dx}\left(ye^{\int p dx}\right)=re^{\int p dx}$$

이고 이 식을 적분하면

$$ye^{\int p dx}=\int re^{\int p dx}dx+C$$

가 된다. 따라서

$$\begin{aligned} y &= e^{-\int p dx}\left(\int re^{\int p dx}dx+C\right) \\ &= e^{-h}\left(\int e^{h}r dx+C\right),\ h=\int p(x)dx \end{aligned}$$

가 얻어진다. ■

예 미분방정식 $y'-y=e^{x}$의 해는 다음과 같이 구할 수 있다.

$$p=-1,\ r=e^{x}$$

이므로

$$h=\int p dx=\int(-1)dx=-x$$

이다. 따라서

$$\begin{aligned} y=e^{-h}\left(\int e^{h}r dx+C\right) &= e^{x}\left(\int e^{-x}\times e^{x}dx+C\right) \\ &= e^{x}\left(\int dx+C\right)=e^{x}(x+C) \end{aligned}$$

이다.

예제 5.5.1 다음 미분방정식의 일반해를 구하여라.

(1) $y'+2y=e^{-2x}$　　　(2) $y'-\dfrac{2}{x}y=2x^{3}$

풀이 (1) $y'+2y=e^{-2x}$에서 $p=2,\ r=e^{-2x}$.

$$\therefore\ h=\int p dx=\int 2dx=2x$$

$$\therefore\ y = e^{-h}\left(\int e^h r dx + C\right) = e^{-2x}\left(\int e^{2x} \times e^{-2x} dx + C\right)$$
$$= e^{-2x}(x + C)$$

(2) $y' - \frac{2}{x}y = 2x^3$에서 $p = -\frac{2}{x}$, $r = 2x^3$이므로

$$h = \int p dx = \int\left(-\frac{2}{x}\right)dx = -2\ln x$$

이다. 여기에서 $e^{\ln X} = X$에 의해

$$e^{-h} = e^{2\ln x} = e^{\ln x^2} = x^2,$$
$$e^h = e^{-2\ln x} = e^{\ln x^{-2}} = x^{-2}$$

가 된다. 따라서

$$y = e^{-h}\left(\int e^h r dx + C\right) = x^2\left[\int (x^{-2} \times 2x^3) dx + C\right]$$
$$= x^2(x^2 + C) = x^4 + Cx^2$$

이다. ■

예제 5.5.2 다음 조건을 만족하는 미분방정식의 특수해를 구하여라.

(1) $xy' - y = x^2\sin 2x$, $y(\pi) = 0$

(2) $y' = x - y$, $y(0) = 2$

풀이 (1) 양변을 x로 나누면 준 식은

$$y' - \frac{1}{x}y = x\sin 2x$$

가 된다. 이 식에서 $p = -\frac{1}{x}$, $r = x\sin 2x$이므로

$$h = \int p dx = \int\left(-\frac{1}{x}\right)dx = -\ln x$$
$$e^{-h} = e^{\ln x} = x \quad (\because\ e^{\ln X} = X)$$
$$e^h = e^{-\ln x} = e^{\ln x^{-1}} = 1/x$$

이다. 따라서 일반해

$$y = e^{-h}\left(\int e^h r dx + C\right) = x\left[\int\left(\frac{1}{x} \times x\sin 2x\right)dx + C\right]$$

$$= x\left(-\frac{1}{2}\cos 2x + C\right)$$

이다. $y(\pi) = 0$이므로 $-\frac{1}{2}\cos 2\pi + C = 0$에서 $C = \frac{1}{2}$이 된다. 따라서 방정식의 해는

$$y = \frac{x}{2}(1 - \cos 2x)$$

이다.

(2) 준 식은 $y' + y = x$이므로 $p = 1$, $r = x$로 하면

$$h = \int p dx = \int (1) dx = x.$$

$$\therefore\ y = e^{-h}\left(\int e^{h} r dx + C\right) = e^{-x}\left[\int (e^{x} \times x) dx + C\right]$$

여기에서

$$\int e^{x} x dx = \int (e^{x})' x dx = xe^{x} - \int e^{x} dx = xe^{x} - e^{x}$$

이므로

$$y = e^{-x}(xe^{x} - e^{x} + C) = x - 1 + Ce^{-x}$$

가 된다. $y(0) = 1$에서 $-1 + C = 1$. $\therefore\ C = 2$

$\therefore\ y = x - 1 + 2e^{-x}$ ■

예제 5.5.3 그림과 같은 전기회로에 흐르는 전하 $Q(t)$와 전류 $I(t)$는 다음 미분방정식으로 기술된다.

$$R\frac{dQ}{dt} + \frac{Q}{C} = E,\quad I(t) = \frac{dQ}{dt}$$

저항 $R = 20\text{Ohm}$, 커패시턴스 $C = 0.05\text{Farad}$, 기전력 $E = 100\cos 2t$ Volt일 때 $t > 0$에서의 전하 $Q(t)$와 전류 $I(t)$를 구하여라. 단, $t = 0$에서 전하 $Q(0) = 0$이다.

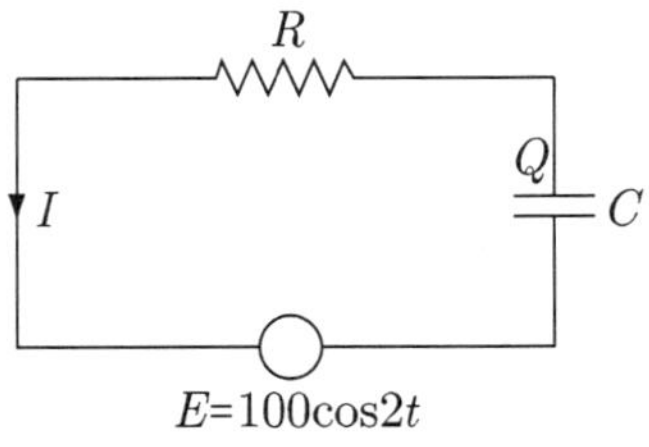

풀이 $R=20$, $C=0.05$, $E=100\cos 2t$를 $R\frac{dQ}{dt}+\frac{Q}{C}=E$에 대입하여 정리하면 전하 Q에 대한 다음 미분방정식을 얻는다.

$$\frac{dQ}{dt}+Q=5\cos 2t$$

독립변수가 t인 Q에 대한 1계 선형미분방정식이므로 $p=1$, $r=5\cos 2t$로 하면

$$h=\int p\,dt=t,$$
$$Q=e^{-h}\left(\int e^{h}r\,dt+C\right)=e^{-t}\left[\int (e^{t}\times 5\cos 2t)dt+C\right]$$
$$=e^{-t}\left[5\int (e^{t}\cos 2t)dt+C\right]$$

이다. 부분적분법으로 $\int e^{t}\cos 2t\,dt$를 구한다.

$$J=\int e^{t}\cos 2t\,dt=\int (e^{t})'\cos 2t\,dt=e^{t}\cos 2t+2\int e^{t}\sin 2t\,dt$$
$$=e^{t}\cos 2t+2\int (e^{t})'\sin 2t\,dt$$
$$=e^{t}\cos 2t+2\left(e^{t}\sin 2t-2\int e^{t}\cos 2t\,dt\right)$$
$$=e^{t}\cos 2t+2e^{t}\sin 2t-4J$$

$$\therefore\ J=\int e^{t}\cos 2t\,dt=\frac{1}{5}e^{t}(\cos 2t+2\sin 2t)$$

$$\therefore\ Q=e^{-t}\left[5\int (e^{t}\cos 2t)dt+C\right]=e^{-t}[e^{t}(\cos 2t+2\sin 2t)+C]$$
$$=(\cos 2t+2\sin 2t)+Ce^{-t}$$

이다. 초기조건 $Q(0)=0$에서 $1+C=0$이므로 상수 $C=-1$이다. 따라서 전하 $Q(t)$와 전류 $I(t)$는 다음과 같다.

$$Q=\cos 2t+2\sin 2t-e^{-t}.$$

$$I = \frac{dQ}{dt} = -2\sin 2t + 4\cos 2t + e^{-t}$$ ■

예제 5.5.4 느린 속도로 지표면으로 떨어지는 물체에는 그 물체의 속도 $v(t)$에 비례하는 공기저항 $kv(t)$가 작용한다. 질량 m인 물체가 초기속도 $v(0)=0$에서 낙하할 때 다음을 구하여라. 단, $k>0$이고 중력가속도는 g이다.

(1) 낙하속도 $v(t)$

(2) $t \to \infty$ 에서의 종속도(terminal velocity)

풀이 (1) 중력과 같은 방향으로 양(+)의 방향을 잡으면 낙하하는 물체에 작용하는 양의 방향으로의 힘

$$F = \text{중력} - \text{공기저항} = mg - kv$$

이다. 따라서 뉴턴의 운동법칙 $F=ma$를 적용하면 $ma = mg - kv$이고 물체의 가속도 $a = \frac{dv}{dt}$ 이므로

$$m\frac{dv}{dt} = mg - kv \quad \cdots (*)$$

가 된다. (*)의 양변을 m으로 나누고 정리하면 다음과 같은 속도 $v(t)$에 대한 1계미분방정식을 얻는다.

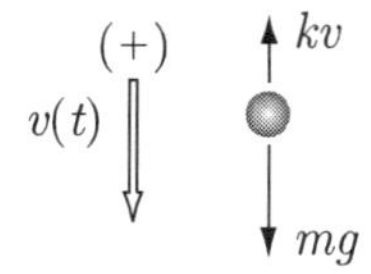

$$\frac{dv}{dt} + \frac{k}{m}v = g$$

1계 선형미분방정식의 풀이법 [20]에 따라 $p = \frac{k}{m}$, $r = g$이므로

$$h = \int \frac{k}{m}dt = \frac{k}{m}t,$$

$$v = e^{-h}\left(\int e^h r\,dt + C\right) = e^{-kt/m}\left[\int (e^{kt/m} \times g)dt + C\right]$$

$$= e^{-kt/m}\left(\frac{mg}{k}e^{kt/m} + C\right)$$

$$= \frac{mg}{k} + Ce^{-kt/m}.$$

초기조건 $v(0)=0$에서 $\frac{mg}{k} + C = 0$이므로 $C = -\frac{mg}{k}$이다.

$$\therefore \ v(t) = \frac{mg}{k}(1 - e^{-kt/m})$$

(2) 종속도 $v_t = \lim_{t \to \infty} v(t) = \lim_{t \to \infty} \frac{mg}{k}(1 - e^{-kt/m}) = \frac{mg}{k}$ ■

[21] 기초적인 1계 선형미분방정식의 일반해

(1) $y' = 0 \quad \rightarrow \quad y = C$

(2) $y' + p(x)y = 0 \quad \rightarrow \quad y = Ce^{-h}, \ h = \int p(x)dx$

(3) $y' + p(x)y = r(x) \quad \rightarrow \quad y = e^{-h}\left(\int e^{h} r dx + C\right), \ h = \int p(x)dx$

여기에서 C는 상수이다.

† 이 식들은 공학에서 많이 나타나는 기초적인 선형미분방정식의 일반해이므로 잘 알아두도록 한다.

연습문제 5.5

1. 다음 미분방정식의 일반해를 구하여라. (단, $k \neq 0$는 상수이다.)

(1) $y' - 5xy = 0$ (2) $y' - y\sin 2x = 0$

(3) $y' + 2y = 3$ (4) $y' + y = 2e^{-x}$

(5) $y' + \frac{1}{x}y = x$ (6) $y' - \frac{2}{x}y = x^3$

(7) $y' - ky = e^{kx}$ (8) $y' + ky = e^{kx}$

2. 다음 초기값 문제의 특수해를 구하여라.

(1) $y' - y = 2,\ y(0) = 1$ (2) $xy' - y = x,\ y(e) = 0$

(3) $xy' - 4y = x,\ y(1) = 0$ (4) $y' + y = 2x,\ y(0) = 1$

(5) $y' + y = x^2,\ y(0) = 1$ (6) $y' - y = x^2,\ y(0) = 0$

(7) $xy' - 2y = x^3,\ y(1) = 3$ (8) $y' + 2xy = x,\ y(0) = 0$

3. RC 회로에서 전하(Q)와 전류(I)는 다음 미분방정식을 만족한다.

$$R\frac{dQ}{dt} + \frac{Q}{C} = E,\quad I(t) = \frac{dQ}{dt}$$

저항 $R = 20(\Omega)$, 커패시턴스 $C = 0.05$(F)일 때 다음 기전력에 대하여 $t > 0$에서의 전하(Q)와 전류(I)를 구하여라. 단, $t = 0$ 에서 전하 $Q(0) = 0$이다.

(1) $E = 20$(V) (2) $E = 100te^{-2t}$(V)

제6장 2계미분방정식

6.1 2계 선형미분방정식

[1] 2계 선형미분방정식

미분방정식의 계수가 2이고 선형인 다음과 같은 형태의 방정식을 2계 선형미분방정식이라 한다.

$$\frac{d^2y}{dx^2}+p(x)\frac{dy}{dx}+q(x)y=r(x)$$

특히 $r(x)=0$인 다음 형태의 방정식을 제차(동차)방정식이라 하고,

$$\frac{d^2y}{dx^2}+p(x)\frac{dy}{dx}+q(x)y=0$$

$r(x)\neq 0$인 경우를 비제차(비동차)방정식이라 한다.

예 다음은 2계 선형미분방정식의 예이다.

① $y''+4y'+3y=e^x$

② $y''+\omega^2y=0$ (ω는 상수)

③ $y''+4y=2e^{-x}\sin x$

④ $x^2y''+axy'+by=0$ (a, b는 상수: 오일러-코시 방정식)

⑤ $m\frac{d^2y}{dt^2}+ky=0$ (m, k는 상수)

⑥ $L\frac{d^2\theta}{dt^2}+g\theta=0$ (L, g는 상수)

⑦ $L\frac{d^2I}{dt^2}+R\frac{dI}{dt}+\frac{1}{C}I=E_0\omega\cos\omega t$ (L, R, C, E_0, ω는 상수)

이상에서 ②, ④, ⑤, ⑥을 제차방정식, ①, ③, ⑦을 비제차방정식이라 한다.

[2] 중첩의 원리(superposition principle)

$y_1 = y_1(x)$, $y_2 = y_2(x)$가 제차방정식 $y'' + p(x)y' + q(x)y = 0$ ⋯ (*)의 해이면 두 개의 해의 1차 결합(linear combination)인 다음 함수도 (*)의 해가 된다.

$$y = c_1 y_1 + c_2 y_2 \quad (c_1,\ c_2 \text{는 상수})$$

† 중첩의 원리(principle of superposition) 또는 선형성의 원리(linearity principle)라고 한다.

증명 y_1, y_2가 $y'' + p(x)y' + q(x)y = 0$의 해이면

$$y_1'' + py_1' + qy_1 = 0, \quad y_2'' + py_2' + qy_2 = 0$$

이다. 따라서 $y = c_1y_1 + c_2y_2$일 때

$$\begin{aligned} y'' + py' + qy &= (c_1y_1 + c_2y_2)'' + p(c_1y_1 + c_2y_2)' + q(c_1y_1 + c_2y_2) \\ &= c_1y_1'' + c_2y_2'' + p(c_1y_1' + c_2y_2') + q(c_1y_1 + c_2y_2) \\ &= c_1(y_1'' + py_1' + qy_1) + c_2(y_2'' + py_2' + qy_2) \\ &= 0 \end{aligned}$$

이므로 $y = c_1y_1 + c_2y_2$는 방정식 $y'' + p(x)y' + q(x)y = 0$의 해이다. ■

예 $y_1 = e^x$, $y_2 = e^{-x}$는 $y'' - y = 0$을 만족한다.

($\because$ $y_1'' - y_1 = e^x - e^x = 0$, $y_2'' - y_2 = e^{-x} - e^{-x} = 0$)

$y = 2y_1 + 3y_2 = 2e^x + 3e^{-x}$일 때

$$\begin{aligned} y'' - y &= (2e^x + 3e^{-x})'' - (2e^x + 3e^{-x}) \\ &= 2e^x + 3e^{-x} - (2e^x + 3e^{-x}) = 0 \end{aligned}$$

이므로 $y = 2y_1 + 3y_2$는 방정식 $y'' - y = 0$의 해가 된다.

† 주의 : 정리 [2]는 비제차방정식 또는 비선형방정식에서는 성립하지 않는다.

[비제차 선형미분방정식]

$y_1 = e^x + x$, $y_2 = e^{-x} + x$는 $y'' - y = -x$ ⋯ (★)의 해이다.

($\because$ $y_1'' - y_1 = e^x - (e^x + x) = -x$, $y_2'' - y_2 = e^{-x} - (e^{-x} + x) = -x$)

$y = 2y_1 + 3y_2 = 2(e^x + x) + 3(e^{-x} + x) = 2e^x + 3e^{-x} + 5x$일 때

$$\begin{aligned} y'' - y &= (2e^x + 3e^{-x} + 5x)'' - (2e^x + 3e^{-x} + 5x) \\ &= 2e^x + 3e^{-x} - (2e^x + 3e^{-x} + 5x) = -5x \end{aligned}$$

이므로 $y=2y_1+3y_2$는 비제차방정식 (★)의 해가 아니다.

[비선형미분방정식]

$y_1=1$, $y_2=x^2$은 $yy''-xy'=0\cdots$ (★)의 해이다.

($\because$ $y_1y_1''-xy_1'=1\times 0-x\times 0=0$, $y_2y_2''-xy_2'=x^2\times 2-x\times 2x=0$)

그러나 $y=y_1+y_2=1+x^2$ 또는 $y=2y_2=2x^2$일 때 (★)의 좌변은

$$(1+x^2)(1+x^2)''-x(1+x^2)'=(1+x^2)\times 2-x\times 2x=1$$
$$(2x^2)(2x^2)''-x(2x^2)'=(2x^2)\times 4-x\times 4x=4x^2$$

이므로 $y=1+x^2$, $y=2x^2$ 등은 (★)의 해가 아니다.

[3] 1차독립(linearly independent), 1차종속(linearly dependent)

두 함수 $y_1(x)$, $y_2(x)$가 정의된 구간 I에서

$$c_1y_1+c_2y_2=0\cdots(*)\text{이면 } c_1=c_2=0$$

일 때, 두 함수 $y_1(x)$, $y_2(x)$를 일차독립이라 하고, 적어도 하나가 0이 아닌 상수 c_1, c_2에 대해서 식 (*)가 성립하면 두 함수를 일차종속이라 한다.

예 (1) $y_1=x$, $y_2=x^2$: $c_1y_1+c_2y_2=c_1x+c_2x^2=0$이면 $c_1=c_2=0$이므로 y_1과 y_2는 일차독립이다.

(2) $y_1=x$, $y_2=2x$: $c_1y_1+c_2y_2=c_1x+c_2\times 2x=(c_1+2c_2)x$

$\therefore$ $c_1y_1+c_2y_2=0$을 만족하는 0이 아닌 상수 c_1, $c_2(c_1+2c_2=0)$가 있으므로 y_1과 y_2는 일차종속이다. 즉 $y_1=\frac{1}{2}y_2$ 또는 $y_2=2y_1$ 등과 같이 상수를 곱하여 서로 표현되므로 일차독립이 아니다.

[4] Wronskian과 두 함수의 일차독립·종속

두 함수 $y_1(x)$, $y_2(x)$가 정의된 구간 I에서 Wronskian determinant를 다음과 같이 정의할 때

$$W(y_1,\ y_2) = \begin{vmatrix} y_1 & y_2 \\ y_1' & y_2' \end{vmatrix} = y_1 y_2' - y_2 y_1'.$$

$W \neq 0$이면 두 함수 $y_1(x)$와 $y_2(x)$는 일차독립이고, $W = 0$이면 일차종속이다.

예 (1) $y_1 = x,\ y_2 = x^2$:

$$W = \begin{vmatrix} x & x^2 \\ (x)' & (x^2)' \end{vmatrix} = \begin{vmatrix} x & x^2 \\ 1 & 2x \end{vmatrix} = 2x^2 - x^2 = x^2 \neq 0$$

$\therefore$ y_1과 y_2는 일차독립.

(2) $y_1 = x^2,\ y_2 = 2x^2$:

$$W = \begin{vmatrix} x^2 & 2x^2 \\ (x^2)' & (2x^2)' \end{vmatrix} = \begin{vmatrix} x^2 & 2x^2 \\ 2x & 4x \end{vmatrix} = 4x^3 - 4x^3 = 0$$

$\therefore$ y_1과 y_2는 일차종속.

[5] 일반해, 기저, 특수해

어떤 열린구간 I에서 $y'' + p(x)y' + q(x)y = 0 \cdots$ (*)의 일반해는 구간 I에서 일차독립인 식 (*)의 해 $y_1,\ y_2$의 일차결합으로 다음과 같다.

$$y = c_1 y_1 + c_2 y_2 \ \ (c_1,\ c_2\text{는 상수})$$

여기에서 $y_1,\ y_2$를 식 (*)의 기저(basis) 또는 기본계라 하고, 임의 상수 $c_1,\ c_2$에 특정 값이 지정되면 식 (*)의 특수해가 얻어진다.

예 방정식 $y'' - y = 0 \cdots$ (*)의 일반해, 기저, 특수해 :

$y_1 = e^x,\ y_2 = e^{-x}$는 각각 식 (*)를 만족하고 일차독립이므로 $y_1,\ y_2$는 식 (*)의 기저이다. 따라서 일반해 $y = c_1 y_1 + c_2 y_2 = c_1 e^x + c_2 e^{-x}$이고, 임의 상수 $c_1,\ c_2$의 값이 정해진 $y = e^x - 2e^{-x}$, $y = 2e^x + 5e^{-x}$ 등을 식 (*)의 특수해라 한다.

[6] 초기값 문제(initial value problem)

다음과 같이 미분방정식과 초기조건이 주어지는 문제를 초기값 문제라 한다.

$$y'' + p(x)y' + q(x)y = 0,\ y(x_0) = K_0,\ y'(x_0) = K_1$$

설명 2계미분방정식에 두 개의 초기조건이 주어지면 일반해의 두 개의 임의 상수값이 결정된다(특수해).

예 $y'' - y = 0$과 초기조건 $y(0) = 1$, $y'(0) = 3$을 만족하는 특수해 :
일반해 $y = c_1y_1 + c_2y_2 = c_1e^x + c_2e^{-x}$이고, $y(0) = 1$, $y'(0) = 3$이므로 $c_1 + c_2 = 1$, $c_1 - c_2 = 3$. $\therefore\ c_1 = 2$, $c_2 = -1$이고 특수해 $y = 2e^x - e^{-x}$.

예제 6.1.1 주어진 함수가 다음 미분방정식 (*)의 기저임을 보이고 일반해와 초기조건을 만족하는 특수해를 구하여라.

$$y'' + y = 0 \cdots (*),\ y(0) = 1,\ y'(0) = 2,\ y_1 = \cos x,\ y_2 = \sin x$$

풀이 $y_1'' + y_1 = -\cos x + \cos x = 0$, $y_2'' + y_2 = -\sin x + \sin x = 0$

$\therefore\ y_1,\ y_2$는 미분방정식 (*)의 한 해이다.

$$W = \begin{vmatrix} \cos x & \sin x \\ (\cos x)' & (\sin x)' \end{vmatrix} = \begin{vmatrix} \cos x & \sin x \\ -\sin x & \cos x \end{vmatrix} = \cos^2 x - (-\sin^2 x)$$
$$= \cos^2 x + \sin^2 x$$
$$= 1 \neq 0$$

$\therefore\ y_1$과 y_2는 일차독립.

따라서 y_1과 y_2는 미분방정식 (*)의 기저이다.

일반해 $y = c_1y_1 + c_2y_2 = c_1\cos x + c_2\sin x$이므로 $y(0) = 1$에서 $c_1 = 1$.

$y' = -c_1\sin x + c_2\cos x$이므로 $y'(0) = 2$에서 $c_2 = 2$.

$\therefore$ 특수해 $y = \cos x + 2\sin x$ ■

예제 6.1.2 $y_p = Ax + B$로 가정하여 비제차방정식 $y'' + 2y' - 3y = 6x + 8$을 만족하는 하나의 특수해 y_p를 구하여라.

풀이 $y_p = Ax + B$, $y_p{}' = A$, $y_p{}'' = 0$을 $y'' + 2y' - 3y = 6x + 8$에 대입하면

$$0 + 2A - 3(Ax + B) = 6x + 8$$
$$-3Ax + (2A - 3B) = 6x + 8$$

양변의 계수를 비교하면 $-3A = 6$, $2A - 3B = 8$.

$\therefore\ A = -2,\ B = -4$

$\therefore$ 특수해 $y_p = -2x - 4$ ■

예제 6.1.3 $x(t) = A\cos\omega t + B\sin\omega t$ (A, B, ω는 상수)가 다음 방정식의 해임을 보이고, 초기조건 $x(0) = x_0$, $x'(0) = x_1$을 만족하는 특수해를 구하여라.

$$\frac{d^2x}{dt^2} + \omega^2 x = 0 \quad (\omega > 0)$$

풀이 $x' = -A\omega\sin\omega t + B\omega\cos\omega t$, $x'' = -A\omega^2\cos\omega t - B\omega^2\sin\omega t$이므로

$$\begin{aligned} x'' + \omega^2 x &= (-A\omega^2\cos\omega t - B\omega^2\sin\omega t) + \omega^2(A\cos\omega t + B\sin\omega t) \\ &= (-A\omega^2 + A\omega^2)\cos\omega t + (-B\omega^2 + B\omega^2)\sin\omega t \\ &= 0. \end{aligned}$$

$\therefore\ x(t) = A\cos\omega t + B\sin\omega t$는 $x'' + \omega^2 x = 0$의 해이다.

$x(0) = x_0$에서 $x(0) = A = x_0$,

$x'(0) = x_1$에서 $x'(0) = B\omega = x_1$이므로 $B = x_1/\omega$.

$\therefore$ 특수해 $x_p(t) = x_0\cos\omega t + \dfrac{x_1}{\omega}\sin\omega t$ ■

연습문제 6.1

1. 주어진 함수(y_1, y_2)가 미분방정식의 해가 되는지를 조사하여라.

(1) $y'' - 5y' + 4 = 0$, $y_1 = e^{4x}$, $y_2 = e^{-x}$

(2) $y'' + 2y' - 3y = 0$, $y_1 = e^{x}$, $y_2 = e^{3x}$

(3) $y'' + 9y = 0$, $y_1 = \cos 3x$, $y_2 = \sin 2x$

(4) $y'' - 2y' + 2y = 0$, $y_1 = e^{x}\cos x$, $y_2 = e^{x}\sin x$

2. Wronskian Determinant를 이용하여 주어진 함수들이 일차독립인지 일차종속인지를 판별하여라.

(1) $y_1 = 2x$, $y_2 = -3x$

(2) $y_1 = x$, $y_2 = x^2$

(3) $y_1 = e^{x}$, $y_2 = e^{-x}$

(4) $y_1 = \sin x$, $y_2 = -\cos x$

3. 주어진 두 함수(y_1, y_2)가 미분방정식의 해의 기저(미분방정식을 만족하고 서로 독립)임을 보이고, 초기조건을 만족하는 특수해를 구하여라.

(1) $y'' - 3y' + 2y = 0$, $y(0) = 0$, $y'(0) = 1$, $y_1 = e^{x}$, $y_2 = e^{2x}$

(2) $y'' + 4y = 0$, $y(0) = 1$, $y'(0) = 1$, $y_1 = \cos 2x$, $y_2 = \sin 2x$

(3) $y'' - 2y' + y = 0$, $y(0) = 1$, $y'(0) = 0$, $y_1 = e^{x}$, $y_2 = xe^{x}$

(4) $y'' - 2y' + 5y = 0$, $y(0) = 1$, $y'(0) = 2$, $y_1 = e^{x}\cos 2x$, $y_2 = e^{x}\sin 2x$

4. 다음 비제차방정식에서 $y_p = Ax + B$로 가정하고 방정식을 만족하는 상수 A, B를 결정하여 하나의 특수해 y_p를 구하여라.

(1) $y'' + y = x$

(2) $y'' + 2y' + 3y = 3x + 1$

5. $y_p = A\cos x + B\sin x$가 방정식 $y'' + 2y' + 4y = -13\sin x$를 만족할 때 상수 A, B의 값을 구하여라.

6.2 제차방정식

[7] 상수계수를 갖는 제차방정식($ay''+by'+cy=0$)의 해[1)]

계수가 상수(실수)인 2계 선형미분방정식 ①의 해는 특성방정식 ②의 근의 형태에 따라 세 가지로 분류된다. (a, b, c, c_1, c_2, A, B는 상수이다.)

- 미분방정식 : $ay''+by'+cy=0$ … ①
- 특성방정식 : $a\lambda^2+b\lambda+c=0$ … ②

(1) 서로 다른 두 실근 λ_1, λ_2 : 일반해 $y=c_1e^{\lambda_1 x}+c_2e^{\lambda_2 x}$

(2) 중근 $\lambda=-\dfrac{b}{2a}$: 일반해 $y=(c_1+c_2x)e^{\lambda x}$

(3) 허근 $\lambda=\alpha\pm i\beta$: 일반해 $y=e^{\alpha x}(A\cos\beta x+B\sin\beta x)$

† 식 ②는 특성방정식(characteristic equation) 또는 보조방정식(auxiliary equation)이라고 한다.

설명 $y=e^{\lambda x}$(λ는 상수), $y'=\lambda e^{\lambda x}$, $y''=\lambda^2e^{\lambda x}$를 방정식 ①에 대입하면

$$a\lambda^2e^{\lambda x}+b\lambda e^{\lambda x}+ce^{\lambda x}=0,$$
$$(a\lambda^2+b\lambda+c)e^{\lambda x}=0.$$

$e^{\lambda x}\neq 0$이므로 $a\lambda^2+b\lambda+c=0$이다. 따라서 λ가 특성방정식 ②의 근일 때 $y=e^{\lambda x}$는 미분방정식 ①의 해이다.

(1) 서로 다른 두 실근을 갖는 경우 :

특성방정식 ②가 서로 다른 두 실근 λ_1, λ_2를 가지면 미분방정식 ①의 일반해는 $y=c_1e^{\lambda_1 x}+c_2e^{\lambda_2 x}$ (c_1, c_2는 상수)이다.

(2) 중근을 갖는 경우 :

중근(λ)을 가지면 $b^2-4ac=0$이므로 $\lambda=-\dfrac{b}{2a}$이고 $b+2a\lambda=0$이다.

$y_1=e^{\lambda x}$는 ①의 해이다. 이에 대하여 $y_2=xe^{\lambda x}$로 하면 $y_2'=(1+\lambda x)e^{\lambda x}$, $y_2''=(2\lambda+\lambda^2x)e^{\lambda x}$이므로

1) 2계미분방정식의 기본이다. 근의 종류에 따른 해의 유형을 알아두도록 한다.

$$ay_2'' + by_2' + cy_2 = a(2\lambda + \lambda^2 x)e^{\lambda x} + b(1 + \lambda x)e^{\lambda x} + cxe^{\lambda x}$$
$$= [(2a\lambda + b) + (a\lambda^2 + b\lambda + c)x]e^{\lambda x} = 0.$$

$\therefore$ $y_2 = xe^{\lambda x}$는 ①의 해이다.

따라서 미분방정식 ①의 일반해는 $y = c_1 e^{\lambda x} + c_2 x e^{\lambda x} = (c_1 + c_2 x)e^{\lambda x}$ (c_1, c_2는 상수)이다.

(3) 허근을 갖는 경우 :

특성방정식 ②가 허근 $\alpha \pm i\beta$를 가지면 미분방정식 ①의 일반해는

$$\begin{aligned}
y &= c_1 e^{(\alpha + i\beta)x} + c_2 e^{(\alpha - i\beta)x} \quad (c_1,\ c_2\text{는 상수}) \\
&= c_1 e^{\alpha x} e^{i\beta x} + c_2 e^{\alpha x} e^{-i\beta x} \\
&= e^{\alpha x}(c_1 e^{i\beta x} + c_2 e^{-i\beta x}) \\
&= e^{\alpha x}[c_1(\cos\beta x + i\sin\beta x) + c_2(\cos\beta x - i\sin\beta x)] \\
&= e^{\alpha x}[(c_1 + c_2)\cos\beta x + (ic_1 - ic_2)\sin\beta x] \\
&= e^{\alpha x}(A\cos\beta x + B\sin\beta x) \qquad (A = c_1 + c_2,\ B = ic_1 - ic_2)
\end{aligned}$$

이다.

† 오일러 공식(Euler's formula) : $e^{i\theta} = \cos\theta + i\sin\theta$, $e^{-i\theta} = \cos\theta - i\sin\theta$

예 (1) $y'' - 3y' + 2y = 0$의 일반해 :

특성방정식 $\lambda^2 - 3\lambda + 2 = (\lambda - 1)(\lambda - 2) = 0$에서 $\lambda_1 = 1$, $\lambda_2 = 2$.

$\therefore$ 일반해 $y = c_1 e^{\lambda_1 x} + c_2 e^{\lambda_2 x} = c_1 e^x + c_2 e^{2x}$

(2) $y'' - 2y' + y = 0$의 일반해 :

특성방정식 $\lambda^2 - 2\lambda + 1 = (\lambda - 1)^2 = 0$에서 중근 $\lambda = 1$.

$\therefore$ 일반해 $y = (c_1 + c_2 x)e^{\lambda x} = (c_1 + c_2 x)e^x$

(3) $y'' - 2y' + 5y = 0$의 일반해 :

특성방정식 $\lambda^2 - 2\lambda + 5 = 0$에서 허근 $\lambda = 1 \pm 2i$이므로 $\lambda = \alpha \pm i\beta$에서 $\alpha = 1$, $\beta = 2$이다.

$\therefore$ 일반해 $y = e^{\alpha x}(A\cos\beta x + B\sin\beta x) = e^x(A\cos 2x + B\sin 2x)$

예제 6.2.1 다음 미분방정식의 일반해를 구하여라.

(1) $y'' + 5y' - 14y = 0$ (2) $y'' + 6y' + 9y = 0$

(3) $y'' + \omega^2 y = 0$ ($\omega > 0$인 상수)

풀이 (1) 특성방정식은 $\lambda^2 + 5\lambda - 14 = (\lambda - 2)(\lambda + 7) = 0$. 서로 다른 두 실근 $\lambda_1 = 2$, $\lambda_2 = -7$을 가지므로 일반해는

$$y = c_1 e^{\lambda_1 x} + c_2 e^{\lambda_2 x} = c_1 e^{2x} + c_2 e^{-7x}.$$

(2) 특성방정식은 $\lambda^2 + 6\lambda + 9 = (\lambda + 3)^2 = 0$. 중근 $\lambda = -3$을 가지므로 일반해는 $y = (c_1 + c_2 x)e^{\lambda x} = (c_1 + c_2 x)e^{-3x}$이다.

(3) 특성방정식은 $\lambda^2 + \omega^2 = 0$. 허근 $\lambda = \pm i\omega$ ($\alpha = 0$, $\beta = \omega$)를 가지므로 일반해는

$$\begin{aligned} y &= e^{\alpha x}(A\cos\beta x + B\sin\beta x) = e^0(A\cos\omega x + B\sin\omega x) \\ &= A\cos\omega x + B\sin\omega x. \end{aligned}$$

■

예제 6.2.2 다음 초기값 문제를 풀어라.

(1) $y'' - y' - 2y = 0$, $y(0) = 1$, $y'(0) = 5$

(2) $y'' - 4y' + 4y = 0$, $y(0) = 2$, $y'(0) = 1$

(3) $y'' - 4y' + 5y = 0$, $y(0) = 1$, $y'(0) = -2$

풀이 (1) 특성방정식은

$$\lambda^2 - \lambda - 2 = (\lambda - 2)(\lambda + 1) = 0$$

이다. 서로 다른 두 실근 $\lambda_1 = -1$, $\lambda_2 = 2$를 가지므로 일반해는

$$y = c_1 e^{\lambda_1 x} + c_2 e^{\lambda_2 x} = c_1 e^{-x} + c_2 e^{2x}$$

이고, 미분하면

$$y' = -c_1 e^{-x} + 2c_2 e^{2x}$$

이다. 초기조건을 적용하면

$$\begin{aligned} &y(0) = 1 \text{에서 } c_1 + c_2 = 1, \\ &y'(0) = 5 \text{에서 } -c_1 + 2c_2 = 5 \end{aligned}$$

이므로

$$c_1 = -1,\ c_2 = 2$$

가 된다. 따라서 초기조건을 만족하는 방정식의 해는

$$y = -e^{-x} + 2e^{2x}$$

이다.

(2) 특성방정식 $\lambda^2 - 4\lambda + 4 = (\lambda - 2)^2 = 0$이 중근 $\lambda = 2$를 가지므로 일반해는

$$y = (c_1 + c_2 x)e^{\lambda x} = (c_1 + c_2 x)e^{2x}$$

이다. 미분하면 $y' = c_2 e^{2x} + 2(c_1 + c_2 x)e^{2x}$이므로 초기조건 $y(0) = 2$에서 $c_1 = 2$, $y'(0) = 1$에서 $c_2 + 2c_1 = 1$이다. 따라서

$$c_1 = 2,\ c_2 = -3$$

이므로 주어진 조건과 방정식을 만족하는 해는

$$y = (2 - 3x)e^{2x}$$

이다.

(3) 특성방정식 $\lambda^2 - 4\lambda + 5 = 0$이 허근 $\lambda = 2 \pm i$ $(\alpha = 2,\ \beta = 1)$를 가지므로 일반해는

$$y = e^{\alpha x}(A\cos\beta x + B\sin\beta x) = e^{2x}(A\cos x + B\sin x)$$

이고, 미분하면

$$y' = 2e^{2x}(A\cos x + B\sin x) + e^{2x}(-A\sin x + B\cos x)$$

이다. 초기조건을 적용하면 $y(0) = 1$에서 $A = 1$, $y'(0) = -2$에서 $2A + B = -2$이므로

$$A = 1,\ B = -4.$$

$\therefore$ 방정식의 해 $y = e^{2x}(\cos x - 4\sin x)$ ■

연습문제 6.2

1. 다음 미분방정식의 일반해를 구하여라.

(1) $y'' - 2y' - 8y = 0$

(2) $y'' + 5y' - 6y = 0$

(3) $y'' - 4y' + 2y = 0$

(4) $y'' + 5y = 0$

(5) $y'' - 8y' - 20y = 0$

(6) $16y'' - y = 0$

(7) $y'' - 10y' + 25y = 0$

(8) $y'' + 2\sqrt{3}\,y' + 3y = 0$

(9) $y'' + 4y' + 7y = 0$

(10) $y'' + 2y' + (1 + \pi^2)y = 0$

2. 다음 초기값 문제의 해를 구하여라.

(1) $y'' + 2y' - 15y = 0,\ y(0) = 2,\ y'(0) = -2$

(2) $y'' - y' - 12y = 0,\ y(0) = 3,\ y'(0) = -2$

(3) $y'' - 4y = 0,\ y(0) = 3,\ y'(0) = 2$

(4) $y'' - 2\sqrt{3}\,y' + 3y = 0,\ y(0) = 3,\ y'(0) = 2$

(5) $y'' - 2y' - y = 0,\ y(0) = 0,\ y'(0) = 4$

(6) $y'' + 4y' + 4y = 0,\ y(0) = 1,\ y'(0) = 1$

(7) $y'' + 4y' + 13y = 0,\ y(0) = 1,\ y'(0) = 4$

(8) $y'' + 9\pi^2 y = 0,\ y(0) = 1,\ y'(0) = -1$

(9) $y'' - 2ky + (k^2 - 4)y = 0$ ($k > 0$인 상수), $y(0) = 0,\ y'(0) = 1$

(10) $y'' - 2y' + (1 + 4\pi^2)y = 0,\ y(0) = 1,\ y'(0) = 2$

3. 다음 경계값 문제를 풀어라.

(1) $y'' + 4y = 0,\ y(0) = 2,\ y(\pi/4) = 3$

(2) $y'' + 2y' + 2y = 0,\ y(0) = 2,\ y(\pi/2) = 0$

(3) $y'' + 2y' + (1 + \pi^2)y = 0,\ y(0) = 0,\ y(1/2) = e^{1/2}$

6.3 비제차방정식

[8] 비제차선형방정식의 해

다음과 같은 비제차선형방정식($r(x) \neq 0$) ①과 이에 대응하는 제차방정식 ②가 있다.

$$ay'' + by' + cy = r(x) \qquad \cdots ①$$

$$ay'' + by' + cy = 0 \qquad \cdots ②$$

식 ①의 비제차선형방정식을 만족하는 하나의 특수해를 $y_p = y_p(x)$, 제차방정식 ②의 일반해를 $y_h = y_h(x)$로 하면 비제차방정식 ①의 일반해는 다음과 같다.

$$y(x) = y_h(x) + y_p(x)$$

† 비제차방정식에 대응하는 제차방정식의 해를 비제차방정식의 여함수(complementary function) 또는 보충해(complementary solution)라 하며 y_c 또는 y_h로 쓴다. y_h는 6.2절의 방법으로 구하고, y_p는 미정계수법(6.4절)이나 매개변수변화법(6.5절)을 사용하여 구한다.

설명 $y(x) = y_h(x) + y_p(x)$에서 $y_h = y - y_p$가 방정식 ①의 해가 되는지를 조사해 보자.

$$\begin{aligned} ay_h'' + by_h' + cy_h &= a(y - y_p)'' + b(y - y_p)' + c(y - y_p) \\ &= (ay'' + by' + cy) - (ay_p'' + by_p' + cy_p) \\ &= r(x) - r(x) = 0 \end{aligned}$$

[$\because$ y와 y_p는 ①의 해이므로 $ay'' + by' + cy = r(x)$, $ay_p'' + by_p' + cy_p = r(x)$.]

따라서 $y(x) = y_h(x) + y_p(x)$는 ①의 일반해이다.

예 (1) $y'' - y = e^{2x}$ $\cdots$ (*)를 만족하는 하나의 특수해가 $y_p = \frac{1}{3}e^{2x}$라고 하면 제차방정식 $y'' - y = 0$의 일반해는 $y_h = c_1 e^{x} + c_2 e^{-x}$이므로 (*)의 일반해는 $y = y_h + y_p = c_1 e^{x} + c_2 e^{-x} + \frac{1}{3}e^{2x}$이다.

(2) $y'' + y = \sin 2x$ $\cdots$ (★)를 만족하는 특수해가 $y_p = -\frac{1}{3}\sin 2x$라고 하면 제차방정식 $y'' + y = 0$의 일반해는 $y_h = c_1 \cos x + c_2 \sin x$이므로 (★)의

일반해는 $y = y_h + y_p = c_1\cos x + c_2\sin x - \frac{1}{3}\sin 2x$ 이다.

예제 6.3.1 y_p가 주어진 미분방정식을 만족함을 보이고 일반해를 구하여라.

$$y'' + y = x^3 + 6x, \ y_p = x^3$$

풀이 $y_p = x^3$ 이면 $y_p' = 3x^2$, $y_p'' = 6x$ 이므로

$$y_p'' + y_p = 6x + x^3$$

이다. 따라서 y_p는 주어진 미분방정식을 만족한다. 그리고 제차방정식 $y'' + y = 0$의 일반해는 특성방정식 $\lambda^2 + 1 = 0$이 허근 $\lambda = \pm i$를 가지므로

$$y_h = A\cos x + B\sin x$$

이다. 따라서 주어진 미분방정식의 일반해는

$$y = y_h + y_p = A\cos x + B\sin x + x^3 \ (A, B\text{는 상수})$$

이 된다. ■

예제 6.3.2 y_p가 주어진 미분방정식을 만족함을 보이고 초기조건을 만족하는 y를 구하여라.

$$y'' - 3y' + 2y = 10x - 15, \ y(0) = -1, \ y'(0) = 1, \ y_p = 5x$$

풀이 $y_p = 5x$ 이면 $y_p' = 5$, $y_p'' = 0$ 이므로

$$y_p'' - 3y_p' + 2y_p = 0 - 3 \times 5 + 2 \times 5x = 10x - 15.$$

$\therefore$ y_p는 주어진 방정식을 만족한다.
그리고 제차방정식 $y'' - 3y' + 2y = 0$의 일반해는 특성방정식

$$\lambda^2 - 3\lambda + 2 = (\lambda - 1)(\lambda - 2) = 0$$

이 두 실근 $\lambda = 1, 2$를 가지므로

$$y_h = c_1 e^x + c_2 e^{2x}$$

이다. 따라서 주어진 미분방정식의 일반해는

$$y = y_h + y_p = c_1 e^x + c_2 e^{2x} + 5x \ (c_1, c_2\text{는 상수})$$

이다. 여기에서 $y' = c_1e^x + 2c_1e^{2x} + 5$이고, 초기조건을 적용하면

$$y(0) = -1 \text{에서 } c_1 + c_2 = -1,$$
$$y'(0) = 1 \text{에서 } c_1 + 2c_2 + 5 = 1.$$

$\therefore\ c_1 = 2,\ c_2 = -3$이므로 주어진 조건과 방정식을 만족하는 해는 다음과 같다.

$$y = 2e^x - 3e^{2x} + 5x$$

■

예제 6.3.3 y_p가 주어진 미분방정식을 만족함을 보이고 초기조건을 만족하는 y를 구하여라.

$$y'' + y = -9\sin 2x,\ y(0) = 2,\ y'(0) = 5,\ y_p = 3\sin 2x$$

풀이 $y_p = 3\sin 2x$이면 $y_p{}' = 6\cos 2x,\ y_p{}'' = -12\sin 2x$이므로

$$y_p{}'' + y_p = -12\sin 2x + 3\sin 2x = -9\sin 2x.$$

$\therefore\ y_p$는 주어진 방정식을 만족한다.

$y'' + y = 0$의 특성방정식

$$\lambda^2 + 1 = 0$$

이 두 허근 $\lambda = \pm i$를 가지므로 제차방정식의 일반해는

$$y_h = A\cos x + B\sin x$$

이다. 따라서 주어진 미분방정식의 일반해는

$$y = y_h + y_p = A\cos x + B\sin x + 3\sin 2x \quad (A,\ B\text{는 상수})$$

이다. 여기에서 $y' = -A\sin x + B\cos x + 6\cos 2x$이고, 초기조건을 적용하면

$$y(0) = 2\text{에서 } A = 2,$$
$$y'(0) = 5\text{에서 } B + 6 = 5.$$

$\therefore\ A = 2,\ B = -1$이므로 주어진 조건과 방정식을 만족하는 해는 다음과 같다.

$$y = 2\cos x - \sin x + 3\sin 2x$$

■

연습문제 6.3

1. y_p가 주어진 미분방정식을 만족함을 보이고 일반해를 구하여라.

(1) $y'' - 4y = -16x$, $y_p = 4x$

(2) $y'' + 2y' + y = 2x^2 + 8x + 3$, $y_p = 2x^2 - 1$

(3) $y'' + 5y' + 4y = 10e^x$, $y_p = e^x$

(4) $y'' - 4y' + 8y = 7\sin x - 4\cos x$, $y_p = \sin x$

(5) $y'' - 4y = 4e^{2x}$, $y_p = xe^{2x}$

2. y_p가 주어진 미분방정식을 만족함을 확인하고 초기값 문제를 풀어라.

(1) $y'' - 4y = 12x$, $y(0) = 3$, $y'(0) = -5$, $y_p = -3x$

(2) $y'' - 5y' + 6y = -24x + 50$, $y(0) = 10$, $y'(0) = 9$, $y_p = -4x + 5$

(3) $y'' + 2y' - 3y = 4e^x$, $y(0) = 1$, $y'(0) = 6$, $y_p = xe^x$

(4) $y'' - 2y' + y = x^2 - x$, $y(0) = 2$, $y'(0) = 4$, $y_p = x^2 + 3x + 4$

(5) $y'' + 4y = 3\cos x$, $y(0) = 3$, $y'(0) = 6$, $y_p = \cos x$

6.4 미정계수법

[9] 미정계수법을 이용한 특수해 구하기 [2)]

상수 계수를 갖는 비제차방정식

$$ay'' + by' + cy = r(x) \ (a,\ b,\ c\text{는 상수}) \ \cdots \ (*)$$

의 특수해 y_p는 $r(x)$가 다항식, 지수함수, 삼각함수 또는 이들의 곱과 합으로 구성될 때는 표 6.1과 같이 가정하여 방정식 (*)를 만족하는 상수를 결정함으로써 구할 수 있다.

표 6.1

$r(x)$	y_p의 형태
$Cx^n(n=0,\ 1,\ \cdots)$	$A_nx^n + A_{n-1}x^{n-1} + \cdots + A_1x + A_0$
$Ce^{\gamma x}$	$Ae^{\gamma x}$
$C\cos\omega x$	$A\cos\omega x + B\sin\omega x$
$C\sin\omega x$	$A\cos\omega x + B\sin\omega x$
$Ce^{\gamma x}\cos\omega x$	$e^{\gamma x}(A\cos\omega x + B\sin\omega x)$
$Ce^{\gamma x}\sin\omega x$	$e^{\gamma x}(A\cos\omega x + B\sin\omega x)$

(단, C, γ, ω, $A_i(i=0,\ 1,\ \cdots,\ n)$, A, B는 상수이다.)

예 기본적으로는 다음과 같이 y_p를 가정한다. 그러나 제차방정식의 해에 따라 표 6.1의 y_p에 $x^n(n=1,\ 2,\ \cdots)$을 곱하여 적용한다.([10])

(1) $r(x) = 3x^2$이면 $y_p = A_2x^2 + A_1x + A_0$로 놓는다.

(2) $r(x) = 4e^{2x}$이면 $y_p = Ae^{2x}$로 한다.

(3) $r(x) = 5\sin 3x$이면 $y_p = A\cos 3x + B\sin 3x$로 한다.

2) 표 6.1과 적용법 [10]을 이해하도록 한다. 기초적인 진동 문제나 전기 회로 문제는 2계미분방정식 풀이법만 알아도 대부분 해결된다.

[10] 미정계수법을 적용하는 방법

$$ay'' + by' + cy = r(x) \ \ (a,\ b,\ c\text{는 상수}) \ \cdots (*)$$

(1) 기본법칙 : 식 (*)의 $r(x)$가 표 6.1의 첫째 줄에 있는 함수들 중의 하나이면, 이에 대응하는 둘째 줄에 있는 함수 y_p를 가정하고 y_p와 그 도함수들을 식 (*)에 대입하여 방정식을 만족하는 상수들을 결정한다.

(2) 수정법칙 : y_p로 선택한 항이 식 (*)에 대응하는 제차방정식의 해가 되면 선택한 $x^k y_p (k=1,\ 2,\ \cdots)$의 어느 항도 제차방정식의 해가 되지 않을 때까지 x를 반복하여 y_p에 곱하고 그 곱 $x^k y_p$를 새로운 y_p로 가정한다.

(3) 합법칙 : $r(x)$가 표 6.1의 첫째 줄에 있는 함수들의 합이면, 이에 대응하는 둘째 줄에 있는 함수들의 합을 y_p로 가정한다.

예 (1) $y'' + 3y' + 2y = 2e^{5x}$:

제차방정식 $y'' + 3y' + 2y = 0$의 해는 $y_h = c_1 e^{-x} + c_2 e^{-2x}$이다. 따라서 $r(x)$의 함수 e^{5x}는 제차방정식의 해가 아니므로 $y_p = Ae^{5x}$로 가정한다.

(2) $y'' + y' - 2y = 3e^x$:

제차방정식 $y'' + y' - 2y = 0$의 해는 $y_h = c_1 e^x + c_2 e^{-2x}$이므로 $r(x)$의 함수 e^x가 제차방정식의 해가 된다. 이 경우에는 e^x에 x를 곱하여 $y_p = Axe^x$로 가정한다.

(3) $y'' - 4y' + 5y = 2e^x + 3x + 4$:

제차방정식 $y'' - 4y' + 5y = 0$의 해는 $y_h = e^{2x}(c_1 \cos x + c_2 \sin x)$이므로 $r(x)$의 함수 $2e^x$, $2x+4$가 제차방정식의 해가 아니다. 따라서 $2e^x$에 대응하는 $y_{p1} = Ae^x$와 $2x+4$에 대응하는 $y_{p2} = Bx + C$를 합한 함수 $y_p = y_{p1} + y_{p2} = Ae^x + Bx + C$를 가정한다.

표 6.2에 여러 가지의 $r(x)$와 이에 대응하는 y_p의 형태를 제시하였다. (단, y_p에 있는 함수는 제차방정식의 해 y_h에 있는 함수와 중복되지 않는다고 가정한다.)

표 6.2

$r(x)$	y_p의 형태
1 (상수)	A
$2x+3$	$Ax+B$
$2x^2-3x+4$	Ax^2+Bx+C
x^3+x^2-4	Ax^3+Bx^2+Cx+D
$\sin 2x$	$A\cos 2x+B\sin 2x$
$\cos 2x$	$A\cos 2x+B\sin 2x$
$x\sin 2x$	$(Ax+B)\cos 2x+(Cx+D)\sin 2x$
e^{3x}	Ae^{3x}
$(2x+1)e^{3x}$	$(Ax+B)e^{3x}$
x^2e^{3x}	$(Ax^2+Bx+C)e^{3x}$
$e^{2x}\sin 3x$	$e^{2x}(A\sin 3x+B\cos 3x)$
$e^{2x}\cos 3x$	$e^{2x}(A\sin 3x+B\cos 3x)$
$xe^{2x}\sin 3x$	$e^{2x}[(Ax+B)\sin 3x+(Cx+D)\cos 3x]$

(단, A, B, C, D는 상수이다.)

[11] 비제차방정식의 일반해

비제차방정식 ①의 일반해를 구하는 과정은 다음과 같다.

$$ay''+by'+cy=r(x) \qquad \cdots ①$$

$$ay''+by'+cy=0 \qquad \cdots ②$$

(1) 제차방정식 ②의 일반해 y_h를 구한다.

(2) 비제차방정식 ①을 만족하는 특수해 y_p를 구한다.

(3) 비제차방정식 ①의 일반해는

$$y=y_h+y_p$$

이다.

예 미분방정식 $y''+2y'-8y=10e^x$ … (*)의 일반해를 구하는 과정은 다음과 같다.

(1) 먼저 주어진 방정식에 대응하는 제차방정식 $y''+2y'-8y=0$의 일반해 (y_h)를 구한다.

특성방정식 $\lambda^2+2\lambda-8=(\lambda-2)(\lambda+4)=0$에서 두 실근 $\lambda=2,\ -4$를 가지므로 제차방정식의 일반해는

$$y_h=c_1e^{-4x}+c_2e^{2x}$$

이다.

(2) 비제차방정식 (*)를 만족하는 특수해(y_p)를 구한다.

비제차방정식의 $r(x)=e^x$는 y_h에 있는 함수 e^{-4x}, e^{2x}와 중복되지 않으므로 특수해를

$$y_p=Ae^x$$

로 가정한다. $y_p{}'=Ae^x$, $y_p{}''=Ae^x$를 구하여 (*)에 대입하면

$$Ae^x+2Ae^x-8Ae^x=10e^x$$
$$-5Ae^x=10e^x$$

이다. 여기에서 $e^x\neq 0$이므로 $-5A=10$이고 상수 $A=-2$가 된다. 따라서 비제차방정식의 특수해는

$$y_p=-2e^x$$

이다.

(3) 비제차방정식 (*)의 일반해는 다음과 같이 제차방정식과 비제차방정식의 특수해의 합이다.

$$y=y_h+y_p=c_1e^{-4x}+c_2e^{2x}-2e^x$$

예제 6.4.1 [기본법칙] 다음 미분방정식의 일반해를 구하여라.

$$y''+y=2x^2+3x+5 \quad \cdots (*)$$

풀이 식 (*)에 대응하는 제차방정식은 특성방정식 $\lambda^2+1=0$이 허근 $\lambda=\pm i$를 가지므로

$$y_h=c_1\cos x+c_2\sin x$$

이다. 식 (*)의 특수해를

$$y_p = Ax^2 + Bx + C$$

로 가정하면

$$y_p{}' = 2Ax + B,\ y_p{}'' = 2A$$

이고 y_p, $y_p{}''$을 식 (*)에 대입하면

$$\begin{aligned} y_p{}'' + y_p &= 2A + (Ax^2 + Bx + C) \\ &= Ax^2 + Bx + (2A + C) = 2x^2 + 3x + 5 \end{aligned}$$

의 관계식을 얻는다. 이 식의 양변의 계수를 비교하면 $A = 2$, $B = 3$, $C = 1$이므로 다음의 특수해가 구해진다.

$$y_p = 2x^2 + 3x + 1$$

따라서 식 (*)의 일반해는 다음과 같다.

$$y = y_h + y_p = c_1 \cos x + c_2 \sin x + 2x^2 + 3x + 1 \ \ (c_1,\ c_2\text{는 상수})$$ ■

예제 6.4.2 [단순근인 경우의 수정법칙] 다음 초기값 문제를 풀어라.

$$y'' + y' - 2y = 9e^x \quad \cdots (*)$$
$$y(0) = 3,\ y'(0) = 3$$

풀이 식 (*)에 대응하는 특성방정식 $\lambda^2 + \lambda - 2 = (\lambda - 1)(\lambda + 2) = 0$이 서로 다른 두 실근 $\lambda = 1, -2$를 가지므로

$$y_h = c_1 e^{-2x} + c_2 e^x$$

이다. 여기에서 비제차방정식의 $r(x) = 9e^x$는 y_h에 있는 함수 e^x와 중복되므로 e^x에 x를 곱하여 특수해를

$$y_p = Axe^x$$

로 가정한다. 다음에

$$y_p{}' = A(e^x + xe^x),\ y_p{}'' = A(2e^x + xe^x)$$

를 구하여 y_p, $y_p{}'$, $y_p{}''$을 식 (*)에 대입하면

$$y_p{}'' + y_p{}' - 2y_p = A(2e^x + xe^x) + A(e^x + xe^x) - 2Axe^x$$

$$= 3Ae^x = 9e^x$$

의 관계식을 얻는다. 양변의 계수를 비교하면 $A = 3$이므로 특수해는

$$y_p = 3xe^x$$

이다. 따라서 식 (*)의 일반해는 다음과 같다.

$$y = y_h + y_p = c_1 e^{-2x} + c_2 e^x + 3xe^x \quad (c_1,\ c_2\text{는 상수})$$

$y(0) = 3$에서 $c_1 + c_2 = 3$, $y'(0) = 3$에서 $-2c_1 + c_2 + 3 = 3$이므로 $c_1 = 1$, $c_2 = 2$이다. 따라서 초기조건을 만족하는 방정식 (*)의 해는

$$y = e^{-2x} + 2e^x + 3xe^x$$

이다. ■

예제 6.4.3 [중근인 경우의 수정법칙] 다음 미분방정식의 일반해를 구하여라.

$$y'' - 2y' + y = 8e^x \quad \cdots (*)$$

풀이 특성방정식 $\lambda^2 - 2\lambda + 1 = (\lambda - 1)^2 = 0$이 중근 $\lambda = 1$을 가지므로

$$y_h = (c_1 + c_2 x)e^x$$

이다. 비제차방정식에서 $r(x) = 8e^x$이므로 y_h에 있는 함수 e^x와 중복된다. 이 경우에는 e^x에 x를 곱한 함수 xe^x도 다시 y_h에 있는 함수 xe^x와 중복된다. 따라서 x를 한 번 더 곱하여 특수해를

$$y_p = Ax^2e^x$$

로 하여 상수 A를 결정한다.

$$y_p{}' = A(2xe^x + x^2e^x),\quad y_p{}'' = A(2e^x + 4xe^x + x^2e^x)$$

를 구하여 y_p, $y_p{}'$, $y_p{}''$을 식 (*)에 대입하면

$$\begin{aligned} y_p{}'' - 2y_p{}' + y_p &= A(2e^x + 4xe^x + x^2e^x) - 2A(2xe^x + x^2e^x) + Ax^2e^x \\ &= 2Ae^x = 8e^x \end{aligned}$$

이다. 양변의 계수를 비교하면 $A = 4$이므로 비제차방정식의 특수해는

$$y_p = 4x^2e^x$$

이다. 따라서 (*)의 일반해는 다음과 같다.

$$y = y_h + y_p = (c_1 + c_2 x)e^x + 4x^2 e^x \quad (c_1,\ c_2\text{는 상수})$$ ■

예제 6.4.4 [합법칙] 다음 초기값 문제를 풀어라.

$$y'' + 2y' + 2y = 10e^x + 12\cos 2x - 6\sin 2x \quad \cdots (*)$$
$$y(0) = 3,\ y'(0) = 5$$

풀이 (1) 제차방정식의 일반해 : 특성방정식 $\lambda^2 + 2\lambda + 2 = 0$이 허근 $\lambda = -1 \pm i$를 가지므로

$$y_h = e^{-x}(A\cos x + B\sin x)$$

이다.

(2) 특수해와 (*)의 일반해 : 표 6.1과 합법칙으로부터 특수해를

$$y_p = Ce^x + D\cos 2x + E\sin 2x$$

로 가정한다.

$$y_p{}' = Ce^x - 2D\sin 2x + 2E\cos 2x,$$
$$y_p{}'' = Ce^x - 4D\cos 2x - 4E\sin 2x$$

이므로 y_p, $y_p{}'$, $y_p{}''$을 식 (*)에 대입하면

$$\begin{aligned} y_p{}'' + 2y_p{}' + 2y_p &= Ce^x - 4D\cos 2x - 4E\sin 2x \\ &\quad + 2(Ce^x - 2D\sin 2x + 2E\cos 2x) \\ &\quad + 2(Ce^x + D\cos 2x + E\sin 2x) \\ &= 5Ce^x + (-2D + 4E)\cos 2x + (-4D - 2E)\sin 2x \\ &= 10e^x + 12\cos 2x - 6\sin 2x \end{aligned}$$

의 관계식을 얻는다. 양변의 지수 항, 코사인 항, 사인 항의 계수를 비교하면

$$5C = 10,\ -2D + 4E = 12,\ -4D - 2E = -6$$

이므로 $C = 2,\ D = 0,\ E = 3$이 된다. 따라서 비제차방정식의 특수해는

$$y_p = 2e^x + 3\sin 2x$$

이고 식 (*)의 일반해는 다음과 같다.

$$y = y_h + y_p = e^{-x}(A\cos x + B\sin x) + 2e^x + 3\sin 2x$$

(3) 초기조건을 만족하는 해 : $y(0) = 3$에서 $A + 2 = 3$이므로 $A = 1$이다.

$$y' = -e^{-x}(A\cos x + B\sin x) + e^{-x}(-A\sin x + B\cos x)$$
$$+ 2e^x + 6\cos 2x$$

이고 $y'(0) = 5$에서 $-A + B + 2 + 6 = 5$이므로 $B = -2$이다. 따라서 최종적으로 초기조건을 만족하는 (*)의 해는

$$y = e^{-x}(\cos x - 2\sin x) + 2e^x + 3\sin 2x$$

이다. ■

예제 6.4.5 그림과 같은 질량-용수철 계에서 구동력 $F(t)$를 받고 있는 물체를 감쇠상수(damping coefficient)가 β인 점성 감쇠장치에 연결하면 운동 방향과 반대 방향으로 속도에 비례하는 저항력 $\beta\frac{dy}{dt}$가 발생한다. 따라서 물체에 작용하는 힘은 $-ky - \beta\frac{dy}{dt} + F(t)$이고 물체의 가속도는 $a = \frac{d^2y}{dt^2}$이므로 뉴턴의 운동법칙($\sum F = ma$)에 의해

$$m\frac{d^2y}{dt^2} = -ky - \beta\frac{dy}{dt} + F(t)$$

에서 물체의 운동에 대한 미분방정식은 다음과 같이 된다.

$$my'' + \beta y' + ky = F(t) \quad \cdots ①$$

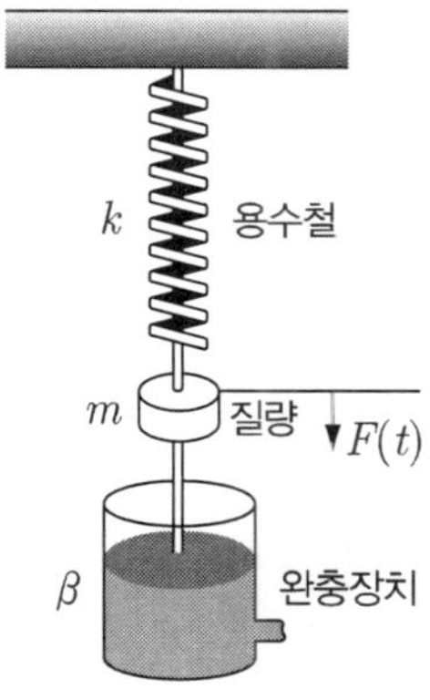

여기에서 m은 물체의 질량, k는 용수철 상수이고 y는 정적 평형 상태로부터의 거리이다. $m=1$(kg), $\beta=2$(N·sec/m), $k=5$(N/m), $F(t)=10\sin t$(N)일 때 정상 상태 진동을 구하여라.

풀이 주어진 조건을 식 ①에 대입하면 물체의 운동에 대한 다음 방정식을 얻을 수 있다.

$$y''+2y'+5y=10\sin t \qquad \cdots ②$$

식 ②는 특성방정식 $\lambda^2+2\lambda+5=0$에서 허근 $\lambda=-1\pm 2i$를 가지므로

$$y_h=e^{-t}(A\cos 2t+B\sin 2t)$$

이다. 따라서 특수해를

$$y_p=M\cos t+N\sin t$$

라 하면,

$$y_p{}'=M(-\sin t)+N(\cos t),$$
$$y_p{}''=M(-\cos t)+N(-\sin t)$$

이다. y_p, $y_p{}'$, $y_p{}''$을 방정식 ②에 대입하면

$$\begin{aligned} y_p{}''+2y_p{}'+5y_p &= (-M\cos t-N\sin t)+2(-M\sin t+N\cos t) \\ &\quad +5(M\cos t+N\sin t) \\ &= (4M+2N)\cos t+(-2M+4N)\sin t \\ &= 10\sin t \end{aligned}$$

이므로 $4M+2N=0$, $-2M+4N=10$에서 $M=-1$, $N=2$이고 특수해

$$y_p=-\cos t+2\sin t$$

를 얻는다. 따라서 과도운동 $y(t)$는 다음과 같다.

$$y=y_h+y_p=e^{-t}(A\cos t+B\sin t)-\cos t+2\sin t$$

여기에서 $\lim_{t\to\infty}e^{-t}=0$이므로 $t\to\infty$에서의 정상상태 진동은

$$\begin{aligned} y_{steady} &= y_p=-\cos t+2\sin t \\ &= \sqrt{5}\sin(t-\phi) \quad (\tan\phi=\frac{1}{2}) \end{aligned} \qquad \cdots ③$$

가 된다. ■

† 비제차방정식의 일반해 $y = y_h + y_p$를 과도해(transient solution)라 부른다. 질량-용수철 계의 감쇠 강제 진동(damped forced oscillation)에서 $m > 0$, $\beta > 0$이므로 이 해는 $t \to \infty$일 때 정상상태 해(steady-state solution) y_p로 접근해 간다. 정상상태 해 y_{steady}를 보면 정현파 입력에 의한 진동은 충분히 긴 시간 후에 입력의 주파수와 같은 주파수의 조화진동을 한다는 것을 알 수 있다. 식 ③에서 각 ϕ는 입력에 대한 출력의 지연을 나타내기 때문에 위상각(phase angle) 또는 위상지연(phase lag)이라 한다.

† 감쇠진동에서는 $t \to \infty$일 때 언제나 $y_h \to 0$, $y \to y_p$이므로 y_h를 과도해(transient solution)라고도 한다.

예제 6.4.6 [전기회로] 저항 R, 인덕턴스 L, 커패시턴스 C를 포함하고 기전력은 $E(t)$인 그림과 같은 RLC 회로가 있다. 회로에 흐르는 전류가 I일 때 저항에서의 전압강하 RI, 유도기를 통한 전압강하 $L\frac{dI}{dt}$, 축전기를 통한 전압강하 $\frac{1}{C}\int I(t)dt$의 합은 기전력 $E(t)$와 같다(키르히호프의 전압법칙). 이 법칙으로부터 다음 관계식을 얻는다.

$$L\frac{dI}{dt} + RI + \frac{1}{C}\int I\,dt = E(t)$$

이 식을 시간 t에 대해 미분하면 전류 I에 대한 미분방정식은 다음과 같다.

$$LI'' + RI' + \frac{1}{C}I = E'(t) \qquad \cdots ①$$

저항 $R = 2(\Omega)$, 인덕턴스 $L = 1(\text{H})$, 커패시턴스 $C = 0.1(\text{F})$ 전압 $E(t) = 25\sin 4t(\text{V})$인 그림과 같은 회로에서 $t = 0$에서 스위치를 닫았을 때 전류 $I(t)$와 정상상태($t \to \infty$)의 전류를 구하여라. (단, 초기상태 전류 $I(0) = 0$이고 축전기의 전하는 1 (coulomb)이다.)

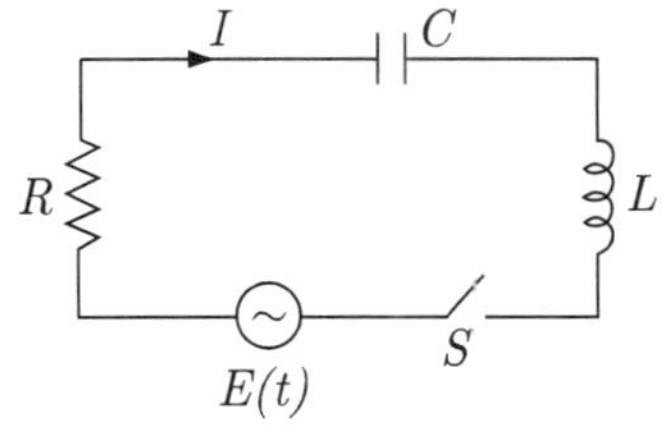

풀이 $R=2$, $L=1$, $C=0.1$, $E(t)=25\sin 4t$를 식 ①에 대입하면

$$1\times I''+2I'+\frac{1}{0.1}I=(25\sin 4t)'$$

이므로 I에 대한 방정식은 다음과 같다.

$$I''+2I'+10I=100\cos 4t \qquad \cdots ②$$

(1) 제차방정식의 일반해 : 식 ②의 특성방정식 $\lambda^2+2\lambda+10=0$가 허근 $\lambda=-1\pm 3i$를 가지므로 $I_h=e^{-t}(A\cos 3t+B\sin 3t)$이다.

(2) 특수해와 식 ②의 일반해 : 표 6.1부터 특수해를

$$I_p=M\cos 4t+N\sin 4t \ \ (M, N\text{은 상수})$$

로 가정한다.

$$I_p'=-4M\sin 4t+4N\cos 4t,$$
$$I_p''=-16M\cos 4t-16N\sin 4t$$

이므로 I_p, I_p', I_p''을 식 ②에 대입하면

$$\begin{aligned} I_p''+2I_p'+10I_p &= (-16M\cos 4t-16N\sin 4t) \\ &\quad +2(-4M\sin 4t+4N\cos 4t) \\ &\quad +10(M\cos 4t+N\sin 4t) \\ &=(-6M+8N)\cos 4t+(-8M-6N)\sin 4t \\ &=100\cos 4t \end{aligned}$$

의 관계식을 얻는다. 양변의 코사인 항, 사인 항의 계수를 비교하면

$$-6M+8N=100,\ -8M-6N=0$$

이므로 $M=-6$, $N=8$이 된다. 따라서 비제차방정식의 특수해는 $I_p=-6\cos 4t+8\sin 4t$이고 식 ②의 일반해는 다음과 같다.

$$I=I_h+I_p=e^{-t}(A\cos 3t+B\sin 3t)-6\cos 4t+8\sin 4t$$

(3) 초기조건 : $L\dfrac{dI}{dt}+RI+\dfrac{1}{C}\displaystyle\int I\,dt=E(t)$에서 $\displaystyle\int I\,dt=Q$ (Q는 전하)

이므로 $I'=\dfrac{1}{L}\left[E(t)-RI(t)-\dfrac{1}{C}Q(t)\right]$이다. 따라서 $t=0$에서 전압과 전류는 $E(0)=0$, $I(0)=0$이고 축전기에 $Q(0)=1$(coulomb)의

전하가 있으면 $I'(0)=\dfrac{1}{L}\left[-\dfrac{1}{C}Q(0)\right]=\dfrac{1}{1}\left[-\dfrac{1}{0.1}\times 1\right]=-10$(A/sec)

이다.

(4) 초기조건을 만족하는 해 : $I(0)=0$에서 $A-6=0$이고 $A=6$이다.

$$I'=-e^{-t}(A\cos 3t+B\sin 3t)+e^{-t}(-3A\sin 3t+3B\cos 3t)$$
$$+24\sin 4t+32\cos 4t$$

이고 $I'(0)=-10$에서 $-A+3B+32=-10$이므로 $B=-12$이다.

따라서 최종적으로 초기조건을 만족하는 ②의 해는 다음과 같다.

$$I(t)=6e^{-t}(\cos 3t-2\sin 3t)-6\cos 4t+8\sin 4t \qquad \cdots ③$$

(5) 정상상태의 전류 : 식 ③에서 $t\to\infty$이면 $\lim_{t\to\infty}(e^{-t})=0$이므로 정상 상태 전류(steady-state current)는 $I_p(t)=-6\cos 4t+8\sin 4t$이다. ■

† $I(t)=I_h(t)+I_p(t)$를 과도전류(transient current)라 한다.
$t\to\infty$이면 $I_h(t)\to 0$이므로 $I_h(t)$를 과도전류라고도 한다.

[12] 상수계수를 갖는 2계 선형미분방정식

$$a_0\frac{d^2y}{dt^2}+a_1\frac{dy}{dt}+a_2y=r(t) \quad (a_0,\ a_1,\ a_2\text{는 상수, } t\text{는 시간})$$

이 2계 선형미분방정식은 다양한 응용 범위를 갖고 공학에서 많이 나타나므로 풀이 방법을 잘 알아두도록 한다. 대표적으로 자유진동과 강제진동이 관련된 역학적 계와 전기회로에서는 상수 a_0, a_1, a_2 및 입력 $F(t)$가 다음에 대응된다. 수학적인 면에서 역학적 계와 전기적 계는 서로 닮은 형태이다.

(1) 역학문제 : $a_0=m$ (질량), $a_1=\beta$ (점성감쇠계수), $a_2=k$ (용수철상수),
구동력 $r(t)=F(t)=F_0\sin\omega t$ 또는 $F_0\cos\omega t$

(2) 전기회로 : $a_0=L$ (인덕턴스), $a_1=R$ (저항), $a_2=1/C$ (C는 커패시턴스),
기전력 $r(t)=E(t)=E_0\sin\omega t$ 또는 $E_0\cos\omega t$

연습문제 6.4

1. 다음 방정식의 일반해를 구하여라.

(1) $y'' + 2y = 6x$

(2) $y'' - 2y' - 8y = 18e^{x}$

(3) $y'' + 3y' + 2y = 4x^2 + 12x + 2$

(4) $y'' + 2y' + y = -6\cos x - 4\sin x$

(5) $y'' + 4y' - 5y = 12e^{x}$

(6) $y'' + 4y = 8\cos 2x$

(7) $y'' + 3y' + 2y = 5e^{-2x}$

(8) $y'' + 2y' + 4y = 4x^2 + 3e^{-x}$

(9) $y'' - 5y' + 6y = 50\sin 4x$

(10) $y'' + 2y' - 3y = 8xe^{-x}$

(11) $y'' + 4y' + 4y = 9e^{x} - 8\sin 2x$

(12) $y'' - 2y' - 3y = 8e^{3x} + 27x^2$

2. 다음 초기값 문제를 풀어라.

(1) $y'' - 5y' + 6y = 12,\ y(0) = 0,\ y'(0) = 1$

(2) $y'' - 3y' + 2y = 6e^{-x},\ y(0) = 2,\ y'(0) = 3$

(3) $y'' + 16y = 32x,\ y(0) = 2,\ y'(0) = 6$

(4) $y'' + 4y = 5\sin 3x,\ y(0) = 0,\ y'(0) = 0$

(5) $y'' - 2y' + y = e^{x},\ y(0) = 0,\ y'(0) = 3$

(6) $y'' + 16y = \cos 4x,\ y(0) = 0,\ y'(0) = 1$

(7) $y'' + y = \sin x,\ y(0) = 1,\ y'(0) = 1$

(8) $y'' + y' = 4e^{x} + 3\cos x - 3\sin x + 4,\ y(0) = 0,\ y'(0) = 7$

3. 다음 방정식의 특수해를 (1) $\omega_n \neq \omega$, (2) $\omega_n = \omega$인 경우로 나누어 각각 구하여라. 단, $\omega_n > 0,\ m > 0$이다.

$$x'' + \omega_n^2 x = \frac{F_0}{m}\cos\omega t$$

4. 다음 초기값 문제의 해를 (1) $\omega \neq 1$, (2) $\omega = 1$인 경우로 나누어 각각 구하여라.

$$x'' + x = \cos\omega t,\ x(0) = 0,\ x'(0) = 0$$

5. 그림과 같은 질량-용수철 계에서 물체에 힘 $F(t)$가 가해지면 정적 평형위치로부터의 물체의 변위 $x(t)$는 방정식 $mx'' + kx = F(t)$로 기술된다. 용수철 상수 k와 질량 m 및 구동력 $F(t)$가 다음과 같을 때 변위 $x(t)$를 구하여라. (단, $x(0) = 0$, $x'(0) = 0$이다.)

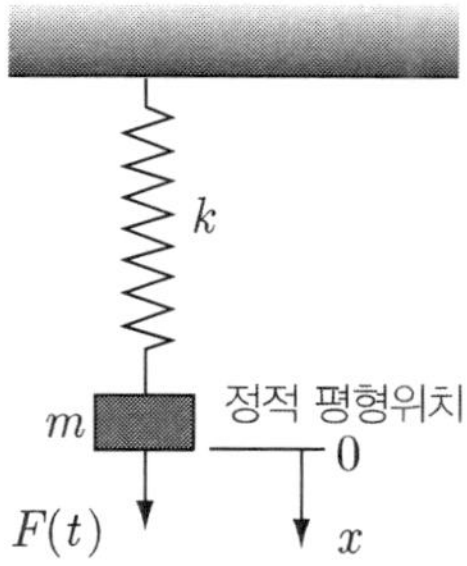

(1) $m = 10(\mathrm{kg})$, $k = 40(\mathrm{N/m})$, $F(t) = 30\cos t(\mathrm{N})$

(2) $m = 10(\mathrm{kg})$, $k = 40(\mathrm{N/m})$, $F(t) = 40\cos 2t(\mathrm{N})$

(3) $m = 10(\mathrm{kg})$, $k = 10(\mathrm{N/m})$, $F(t) = 30\sin 2t(\mathrm{N})$

(4) $m = 10(\mathrm{kg})$, $k = 10(\mathrm{N/m})$, $F(t) = 20\sin t(\mathrm{N})$

6. RLC 회로에서 전류 $I(t)$에 대한 방정식은 $LI'' + RI' + I/C = E'(t)$이다. 다음 경우에 대하여 정상상태($t \to \infty$)의 전류를 구하여라.

(1) $L = 1(\mathrm{H})$, $R = 2(\Omega)$, $C = 0.02(\mathrm{F})$, $E(t) = 100(\mathrm{V})$

(2) $L = 1(\mathrm{H})$, $R = 2(\Omega)$, $C = 0.2(\mathrm{F})$, $E(t) = 200\cos t(\mathrm{V})$

(3) $L = 1(\mathrm{H})$, $R = 4(\Omega)$, $C = 0.2(\mathrm{F})$, $E(t) = 65\sin 2t(\mathrm{V})$

(4) $L = 1(\mathrm{H})$, $R = 8(\Omega)$, $C = 0.2(\mathrm{F})$, $E(t) = 40\cos 5t(\mathrm{V})$

† 실제적인 경우에 있어서 저항 $R > 0$이며 특성방정식의 근의 실수부가 음(−)의 값을 가지므로 $t \to \infty$일 때 전류 $I = I_h + I_p$는 특수해 I_p로 접근해간다. 즉 정상상태의 전류는 I_p이다.

6.5 매개변수 변환법

[13] 매개변수 변환법(Method of variation of parameters)

연속인 함수 $p(x)$, $q(x)$, $r(x)$를 갖는 2계 선형미분방정식

$$y'' + p(x)y' + q(x)y = r(x) \quad \cdots ①$$

의 특수해 y_p는 다음과 같다.

$$y_p(x) = -y_1\int \frac{y_2 r}{W}dx + y_2\int \frac{y_1 r}{W}dx$$

여기에서 y_1, y_2는 식 ①에 대응하는 제차방정식

$$y'' + p(x)y' + q(x)y = 0 \quad \cdots ②$$

의 해의 기저이고 W는 y_1, y_2의 Wronskian이다.

$$W = y_1{y_2}' - y_2{y_1}'$$

(증명) 제차방정식 ②의 일반해는

$$y_h(x) = c_1 y_1(x) + c_2 y_2(x)$$

이다. 매개변수 변환법은 상수 c_1, c_2를 y_h에서의 매개변수로 간주하여 임의 함수 $u(x)$, $v(x)$로 치환하는 것을 포함하며,

$$y_p(x) = u(x)y_1(x) + v(x)y_2(x) \quad \cdots ③$$

가 식 ①의 특수해가 되도록 $u(x)$, $v(x)$를 결정한다. y_p를 미분하면

$${y_p}' = u'y_1 + u{y_1}' + v'y_2 + v{y_2}'$$

인데, 식 ①은 두 함수 u, v에 대한 하나의 조건을 부여한다. 여기에서 y_p가 식 ①을 만족하고

$$u'y_1 + v'y_2 = 0 \quad \cdots ④$$

을 만족하도록 u, v를 결정한다. 이때 ${y_p}'$, ${y_p}''$은 다음과 같다.

$$y_p' = uy_1' + vy_2',$$
$$y_p'' = u'y_1' + uy_1'' + v'y_2' + vy_2''$$

y_p, y_p', y_p''을 식 ①에 대입하고 u를 포함하는 항과 v를 포함하는 항을 각각 모아서 정리하면

$$u(y_1'' + py_1' + qy_1) + v(y_2'' + py_2' + qy_2) + u'y_1' + v'y_2' = r$$

이 된다. 여기에서 y_1, y_2는 제차방정식 ②의 해이므로

$$y_1'' + py_1' + qy_1 = 0, \ y_2'' + py_2' + qy_2 = 0$$

이다. 따라서 u, v에 대한 다음의 둘째 조건을 얻을 수 있다.

$$u'y_1' + v'y_2' = r \qquad \cdots ⑤$$

u'과 v'에 대한 연립방정식 ④와 ⑤를 풀면

④ $\times y_2'$ − ⑤ $\times y_2$에서 $u'(y_1y_2' - y_2y_1') = -y_2r$ 이고 $u' = -\dfrac{y_2r}{W}$

⑤ $\times y_1$ − ④ $\times y_1'$에서 $v'(y_1y_2' - y_2y_1') = y_1r$ 이고 $v' = \dfrac{y_1r}{W}$

이므로 적분하면

$$u = -\int \frac{y_2r}{W}dx, \ v = \int \frac{y_1r}{W}dx$$

가 된다. 이 식을 ③에 대입하면

$$y_p(x) = -y_1\int \frac{y_2r}{W}dx + y_2\int \frac{y_1r}{W}dx$$

이다. ■

예 $y'' - 3y' + 2y = e^{-x}$ $\cdots$ (*)의 특수해 :
특성방정식 $\lambda^2 - 3\lambda + 2 = 0$이 두 실근 $\lambda = 1, 2$를 가지므로 식 (*)에 대응하는 제차방정식의 두 기저는 e^x, e^{2x}이다. 여기에서

$$y_1 = e^x, \ y_2 = e^{2x}$$

로 한다. Wronskian

$$W = y_1 y_2' - y_2 y_1' = e^x \times 2e^{2x} - e^{2x} \times e^x = e^{3x}$$

이고, $r = e^{-x}$이므로 특수해

$$\begin{aligned} y_p(x) &= -y_1 \int \frac{y_2 r}{W} dx + y_2 \int \frac{y_1 r}{W} dx \\ &= -e^x \int \frac{e^{2x} \times e^{-x}}{e^{3x}} dx + e^{2x} \int \frac{e^x \times e^{-x}}{e^{3x}} dx \\ &= -e^x \int e^{-2x} dx + e^{2x} \int e^{-3x} dx \\ &= -e^x \left(-\frac{1}{2} e^{-2x}\right) + e^{2x} \left(-\frac{1}{3} e^{-3x}\right) \\ &= \frac{1}{2} e^{-x} - \frac{1}{3} e^{-x} \\ &= \frac{1}{6} e^{-x} \end{aligned}$$

를 구할 수 있다.

† 일반적으로 계수가 상수이고 $r(x)$의 항이 다항식, 지수함수, 삼각함수 등인 경우에는 미정계수법을 사용하는 것이 편리하다. 위 예에서 $y_p = Ae^{-x}$로 가정하면 $y_p' = -Ae^{-x}$, $y_p'' = Ae^{-x}$이므로 이 식을 식 (*)에 대입하면 $A = 1/6$을 구할 수 있다. 매개변수 변환법은 $r(x)$가 미정계수법을 적용하지 못하는 함수 형태인 경우에 주로 사용한다.

예제 6.5.1 다음 비제차 미분방정식의 일반해를 구하여라.

$$y'' + y = \sec x$$

풀이 특성방정식 $\lambda^2 + 1 = 0$이 허근 $\lambda = \pm i$를 가지므로 제차방정식의 두 기저는 $\cos x$, $\sin x$이다. 여기에서

$$y_1 = \cos x, \quad y_2 = \sin x$$

로 한다. Wronskian

$$\begin{aligned} W = y_1 y_2' - y_2 y_1' &= \cos x \times \cos x - \sin x \times (-\sin x) \\ &= \cos^2 x + \sin^2 x \\ &= 1 \end{aligned}$$

이고, $r = \sec x$이므로 특수해

$$
\begin{aligned}
y_p(x) &= -y_1\int\frac{y_2 r}{W}dx + y_2\int\frac{y_1 r}{W}dx \\
&= -\cos x\int\frac{\sin x\times\sec x}{1}dx + \sin x\int\frac{\cos x\times\sec x}{1}dx \\
&\qquad\qquad\qquad\qquad\qquad\qquad (\leftarrow \sec x = 1/\cos x) \\
&= -\cos x\int\frac{\sin x}{\cos x}dx + \sin x\int dx \\
&= -\cos x\times(-\ln|\cos x|) + \sin x\times x \\
&= \cos x\ln|\cos x| + x\sin x
\end{aligned}
$$

이다. 따라서 제차방정식의 일반해는 $y_h = A\cos x + B\sin x$ 이므로 주어진 미분방정식의 일반해는

$$y = y_h + y_p = A\cos x + B\sin x + \cos x\ln|\cos x| + x\sin x \quad (A,\ B\text{는 상수})$$

이다. ■

예제 6.5.2 다음 비제차 미분방정식의 일반해를 구하여라.

$$y'' - 2y' + y = \frac{e^x}{x}$$

풀이 특성방정식 $\lambda^2 - 2\lambda + 1 = (\lambda - 1)^2 = 0$ 이 중근 $\lambda = 1$ 을 가지므로 제차방정식의 두 기저는 e^x, xe^x 이다. 여기에서

$$y_1 = e^x,\ y_2 = xe^x$$

로 한다. Wronskian

$$
\begin{aligned}
W = y_1 y_2{}' - y_2 y_1{}' &= e^x\times(e^x + xe^x) - xe^x\times(e^x) \\
&= e^{2x}
\end{aligned}
$$

이고, $r = e^x/x$ 이므로 특수해

$$
\begin{aligned}
y_p(x) &= -y_1\int\frac{y_2 r}{W}dx + y_2\int\frac{y_1 r}{W}dx \\
&= -e^x\int\frac{xe^x\times(e^x/x)}{e^{2x}}dx + xe^x\int\frac{e^x\times(e^x/x)}{e^{2x}}dx \\
&= -e^x\int dx + xe^x\int\frac{1}{x}dx
\end{aligned}
$$

$$=-e^x \times x + xe^x \times (\ln|x|)$$

$$=-xe^x + xe^x \ln|x|$$

$$= xe^x(-1+\ln|x|)$$

이다. 따라서 제차방정식의 일반해는 $y_h = (c_1 + c_2 x)e^x$ 이므로 주어진 미분방정식의 일반해는 다음과 같다.

$$y = y_h + y_p = (c_1 + c_2 x)e^x + xe^x(-1+\ln|x|) \quad (c_1,\ c_2\text{는 상수})$$

■

예제 6.5.3 다음 비제차 미분방정식의 일반해를 구하여라.

$$y'' + 2y' + 2y = \frac{1}{e^x \sin x}$$

풀이 특성방정식 $\lambda^2 + 2\lambda + 2 = 0$이 허근 $\lambda = -1 \pm i$를 가지므로 제차방정식의 두 기저는 $e^{-x}\cos x$, $e^{-x}\sin x$이다. 여기에서

$$y_1 = e^{-x}\cos x,\ y_2 = e^{-x}\sin x$$

로 한다. Wronskian

$$\begin{aligned} W = y_1 y_2' - y_2 y_1' &= e^{-x}\cos x \times (-e^{-x}\sin x + e^{-x}\cos x) \\ &\quad - e^{-x}\sin x \times (-e^{-x}\cos x - e^{-x}\sin x) \\ &= e^{-2x}(\cos^2 x + \sin^2 x) \\ &= e^{-2x} \end{aligned}$$

이고, $r = \dfrac{1}{e^x \sin x}$ 이므로 특수해

$$\begin{aligned} y_p(x) &= -y_1 \int \frac{y_2 r}{W} dx + y_2 \int \frac{y_1 r}{W} dx \\ &= -e^{-x}\cos x \int \frac{e^{-x}\sin x \times (1/e^x \sin x)}{e^{-2x}} dx \\ &\quad + e^{-x}\sin x \int \frac{e^{-x}\cos x \times (1/e^x \sin x)}{e^{-2x}} dx \\ &= -e^{-x}\cos x \int dx + e^{-x}\sin x \int \frac{\cos x}{\sin x} dx \\ &= -e^{-x}\cos x \times (x) + e^{-x}\sin x \times \ln|\sin x| \end{aligned}$$

$$=-xe^{-x}\cos x+e^{-x}\sin x\ln|\sin x|$$

이다. 제차방정식의 일반해는 $y_h=e^{-x}(A\cos x+B\sin x)$이므로 주어진 미분방정식의 일반해는 다음과 같다.

$$y=y_h+y_p=e^{-x}(A\cos x+B\sin x)-xe^{-x}\cos x+e^{-x}\sin x\ln|\sin x|$$

(A, B는 상수)

■

연습문제 6.5

1. 다음 미분방정식을 풀어라.

(1) $y'' + y = \csc x$

(2) $y'' + 4y = \sec 2x$

(3) $y'' + 9y = \csc 3x$

(4) $y'' + 2y' + y = e^{-x}\cos x$

(5) $y'' + 2y' + y = \dfrac{e^{-x}}{x}$

(6) $y'' - 4y' + 4y = \dfrac{e^{2x}}{x}$

(7) $y'' - 2y' + y = \dfrac{e^{x}}{x^2}$

(8) $y'' - 2y' + y = 20x^3 e^x$

(9) $y'' - 2y' + 2y = e^x \sec x$

(10) $y'' - 2y' + 2y = e^x \csc x$

2. 미정계수법과 매개변수 변환법을 사용하여 다음 미분방정식의 특수해를 각각 구하고 두 방법의 계산량을 비교하여라.

(1) $y'' + 4y' + 4y = 8x$

(2) $y'' + 3y' + 2y = 10\cos x$

† 미정계수법은 매개변수 변환법보다 더 간편하기 때문에 적용할 수 있는 경우에는 우선적으로 사용하는 것이 좋다.

제7장 라플라스 변환

7.1 라플라스 변환

[1] 라플라스 변환, 역변환

$t \geq 0$에서 정의된 함수 $f(t)$에 대하여 다음과 같이 정의되는 함수 $F(s)$를 $f(t)$의 라플라스 변환(Laplace transform)이라 하고 $\mathcal{L}\{f(t)\}$로 표기한다.

$$F(s) = \mathcal{L}\{f(t)\} = \int_0^{\infty} e^{-st} f(t)\, dt$$

이때 원래의 함수 $f(t)$를 $F(s)$의 역변환(inverse transform) 또는 역(inverse)이라 하고 $\mathcal{L}^{-1}\{F(s)\}$로 표기한다.

$$f(t) = \mathcal{L}^{-1}\{F(s)\}$$

† 일반적으로 원래의 함수는 소문자로 표기하고 그 변환은 같은 문자의 대문자로 표기한다. 예를 들어 $F(s)$는 $f(t)$의 변환을, $Y(s)$는 $y(t)$의 변환을 나타낸다.

† 라플라스 변환의 정의에서 적분 구간은 무한대인데 이것은 다음을 의미한다.

$$\int_0^{\infty} e^{-st} f(t)\, dt = \lim_{T \to \infty} \int_0^{T} e^{-st} f(t)\, dt$$

예제 7.1.1 함수 $f(t) = 1\ (t \geq 0)$의 라플라스 변환 $F(s)$를 구하여라.

풀이 라플라스 변환의 정의로부터 $F(s)$는 다음과 같다.

$$\begin{aligned} F(s) = \mathcal{L}(1) &= \int_0^{\infty} e^{-st} \cdot 1\, dt = -\frac{1}{s}\left[e^{-st}\right]_0^{\infty} \\ &= -\frac{1}{s}(e^{-\infty} - e^{0}) = -\frac{1}{s}(0-1) \\ &= \frac{1}{s} \quad (s > 0) \end{aligned}$$

[역변환] 예제 7.1.1에서 역변환 $\mathcal{L}^{-1}\left(\frac{1}{s}\right) = 1$이 된다. ■

예제 7.1.2 함수 $f(t) = t\ (t \geq 0)$의 라플라스 변환 $F(s)$를 구하여라.

풀이 라플라스 변환의 정의로부터 $F(s)$는 다음과 같다.

$$F(s) = \mathcal{L}(t) = \int_0^\infty e^{-st} \cdot t\,dt = -\frac{1}{s}\left[e^{-st} \cdot t\right]_0^\infty + \frac{1}{s}\int_0^\infty e^{-st} dt$$

$$= 0 + \frac{1}{s}\int_0^\infty e^{-st} dt$$

$$= \frac{1}{s^2} \quad (s > 0)$$

[역변환] 예제 7.1.2에서 역변환 $\mathcal{L}^{-1}\left(\frac{1}{s^2}\right) = t$가 된다. ■

예제 7.1.3 $f(t) = e^{at}$ $(t \geq 0)$의 라플라스 변환 $F(s)$를 구하여라.

풀이 라플라스 변환의 정의로부터

$$F(s) = \mathcal{L}(e^{at}) = \int_0^\infty e^{-st} \cdot e^{at} dt = \int_0^\infty e^{-(s-a)t} dt$$

$$= -\frac{1}{s-a}\left[e^{-(s-a)t}\right]_0^\infty$$

이다. 따라서 $s - a > 0$일 때 라플라스 변환 $F(s)$는 다음과 같이 된다.

$$F(s) = -\frac{1}{s-a}(e^{-\infty} - e^0) = -\frac{1}{s-a}(0-1)$$

$$= \frac{1}{s-a}$$

[역변환] 예제 7.1.3에서 역변환 $\mathcal{L}^{-1}\left(\frac{1}{s-a}\right) = e^{at}$가 된다. ■

[2] 라플라스 변환의 선형성

라플라스 변환이 존재하는 임의의 함수 $f(t)$, $g(t)$와 상수 a, b에 대하여 다음 식이 성립한다.

$$\mathcal{L}[af(t) + bg(t)] = a\mathcal{L}[f(t)] + b\mathcal{L}[g(t)]$$

증명 라플라스 변환의 정의에 의해

$$\mathcal{L}\,[af(t)+bg(t)] = \int e^{-st}[af(t)+bg(t)]\,dt$$
$$= a\int_0^{\infty} e^{-st}f(t)dt + b\int_0^{\infty} e^{-st}g(t)dt$$
$$= a\mathcal{L}\,[f(t)]+b\mathcal{L}\,[g(t)].$$ ■

예제 7.1.4 쌍곡선함수 $\cosh at$와 $\sinh at$의 라플라스 변환을 구하여라.

풀이 쌍곡선함수의 정의로부터

$$\cosh at = \frac{1}{2}(e^{at}+e^{-at}),\ \sinh at = \frac{1}{2}(e^{at}-e^{-at})$$

이므로 라플라스 변환의 선형성에 의해 두 함수의 라플라스 변환은 다음과 같이 구해진다.

$$\mathcal{L}\,(\cosh at) = \frac{1}{2}[\mathcal{L}\,(e^{at})+\mathcal{L}\,(e^{-at})] = \frac{1}{2}\left(\frac{1}{s-a}+\frac{1}{s+a}\right)$$
$$= \frac{s}{s^2-a^2} \quad (s > a \geq 0)$$
$$\mathcal{L}\,(\sinh at) = \frac{1}{2}[\mathcal{L}\,(e^{at})-\mathcal{L}\,(e^{-at})] = \frac{1}{2}\left(\frac{1}{s-a}-\frac{1}{s+a}\right)$$
$$= \frac{a}{s^2-a^2} \quad (s > a \geq 0)$$ ■

예제 7.1.5 두 함수 $\cos\omega t$와 $\sin\omega t$ $(t \geq 0)$의 라플라스 변환을 구하여라.

풀이 오일러 공식과 라플라스 변환의 선형성으로부터 다음 관계식을 얻는다.

$$e^{i\omega t} = \cos\omega t + i\sin\omega t$$
$$\therefore\ \mathcal{L}\,(e^{i\omega t}) = \mathcal{L}\,(\cos\omega t)+i\,\mathcal{L}\,(\sin\omega t) \quad \cdots ①$$

여기에서

$$\mathcal{L}\,(e^{i\omega t}) = \frac{1}{s-i\omega} = \frac{s+i\omega}{(s-i\omega)(s+i\omega)} = \frac{s}{s^2+\omega^2}+i\frac{\omega}{s^2+\omega^2} \quad \cdots ②$$

이므로 식 ①, ②의 우변을 비교하여 실수부와 허수부를 같게 놓으면 다음과 같이 코사인함수와 사인함수의 라플라스 변환이 구해진다.

$$\mathcal{L}\,(\cos\omega t) = \frac{s}{s^2+\omega^2},\ \mathcal{L}\,(\sin\omega t) = \frac{\omega}{s^2+\omega^2}$$ ■

표 7.1 기초적인 몇 가지 함수의 라플라스 변환 1)

$f(t)$	$\mathcal{L}(f)$	$f(t)$	$\mathcal{L}(f)$
k (상수)	$\dfrac{k}{s}$	e^{at}	$\dfrac{1}{s-a}$
t	$\dfrac{1}{s^2}$	$\cos\omega t$	$\dfrac{s}{s^2+\omega^2}$
t^2	$\dfrac{2!}{s^3}$	$\sin\omega t$	$\dfrac{\omega}{s^2+\omega^2}$
t^n $(n=0,\ 1,\ 2,\ \cdots)$	$\dfrac{n!}{s^{n+1}}$	$\cosh\omega t$	$\dfrac{s}{s^2-\omega^2}$
t^a $(a>0)$	$\dfrac{\Gamma(a+1)}{s^{a+1}}$	$\sinh\omega t$	$\dfrac{\omega}{s^2-\omega^2}$

표 7.1에 몇 가지 기초함수들에 대한 라플라스 변환을 나타내었다. 라플라스 변환을 구할 때 매번 변환의 정의로부터 직접 구할 필요는 없다. 표 7.1의 기초함수 변환과 앞으로 소개하게 될 몇 가지 정리로부터 거의 모든 함수의 라플라스 변환을 얻을 수 있다.

[3] 제1 이동정리 : 변환에서 s를 $s-a$로 대체 (s 이동) 2)

함수 $f(t)$가 라플라스 변환 $F(s)$를 갖는다면, 즉 $\mathcal{L}\{f(t)\}=F(s)$이면 임의의 상수 a에 대하여 $s>a$일 때

$$\mathcal{L}\{e^{at}f(t)\}=F(s-a)$$

이다. 또 위 식의 양변에 역변환을 취하면

$$\mathcal{L}^{-1}\{F(s-a)\}=e^{at}f(t)$$

이다. 즉

$$\mathcal{L}^{-1}\{F(s-a)\}=e^{at}\,\mathcal{L}^{-1}\{F(s)\}$$

이다.

1) 기초함수의 라플라스 변환은 기억하도록 한다. 이것은 마치 미분, 적분에서 x^n의 미분과 적분 식을 알아야 하는 것과 같다.

† $\mathcal{L}\{e^{at}f(t)\}$를 구하기 위해서는 $f(t)$의 라플라스 변환 $\mathcal{L}\{f(t)\}$를 구한 후 s 대신에 $(s-a)$를 대입하면 된다.

† $\mathcal{L}^{-1}\{F(s-a)\}$를 구하기 위해서는 $F(s)$의 역변환 $\mathcal{L}^{-1}\{F(s)\}$를 구한 후 e^{at}를 곱하면 된다.

증명 라플라스 변환의 정의로부터 $F(s)=\int_0^\infty e^{-st}f(t)dt$이므로

$$
\begin{aligned}
F(s-a) &= \int_0^\infty e^{-(s-a)t}f(t)dt = \int_0^\infty e^{-st}e^{at}f(t)dt \\
&= \int_0^\infty e^{-st}\left[e^{at}f(t)\right]dt \\
&= \mathcal{L}\{e^{at}f(t)\}.
\end{aligned}
$$
■

예제 7.1.6 함수 $e^{at}t^n$ $(n=0,\ 1,\ 2,\ \cdots)$의 라플라스 변환을 구하여라.

풀이 $F(s)=\mathcal{L}(t^n)=\dfrac{n!}{s^{n+1}}$이므로 $F(s)$에서 s 대신에 $(s-a)$를 대입하면 다음과 같이 함수 $e^{at}t^n$의 라플라스 변환이 구해진다.

$$\mathcal{L}(e^{at}t^n)=F(s-a)=\frac{n!}{(s-a)^{n+1}}$$
■

예제 7.1.7 $\mathcal{L}(e^{3t}\cos 4t)$를 구하여라.

풀이 $F(s)=\mathcal{L}(\cos 4t)=\dfrac{s}{s^2+4^2}=\dfrac{s}{s^2+16}$이고, $F(s)$에서 s 대신에 $(s-3)$을 대입하면 $\mathcal{L}(e^{3t}\cos 4t)$가 얻어진다.

$$\mathcal{L}(e^{3t}\cos 4t)=F(s-3)=\frac{s-3}{(s-3)^2+16}$$
■

제1 이동정리를 표 7.1의 몇 가지 함수에 대해 적용하여 구한 라플라스 변환을 표 7.2에 나타내었다.

2) 제1 이동정리와 제2 이동정리를 잘 이해하도록 한다. 라플라스 변환의 핵심정리이다.

표 7.2 제1 이동정리로써 구한 몇 가지 함수의 라플라스 변환

$f(t)$	$\mathcal{L}(f)$	$f(t)$	$\mathcal{L}(f)$
$e^{at}t$	$\dfrac{1}{(s-a)^2}$	$e^{at}t^n$	$\dfrac{n!}{(s-a)^{n+1}}$
$e^{at}\cos\omega t$	$\dfrac{s-a}{(s-a)^2+\omega^2}$	$e^{at}\cosh\omega t$	$\dfrac{s-a}{(s-a)^2-\omega^2}$
$e^{at}\sin\omega t$	$\dfrac{\omega}{(s-a)^2+\omega^2}$	$e^{at}\sinh\omega t$	$\dfrac{\omega}{(s-a)^2-\omega^2}$

실제 문제를 해석할 때는 역변환을 자주 구해야 하는데, 다음 예제는 역변환을 구하기 위해 제1 이동정리가 어떻게 이용되는지를 보여준다.

예제 7.1.8 [역변환] $f(t)=\mathcal{L}^{-1}\left(\dfrac{5s-15}{s^2-6s+13}\right)$를 구하여라.

풀이 라플라스 변환의 선형성과 완전 제곱 형식을 이용하여 주어진 식에 대한 역변환을 구한다. 먼저 분모를 표준 형태로 고쳐보면

$$\frac{5s-15}{s^2-6s+13}=\frac{5(s-3)}{(s-3)^2+4}=5\times\frac{(s-3)}{(s-3)^2+2^2}$$

이다. 여기에서 $\mathcal{L}^{-1}\left(\dfrac{s}{s^2+2^2}\right)=\cos 2t$이므로

$$f(t)=\mathcal{L}^{-1}\left\{5\times\frac{(s-3)}{(s-3)^2+2^2}\right\}=5\mathcal{L}^{-1}\left\{\frac{(s-3)}{(s-3)^2+2^2}\right\}=5e^{3t}\cos 2t$$

이다. ■

예제 7.1.9 [역변환] $f(t)=\mathcal{L}^{-1}\left(\dfrac{3s+43}{s^2+2s+101}\right)$을 구하여라.

풀이 먼저 분모를 표준 형태로 고쳐보면

$$\frac{3s-43}{s^2+2s+101}=\frac{3(s+1)+40}{(s+1)^2+100}=3\times\frac{(s+1)}{(s+1)^2+10^2}+4\times\frac{10}{(s+1)^2+10^2}$$

이다. 여기에서

$$\mathcal{L}^{-1}\left(\frac{s}{s^2+10^2}\right)=\cos 10t,\ \ \mathcal{L}^{-1}\left(\frac{10}{s^2+10^2}\right)=\sin 10t$$

이므로 라플라스 변환의 선형성에 의해

$$\begin{aligned} f(t) &= \mathcal{L}^{-1}\left\{\frac{3(s+1)}{(s+1)^2+10^2}\right\}+\mathcal{L}^{-1}\left\{\frac{4\times 10}{(s+1)^2+10^2}\right\} \\ &= 3e^{-t}\cos 10t + 4e^{-t}\sin 10t \\ &= e^{-t}(3\cos 10t + 4\sin 10t) \end{aligned}$$

이다. ■

예제 7.1.10 [역변환 : 부분분수 분해] $f(t)=\mathcal{L}^{-1}\left(\dfrac{s}{s^2+3s+2}\right)$를 구하여라.

풀이 $F(s)$의 분모를 인수분해하여 부분분수로 분해한다.

$$\begin{aligned} \frac{s}{s^2+3s+2} &= \frac{s}{(s+1)(s+2)} = \frac{A}{s+1}+\frac{B}{s+2} \\ &= \frac{A(s+2)+B(s+1)}{(s+1)(s+2)} \end{aligned}$$

여기에서 좌변과 우변의 분자를 비교하면

$$s = A(s+2)+B(s+1)$$

이 된다. 이 식은 s에 대한 항등식이므로 $s=-1$, $s=-2$를 대입하면 상수 $A=-1$, $B=2$가 얻어진다. 따라서 $f(t)$는 다음과 같이 구해진다.

$$\begin{aligned} f(t) &= \mathcal{L}^{-1}\left(\frac{s}{s^2+3s+2}\right) = \mathcal{L}^{-1}\left(-\frac{1}{s+1}+\frac{2}{s+2}\right) \\ &= \mathcal{L}^{-1}\left(-\frac{1}{s+1}\right)+2\mathcal{L}^{-1}\left(\frac{1}{s+2}\right) \\ &= -e^{-t}+2e^{-2t} \end{aligned}$$

■

예제 7.1.11 [역변환 : 부분분수 분해] $f(t)=\mathcal{L}^{-1}\left\{\dfrac{3s+1}{(s-1)(s^2+1)}\right\}$을 구하여라.

풀이 먼저 $F(s)$를 부분분수로 분해한다.

$$\frac{3s+1}{(s-1)(s^2+1)} = \frac{A}{s-1}+\frac{Bs+C}{s^2+1} = \frac{A(s^2+1)+(Bs+C)(s-1)}{(s-1)(s^2+1)}$$

여기에서 좌변과 우변의 분자를 비교하면

$$
\begin{aligned}
3s+1 &= A(s^2+1)+(Bs+C)(s-1) \\
&= (A+B)s^2+(-B+C)s+(A-C)
\end{aligned}
$$

이다. 이 식은 s에 대한 항등식이므로 양변의 계수를 비교하면

$$0=A+B,\ 3=-B+C,\ 1=A-C$$

에서 상수 $A=2$, $B=-2$, $C=1$이 구해진다. 이와 같이 부분분수로 분해된 식을 이용하여 다음과 같이 $f(t)$를 구할 수 있다.

$$
\begin{aligned}
f(t) &= \mathcal{L}^{-1}\left\{\frac{3s+1}{(s-1)(s^2+1)}\right\} = \mathcal{L}^{-1}\left(\frac{2}{s-1}+\frac{-2s+1}{s^2+1}\right) \\
&= 2\mathcal{L}^{-1}\left(\frac{1}{s-1}\right)-2\mathcal{L}^{-1}\left(\frac{s}{s^2+1}\right)+\mathcal{L}^{-1}\left(\frac{1}{s^2+1}\right) \\
&= 2e^t-2\cos t+\sin t
\end{aligned}
$$

■

연습문제 7.1

1. 주어진 함수의 라플라스 변환을 구하여라. a, b, k, β, ω는 상수이다.

(1) $2t+3$ (2)$3t^2-4t$ (3) $t^3+8t+16$

(4) $\dfrac{t^2}{4}+\dfrac{t}{2}+1$ (5) $\dfrac{t^5}{12}+\dfrac{t^4}{2}$ (6) $\dfrac{t^3}{3}+\dfrac{t}{4}$

(7) $\sin\pi t$ (8) $\cos 2t$ (9) $\cos^2\omega t$

(10) $\sin t\cos t$ (11) $\sin\dfrac{t}{2}$ (12) e^{a-bt}

(13) $\sin(\omega t+\beta)$ (14) $e^t\cos 3t$ (15) $e^{-2t}\sin t$

(16) $e^{-2t}\cosh 3t$ (17) $e^{3t}\sinh 4t$ (18) $e^{3t}t^2$

(19) $\sinh^2 kt$ (20) $\cosh kt\cos kt$ (21) $\sinh kt\sin kt$

2. [역변환] $F(s)=\mathcal{L}\{f(t)\}$가 주어질 때 $f(t)$를 구하여라.

(1) $\dfrac{4}{s}$ (2) $\dfrac{5}{s-3}$ (3) $\dfrac{2}{s^2+9}$

(4) $\dfrac{3s+5}{s^2+4}$ (5) $\dfrac{s-5}{s^2+6s+13}$ (6) $\dfrac{4s}{s^2-25}$

(7) $\dfrac{2s-3}{s^2}$ (8) $\dfrac{s+10}{s^2-s-2}$ (9) $\dfrac{s-4}{s^2-4}$

(10) $\dfrac{s}{L^2s^2+n^2\pi^2}$ (L, n은 상수)

(11) $\dfrac{2s^3}{s^4-1}$ (12) $\dfrac{1}{s^2+3s+2}$ (13) $\dfrac{2}{s(s+1)(s+2)}$

3. [역변환(제1 이동정리)] 주어진 $F(s)$의 역변환 $f(t)$를 구하여라.

(1) $\dfrac{1}{(s-1)^2}$ (2) $\dfrac{5}{(s+3)^4}$ (3) $\dfrac{3}{s^2+4s+13}$

(4) $\dfrac{4}{s^2-6s-7}$ (5) $\dfrac{4s}{4s^2+4s+5}$ (6) $\dfrac{1}{2s^2+2s+1}$

7.2 도함수와 적분의 변환, 미분방정식

[4] $f(t)$의 도함수의 라플라스 변환 [3]

함수 $f(t)$가 $t \geq 0$에서 연속이고 어떤 상수 k, M에 대하여 $|f(t)| \leq Me^{kt}$를 만족하며, $f'(t)$가 $t \geq 0$에서 구분적 연속이라고 가정한다. 그러면 $s > k$인 모든 s에 대하여 $f'(t)$의 라플라스 변환이 존재하고

$$\mathcal{L}(f') = s\mathcal{L}(f) - f(0) \qquad \cdots (1)$$

이 된다.

증명 $t \geq 0$일 때 $f'(t)$가 연속인 경우를 고려한다. 라플라스 변환의 정의와 부분적분으로부터

$$\begin{aligned}\mathcal{L}\{f'(t)\} &= \int_0^\infty e^{-st} f'(t)dt = \left[e^{-st} f(t)\right]_0^\infty + s\int e^{-st} f(t)dt \\ &= 0 - f(0) + s\mathcal{L}\{f(t)\} \\ &= s\mathcal{L}\{f(t)\} - f(0)\end{aligned}$$

이다.

이것을 2계 도함수에 대하여 적용하면

$$\begin{aligned}\mathcal{L}(f'') &= s\mathcal{L}(f') - f'(0) \\ &= s[s\mathcal{L}(f) - f(0)] - f'(0) \\ &= s^2\mathcal{L}(f) - sf(0) - f'(0)\end{aligned}$$

$$\mathcal{L}(f'') = s^2\mathcal{L}(f) - sf(0) - f'(0) \qquad \cdots (2)$$

이 된다. 마찬가지로

$$\mathcal{L}(f''') = s^3\mathcal{L}(f) - s^2 f(0) - sf'(0) - f''(0) \qquad \cdots (3)$$

등이 된다. 이상의 결과들로부터 귀납법을 적용하여 정리 [4]를 확장하면 다음

---

3) 1계 및 2계 도함수에 대한 식 (1), (2)를 특히 잘 알아두도록 한다.

과 같은 정리가 얻어진다. ■

[5] n차 도함수의 라플라스 변환

함수 $f(t)$와 그것의 도함수 $f'(t)$, $f''(t)$, $\cdots$, $f^{(n-1)}(t)$가 $t \geq 0$에서 연속이고, 어떤 상수 k, M에 대하여 $|f^{(k)}(t)| \leq Me^{kt}$ $(k=0,\ 1,\ 2,\ \cdots,\ n-1)$를 만족하고, $f^{(k)}(t)$가 $t \geq 0$에서 구분적 연속이라고 가정한다. 그러면 $s > k$일 때 $f^{(k)}(t)$의 라플라스 변환은 다음과 같다.

$$\mathcal{L}\{f^{(n)}\} = s^n \mathcal{L}(f) - s^{n-1}f(0) - s^{n-2}f'(0) - \cdots - f^{(n-1)}(0) \qquad \cdots (4)$$

† 정리 [4], [5]는 미분방정식을 풀 때 매우 중요한 역할을 하며, 또한 이 정리를 이용하여 라플라스 변환을 아는 함수를 이용하여 다른 함수의 라플라스 변환을 구할 수 있다.

예제 7.2.1 상수 1의 라플라스 변환 $\mathcal{L}(1) = \dfrac{1}{s}$이다. 이것을 이용하여 t^2의 라플라스 변환 $\mathcal{L}(t^2)$을 구하여라.

풀이 $f(t) = t^2$이라고 하면 $f'(t) = 2t$, $f''(t) = 2$이고,

$$f(0) = 0,\ f'(0) = 0$$

이다. 따라서

$$\mathcal{L}(f'') = s^2 \mathcal{L}(f) - sf(0) - f'(0)$$

을 적용하면 다음과 같이 $\mathcal{L}(f)$가 구해진다.

$$\mathcal{L}(2) = s^2 \mathcal{L}(f) - 0 - 0$$

$$\frac{2}{s} = s^2 \mathcal{L}(f)$$

$$\therefore\ \mathcal{L}(f) = \frac{2}{s^3}$$

■

예제 7.2.2 함수 $\sin^2 t$의 라플라스 변환을 구하여라.

풀이 $f(t) = \sin^2 t$라고 하면 $f'(t) = 2\sin t \cos t = \sin 2t$이고, $f(0) = 0$이다. 따라서

$$\mathcal{L}(f') = s\mathcal{L}(f) - f(0)$$

을 적용하면 다음과 같이 $\mathcal{L}(f)$가 구해진다.

$$\mathcal{L}(\sin 2t) = s\mathcal{L}(f) - 0$$

$$\frac{2}{s^2+2^2} = s\,\mathcal{L}(f)$$

$$\therefore\ \mathcal{L}(f) = \frac{2}{s(s^2+4)}$$

■

예제 7.2.3 함수 $f(t) = t\sin kt$의 라플라스 변환을 구하여라.

풀이 먼저 $f(t)$를 두 번 미분하면

$$f'(t) = \sin kt + kt\cos kt,$$

$$f''(t) = k\cos kt + (k\cos kt - k^2 t\sin kt) = 2k\cos kt - k^2 f(t)$$

이고, $f(0) = 0$, $f'(0) = 0$이다. 여기에서

$$\mathcal{L}(f'') = s^2\mathcal{L}(f) - sf(0) - f'(0)$$

을 적용하면 다음과 같이 $\mathcal{L}(f)$가 구해진다.

$$\mathcal{L}(2k\cos kt - k^2 f) = s^2\mathcal{L}(f) - 0 - 0$$

$$2k \cdot \frac{s}{s^2+k^2} - k^2\mathcal{L}(f) = s^2\mathcal{L}(f)$$

$$\frac{2ks}{s^2+k^2} = (s^2+k^2)\,\mathcal{L}(f)$$

$$\therefore\ \mathcal{L}(f) = \frac{2ks}{(s^2+k^2)^2}$$

■

이상에서 도함수의 변환을 이용하여 함수의 라플라스 변환을 구하는 방법을 알아보았다. 다음에는 이것을 이용하여 미분방정식을 푸는 방법을 알아본다.

[6] 라플라스 변환을 이용한 초기값 문제 풀이 방법 4)

초기조건 및 경계조건을 갖는 미분방정식 문제풀이 과정은 다음과 같은 주요 3단계로 구성된다.

1단계 : 라플라스 변환을 이용하여 주어진 미분방정식을 간단한 방정식(보조방정식)으로 변환한다.
2단계 : 대수적인 연산을 하여 보조방정식을 푼다.
3단계 : 보조방정식을 역변환하여 주어진 문제의 해를 구한다.

설명 라플라스 변환은 미분방정식 문제를 대수적인 문제로 바꾸어준다.
다음과 같은 2계 미분방정식을 고려한다.

$$y'' + ay' + by = r(x) \qquad \cdots ①$$
$$y(0) = K_0,\ y'(0) = K_1$$

여기에서 a, b, K_0, K_1은 상수이다.

1단계 : 식 (1), (2)를 이용하여 미분방정식 ①을 다음과 같이 변환한다.

$$[s^2 Y(s) - sy(0) - y'(0)] + a[sY(s) - y(0)] + bY(s) = R(s)$$

여기에서 $Y(s) = \mathcal{L}(y)$와 $R(s) = \mathcal{L}(r)$는 각각 두 함수 $y(x)$와 $r(x)$의 라플라스 변환을 나타낸다. 위의 식을 보조방정식이라 하며 이 식을 $Y(s)$에 대하여 정리하면 다음과 같이 된다.

$$(s^2 + as + b)Y(s) = (s+a)y(0) + y'(0) + R(s) \qquad \cdots ②$$

2단계 : 보조방정식을 $Y(s)$에 대하여 대수적으로 푼다. 여기에서 전달함수(transfer function)

$$Q(s) = \frac{1}{s^2 + as + b} \qquad \cdots ③$$

를 정의하면, 보조방정식의 해는 다음과 같이 표현된다.

$$Y(s) = [(s+a)y(0) + y'(0)]\,Q(s) + R(s)\,Q(s) \qquad \cdots ④$$

3단계 : 식 ④를 표에서 역변환을 구할 수 있는 항들로 분해하여 주어진 미분방정식 ①의 해 $y(t) = \mathcal{L}^{-1}\{Y(s)\}$를 구한다. 이 과정에서 유리함수를 적분할 때와 같이 부분분수 분해가 많이 이용된다.

4) 예제를 풀어보면 라플라스 변환이 쉽고 편리한 방법이라는 것을 알게 된다.

예제 7.2.4 라플라스 변환을 이용하여 다음 초기값 문제를 풀어라.

$$y' - y = 1,\ y(0) = 0$$

풀이 먼저 주어진 미분방정식에 라플라스 변환을 취하면 다음과 같다.

$$[sY(s) - y(0)] - Y(s) = \mathcal{L}(1)$$

$$[sY(s) - 0] - Y(s) = \frac{1}{s}$$

$$(s+1)Y(s) = \frac{1}{s} \qquad \cdots ①$$

식 ①(보조방정식)은 $Y(s)$에 대한 대수적인 문제이다. 이것을 풀면

$$Y(s) = \frac{1}{s(s+1)} \qquad \cdots ②$$

이 구해진다. 다음에 $Y(s)$를 부분분수 분해하여 다음과 같이 역변환을 할 수 있는 항들로 표현한다.

$$Y(s) = \frac{1}{s} - \frac{1}{s+1} \qquad \cdots ③$$

끝으로 식 ③의 역변환을 취하면 다음과 같이 미분방정식의 해 $y(t)$가 구해진다. $\frac{1}{s}$와 $\frac{1}{s+1}$의 역변환은 각각 1, e^{-t}이므로

$$y(t) = \mathcal{L}^{-1}\{Y(s)\} = 1 - e^{-t} \qquad \cdots ④$$

■

예제 7.2.5 라플라스 변환을 이용하여 다음 초기값 문제를 풀어라.

$$y'' + y = t,\ y(0) = 1,\ y'(0) = 0$$

풀이 먼저 주어진 미분방정식에 라플라스 변환을 취하여 $Y(s)$를 구한다.

$$[s^2Y - sy(0) - y'(0)] + Y = \mathcal{L}(t)$$

$$[s^2Y - s \cdot 1 - 0] + Y = \frac{1}{s^2}$$

$$(s^2+1)Y - s = \frac{1}{s^2}$$

$$\therefore\ Y = \frac{1}{s^2(s^2+1)} + \frac{s}{(s^2+1)}$$

다음에 $Y(s)$를 부분분수 분해하여 다음과 같이 역변환을 구할 수 있는 항들로 표현한다.

$$Y = \frac{1}{s^2} - \frac{1}{s^2+1} + \frac{s}{s^2+1}$$

끝으로 이 식의 역변환을 취하면 다음과 같이 미분방정식의 해 $y(t)$가 구해진다.

$$y(t) = \mathcal{L}^{-1}(Y) = t - \sin t + \cos t$$ ■

보충설명 여기에서 $\frac{1}{s^2}$, $\frac{1}{s^2+1}$, $\frac{s}{s^2+1}$의 역변환은 각각 t, $\sin t$, $\cos t$이다.

예제 7.2.6 라플라스 변환을 이용하여 다음 초기값 문제를 풀어라.

$$y'' + 2y' + y = e^{-t}, \quad y(0) = -1, \quad y'(0) = 1$$

풀이 도함수의 변환을 이용하여 주어진 미분방정식에 라플라스 변환을 취하여 $Y(s)$를 구한다.

$$[s^2 Y - sy(0) - y'(0)] + 2[sY - y(0)] + Y = \mathcal{L}(e^{-t})$$

$$[s^2 Y + s - 1] + 2[sY + 1] + Y = \frac{1}{s+1}$$

$$(s^2 + 2s + 1)Y + s + 1 = \frac{1}{s+1}$$

$$(s+1)^2 Y = -(s+1) + \frac{1}{s+1}$$

$$\therefore \ Y = -\frac{1}{s+1} + \frac{1}{(s+1)^3}$$

여기에서 $\frac{1}{s+1}$과 $\frac{1}{(s+1)^3}$의 역변환은 각각 e^{-t}, $\frac{1}{2}e^{-t}t^2$이므로 주어진 미분방정식의 해는 다음과 같다.

$$y(t) = \mathcal{L}^{-1}(Y) = -e^{-t} + \frac{1}{2}e^{-t}t^2 = \frac{e^{-t}}{2}(t^2 - 2)$$ ■

[7] $f(t)$의 적분의 라플라스 변환

$F(s)$를 $f(t)$의 라플라스 변환이라고 하자. $g(t)=\int_0^t f(\tau)d\tau$의 라플라스 변환이 존재하면

$$\mathcal{L}\left\{\int_0^t f(\tau)d\tau\right\}=\frac{1}{s}F(s) \qquad \cdots (5)$$

이고, 역변환은 다음과 같다.

$$\mathcal{L}^{-1}\left\{\frac{1}{s}F(s)\right\}=\int_0^t f(\tau)d\tau \qquad \cdots (6)$$

증명 $g(t)=\int_0^t f(\tau)d\tau$에서 $g(0)=0$이므로 도함수의 라플라스 변환에 의해

$$\mathcal{L}(g')=s\mathcal{L}(g)-g(0)=s\mathcal{L}(g) \qquad \cdots ①$$

이다. 한편 적분의 정의에 의해 $g'(t)=f(t)$이므로

$$\mathcal{L}(g')=\mathcal{L}(f) \qquad \cdots ②$$

가 된다. 따라서 식 ①, ②의 우변을 같게 하면

$$\mathcal{L}(g)=\frac{1}{s}\mathcal{L}(f) \qquad \cdots ③$$

가 성립한다. ■

예제 7.2.7 $G(s)=\dfrac{1}{s(s^2+k^2)}$의 역변환을 구하여라.

풀이 $G(s)=\dfrac{1}{s(s^2+k^2)}=\dfrac{1}{s}F(s)$로 하면 $F(s)=\dfrac{1}{s^2+k^2}$의 역변환은

$$f(t)=\frac{1}{k}\sin kt$$

이다. 따라서 적분의 라플라스 변환에 의해

$$\mathcal{L}^{-1}\{G(s)\}=\mathcal{L}^{-1}\left\{\frac{1}{s}F(s)\right\}=\int_0^t f(\tau)d\tau=\frac{1}{k}\int_0^t \sin k\tau\, d\tau$$

$$= \frac{1}{k^2}\left[-\cos k\tau\right]_{\tau=0}^{\tau=t}$$

$$= \frac{1}{k^2}(1-\cos kt). \qquad \blacksquare$$

보충설명 $G(s)=\frac{1}{s}F(s)$일 때, 즉 $F(s)$에 $\frac{1}{s}$이 곱해졌을 때는 $F(s)$의 역변환을 구하여 적분하면 $\frac{1}{s}F(s)$의 역변환이 구해진다.

연습문제 7.2

1. [1계미분방정식] 라플라스 변환을 이용하여 다음 초기값 문제를 풀어라.

(1) $y' + 4y = 0$, $y(0) = 5$
(2) $y' - 4y = 4$, $y(0) = 4$
(3) $y' - y = e^t$, $y(0) = 0$
(4) $y' + y = 6e^t$, $y(0) = 5$
(5) $y' + 4y = 17\cos t$, $y(0) = 0$
(6) $y' - 2y = 4 - 4t$, $y(0) = 16$

2. [2계미분방정식] 라플라스 변환을 이용하여 다음 문제를 풀어라.

(1) $y'' + 4y' + 3y = 8e^t$, $y(0) = 0$, $y'(0) = 16$
(2) $y'' - 5y' + 4y = 6e^{2t}$, $y(0) = 6$, $y'(0) = 0$
(3) $y'' + y = 2\sin t$, $y(0) = 0$, $y'(0) = 1$
(4) $y'' - 2ay + (a^2 + b^2)y = 0$, $y(0) = 0$, $y'(0) = 1$ (a, b는 상수)
(5) $y'' - y' - 6y = 30$, $y(0) = 15$, $y'(0) = 0$
(6) $y'' + 2y' + 2y = 0$, $y(0) = 1$, $y'(0) = -3$
(7) $y'' + 9y = 10e^{-t}$, $y(0) = 0$, $y'(0) = 0$
(8) $y'' + ky' - 2k^2y = 0$, $y(0) = 2$, $y'(0) = 2k$ (k는 상수)

3. 라플라스 변환을 이용하여 다음 3계미분방정식의 해를 구하여라.

$$y''' - 3y'' + 3y' - 1 = 0,\ y(0) = 1,\ y'(0) = 2,\ y''(0) = 3$$

4. 도함수의 라플라스 변환을 이용하여 다음을 유도하여라. k는 상수이다.

$$\mathcal{L}(t\cos kt) = \frac{s^2 - k^2}{(s^2 + k^2)^2}$$

7.3 단위계단함수, 단위충격함수 5)

[8] 단위계단함수

다음과 같이 정의되는 함수를 단위계단함수(unit step function) 또는 Heaviside 함수라고 한다.

$$u(t-a) = \begin{cases} 0 & (t < a \text{ 일 때}) \\ 1 & (t > a \text{ 일 때}) \end{cases}$$

설명 앞 절에서 연속함수에 대하여 미분방정식을 푸는 방법을 살펴보았다. 그러나 실제 문제에 있어서는 불연속함수가 많이 나타나는데, 이와 같은 실제 응용에 있어서 매우 중요한 함수가 단위계단함수이다.

단위계단함수의 정의에 의해 $u(t-a)$는 $t < a$에서 0이고, $t = a$에서 크기 1의 도약을 하고, $t > a$에서 1이다. 아래 그림에 $t = 0$에서 도약을 하는 $u(t)$와 임의의 양수 a에 대한 $u(t-a)$를 도시하였다.

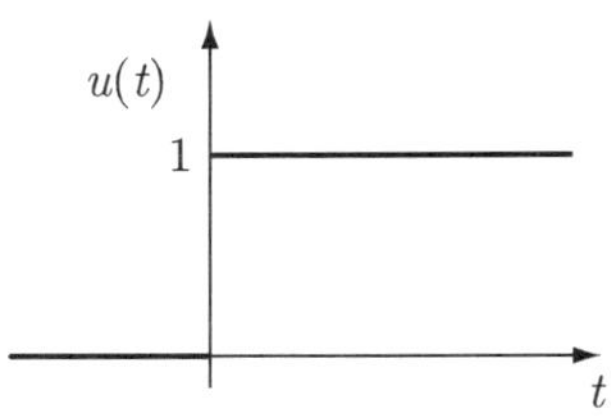

(a) $u(t)$

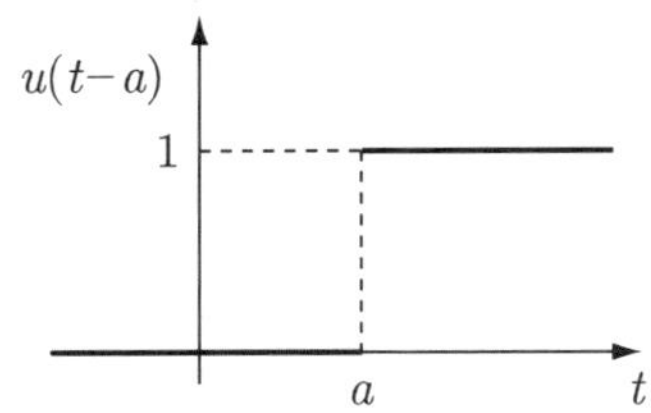

(b) $u(t-a)$

단위계단함수

공학적인 문제에 있어서는 전등과 같이 '켜짐(on)' 또는 '꺼짐(off)' 상태가 되는 함수들을 포함하는 경우가 자주 나타난다. 이때 함수 $f(t)$에 $u(t-a)$를 곱하여 다양한 형태의 구동력을 표현할 수 있다. 예를 들어 함수 $f(t) = u(t-\pi)\sin t$는 $t < \pi$에서는 $f(t) = 0$, 즉 신호가 꺼져 있다가 $t > \pi$에서는 $f(t) = \sin t$의 신호가 켜짐을 나타낸다.

5) 단위계단함수를 사용하여 불연속함수를 표현하는 방법을 잘 알아두도록 한다. 5, 6장의 방법으로는 풀 수 없는 문제를 라플라스 변환과 단위계단함수가 해결해준다.

[9] 맥동(pulse)

그림과 같은 맥동은 다음과 같이 표현된다.

$$f(t) = u(t-a) - u(t-b) \quad (0 < a < b)$$

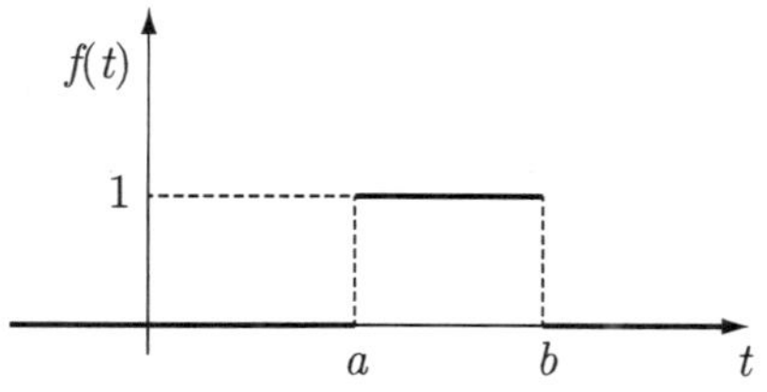

맥동함수

설명 그림의 함수는 $t < a$에서 0, $a < t < b$에서 1, $t > b$에서 0의 값을 갖는다. 따라서 어떤 함수 $g(t)$에 맥동함수 $f(t) = u(t-a) - u(t-b)$를 곱하면, 시간이 $t = a$가 되기까지는 꺼진 상태, 시간 $a < t < b$에서는 켜진 상태, 시간 $t > b$에서는 다시 꺼진 상태가 되는 효과를 얻을 수 있다. 예를 들어 $g(t) = \sin t$, $a = \pi$, $b = 2\pi$이면

$$h(t) = \sin t\,[u(t-\pi) - u(t-2\pi)] = \begin{cases} 0 & (0 < t < \pi) \\ \sin t & (\pi < t < 2\pi) \\ 0 & (t > 2\pi) \end{cases}$$

가 된다.

[10] 제2 이동정리 : $f(t)$의 t를 $t-a$로 대체 (t 이동)

함수 $f(t)$가 라플라스 변환 $F(s)$를 갖는다면 이동된 함수

$$f(t-a)u(t-a) = \begin{cases} 0 & (t < a) \\ f(t-a) & (t > a) \end{cases}$$

의 라플라스 변환은 다음과 같다.

$$\mathcal{L}\{f(t-a)u(t-a)\} = e^{-as}F(s)$$

위 식을 역변환 형태로 쓰면 다음과 같이 된다.

$$\mathcal{L}^{-1}\{e^{-as}F(s)\} = f(t-a)u(t-a)$$

† $f(t-a)u(t-a)$의 라플라스 변환은 $f(t)$의 라플라스 변환에 e^{-as}를 곱하여 얻을 수 있다.
† $e^{-as}F(s)$의 역변환은 $F(s)$의 역변환 $f(t)$를 구한 후 $f(t-a)u(t-a)$를 취하면 된다.

증명 라플라스 변환의 정의로부터

$$\begin{aligned}\mathcal{L}\{f(t-a)u(t-a)\} &= \int_0^\infty e^{-st}f(t-a)u(t-a)dt \\ &= \int_0^a e^{-st}f(t-a)\times 0\,dt + \int_a^\infty e^{-st}f(t-a)\times 1\,dt \\ &= \int_a^\infty e^{-st}f(t-a)dt\end{aligned}$$

이다. 여기에서 $t-a=x$로 치환하면 $t=a+x$, $dt=dx$이고, t의 적분구간은 $a\sim\infty$이므로 x에 대한 적분구간은 $0\sim\infty$가 된다. 따라서 다음과 같은 식이 성립한다.

$$\begin{aligned}\mathcal{L}\{f(t-a)u(t-a)\} &= \int_a^\infty e^{-st}f(t-a)dt \\ &= \int_0^\infty e^{-s(a+x)}f(x)dx = e^{-as}\int_0^\infty e^{-sx}f(x)dx \\ &= e^{-as}\int_0^\infty e^{-st}f(t)dt \\ &= e^{-as}\mathcal{L}\{f(t)\} = e^{-as}F(s)\end{aligned}$$

■

[11] 단위계단함수의 라플라스 변환

단위계단함수 $u(t-a)$의 라플라스 변환은 다음과 같다.

$$\mathcal{L}\{u(t-a)\} = \frac{e^{-as}}{s}$$

증명 라플라스 변환의 정의로부터

$$\begin{aligned}\mathcal{L}\{u(t-a)\} &= \int_0^{\infty} e^{-st}u(t-a)dt \\ &= \int_0^{a} e^{-st}f(t-a)\times 0\,dt + \int_a^{\infty} e^{-st}\times 1\,dt \\ &= -\frac{1}{s}\left[e^{-st}\right]_a^{\infty} \\ &= \frac{e^{-as}}{s}\end{aligned}$$

■

예제 7.3.1 $f(t)=2u(t-1)+3u(t-2)$의 라플라스 변환을 구하여라.

풀이 $\mathcal{L}\{f(t)\}=2\mathcal{L}\{u(t-1)\}+3\mathcal{L}\{u(t-2)\}$

$$=2\cdot\frac{e^{-s}}{s}+3\cdot\frac{e^{-2s}}{s}=\frac{2e^{-s}+3e^{-2s}}{s}$$

■

예제 7.3.2 $f(t)=tu(t-3)$의 라플라스 변환을 구하여라.

풀이 $f(t)=tu(t-3)=(t-3)u(t-3)+3u(t-3)$

$$\begin{aligned}\therefore\ \mathcal{L}\{f(t)\} &= \mathcal{L}\{(t-3)u(t-3)\}+3\mathcal{L}\{u(t-3)\} \\ &= e^{-3s}\mathcal{L}(t)+3\mathcal{L}\{u(t-3)\} \\ &= e^{-3s}\cdot\frac{1}{s^2}+3\cdot\frac{e^{-3s}}{s}=\frac{e^{-3s}(1+3s)}{s^2}\end{aligned}$$

■

예제 7.3.3 $f(t)=\sin k(t-a)u(t-a)$의 라플라스 변환을 구하여라.

풀이 $\mathcal{L}\{f(t)\}=\mathcal{L}\{\sin k(t-a)u(t-a)\}=e^{-as}\mathcal{L}(\sin kt)$

$$=e^{-as}\cdot\frac{k}{s^2+k^2}=\frac{ke^{-as}}{s^2+k^2}$$

■

보충설명 $\mathcal{L}\{f(t-a)u(t-a)\}=e^{-as}F(s)$: 단순하게 $f(t)$의 변환을 구한 후 e^{-as}를 곱해주면 $f(t-a)u(t-a)$의 라플라스 변환이 구해진다.

예제 7.3.4 다음 함수 $f(t)$를 단위계단함수로 표현하고, 이를 이용하여 라플라스 변환을 구하여라.

$$f(t)=\begin{cases}4 & (t<2)\\ 3 & (t>2)\end{cases}$$

풀이 $f(t)=4-\begin{cases}0 & (t<2)\\ 1 & (t>2)\end{cases}=4-u(t-2)$로 표현할 수 있고, $\mathcal{L}(1)=\dfrac{1}{s}$이므로 라플라스 변환은 다음과 같다.

$$\mathcal{L}(f)=4\mathcal{L}(1)-\mathcal{L}\{u(t-2)\}=\frac{4}{s}-\frac{e^{-2s}}{s}$$ ■

예제 7.3.5 다음 함수의 라플라스 변환을 구하여라.

$$f(t)=\begin{cases}2 & (0<t<\pi)\\ 0 & (\pi<t<2\pi)\\ \sin t & (t>2\pi)\end{cases}$$

풀이 $0<t<\pi$에서는 $f(t)=2u(t)$로 하면 $f(t)=2\ (0<t<\pi)$를 만족한다. 그런데 $\pi<t<2\pi$에서 $f(t)=0$이므로 $2u(t-\pi)$를 빼야 한다. 다음에 $t=2\pi$에서 $\sin t$가 시작되므로 $u(t-2\pi)\sin t$를 더해준다. 즉 $f(t)$는 다음과 같이 단위계단함수로 표현된다.

$$f(t)=2u(t)-2u(t-\pi)+u(t-2\pi)\sin t$$

여기에서 사인함수의 주기성에 의해 $\sin t=\sin(t-2\pi)$로 쓸 수 있으므로

$$\begin{aligned}\mathcal{L}\{u(t-2\pi)\sin t\}&=\mathcal{L}\{u(t-2\pi)\sin(t-2\pi)\}\\&=e^{-2\pi s}\mathcal{L}(\sin t)=\frac{e^{-2\pi s}}{s^2+1}\end{aligned}$$

이다. 따라서 $f(t)$의 라플라스 변환은 다음과 같다.

$$\mathcal{L}(f)=\frac{2}{s}-\frac{2e^{-\pi s}}{s}+\frac{e^{-2\pi s}}{s^2+1}$$ ■

보충설명 $u(t)$와 $u(t-\pi)$의 라플라스 변환은 각각 $\dfrac{1}{s}$, $\dfrac{e^{-\pi s}}{s}$이다.

예제 7.3.6 다음 함수의 라플라스 변환을 구하여라.

$$f(t)=\begin{cases}e^t & (0<t<2\pi)\\ e^t+\cos t & (t>2\pi)\end{cases}$$

풀이 ▮ $f(t)$를 단위계단함수로 표현하면

$$f(t) = e^t + u(t-2\pi)\cos t = e^t + u(t-2\pi)\cos(t-2\pi)$$

이므로 라플라스 변환은 다음과 같다.

$$\mathcal{L}(f) = \mathcal{L}(e^t) + e^{-2\pi s}\mathcal{L}(\cos t) = \frac{1}{s-1} + \frac{e^{-2\pi s}s}{s^2+1}$$ ■

예제 7.3.7 다음의 라플라스 역변환을 구하여라.

$$F(s) = \frac{2-e^{-3\pi s}}{s^2+1}$$

풀이 ▮ $$f(t) = \mathcal{L}^{-1}\left(\frac{2-e^{-3\pi s}}{s^2+1}\right) = 2\mathcal{L}^{-1}\left(\frac{1}{s^2+1}\right) - \mathcal{L}^{-1}\left(e^{-3\pi s}\cdot\frac{1}{s^2+1}\right)$$
$$= 2\sin t - u(t-3\pi)\sin(t-3\pi)$$
$$= 2\sin t + u(t-3\pi)\sin t$$ ■

예제 7.3.8 그림과 같은 두 함수를 단위계단함수로 표현하고 그 함수의 라플라스변환을 각각 구하여라.

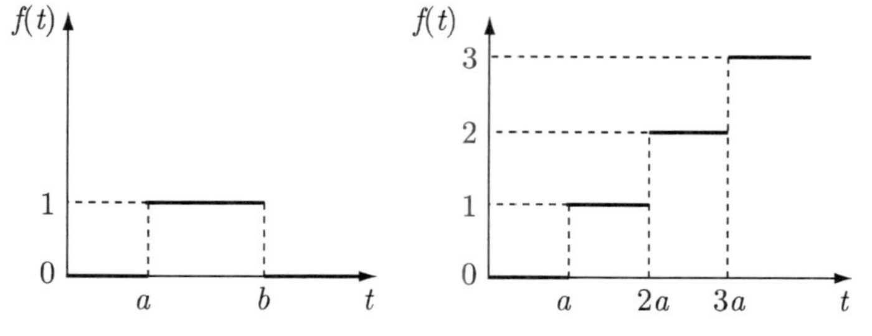

(1) (2)

풀이 ▮ (1) $f(t) = u(t-a) - u(t-b)$

$$\mathcal{L}(f) = \frac{e^{-as}}{s} - \frac{e^{-bs}}{s} = \frac{1}{s}(e^{-as} - e^{-bs})$$

(2) $f(t) = u(t-a) + u(t-2a) + u(t-3a)$

$$\mathcal{L}(f) = \frac{e^{-as}}{s} + \frac{e^{-2as}}{s} + \frac{e^{-3as}}{s} = \frac{1}{s}(e^{-as} + e^{-2as} + e^{-3as})$$ ■

예제 7.3.9 [LC 회로] 인덕턴스 L, 커패시턴스 C를 포함하고 기전력 $v(t)$인 그림과 같은 LC 회로에서 흐르는 전류 $i(t)$는 다음 미분방정식을 따른다.

$$L\frac{di}{dt}+\frac{1}{C}\int_0^t i\,dt=v(t)$$

인덕턴스 $L=1$(H), 커패시턴스 $C=1$(F)이고 다음과 같이 전압 $v(t)$를 가했을 때 전류 $i(t)$를 구하여라. 단, $t=0$에서의 전류는 0이다.

$$v(t)=\begin{cases}1 & (0<t<a)\\ 0 & (t>a)\end{cases}\quad \text{(V)}$$

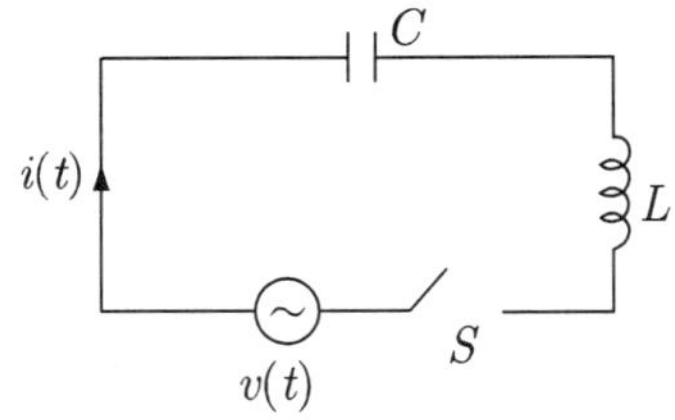

LC 회로

풀이 가해진 전압을 단위계단함수로 표현하면

$$v(t)=u(t)-u(t-a)$$

이므로 $L=1$, $C=1$일 때 전류 $i(t)$에 대한 미분방정식은 다음과 같다.

$$\frac{di}{dt}+\int_0^t i\,dt=u(t)-u(t-a)$$

이 식에 라플라스 변환을 취하면

$$[sI-i(0)]+\frac{1}{s}I=\frac{1}{s}-\frac{e^{-as}}{s}$$

$$\left(s+\frac{1}{s}\right)I=\frac{1}{s}-\frac{e^{-as}}{s}\quad (\leftarrow i(0)=0)$$

$$\left(\frac{s^2+1}{s}\right)I=\frac{1}{s}-\frac{e^{-as}}{s}$$

$\therefore\ I=\dfrac{1}{s^2+1}-\dfrac{e^{-as}}{s^2+1}$이고, 역변환으로부터

$$i(t)=\mathcal{L}^{-1}(I)=\sin t-\sin(t-a)u(t-a)$$

가 구해진다. 즉 회로에 흐르는 전류는 다음과 같다.

$$i(t) = \begin{cases} \sin t & (0 < t < a) \\ \sin t - \sin(t-a) & (t > a) \end{cases} \quad \text{(A)}$$ ■

보충설명 $F(s) = \dfrac{1}{s^2+1}$의 역변환은 $\sin t$이므로 $e^{-as} \cdot \dfrac{1}{s^2+1} = e^{-as}F(s)$의 역변환은 $\sin(t-a)u(t-a)$이다.

예제 7.3.10 [RL 회로] 저항 R, 인덕턴스 L을 포함하고 기전력 $v(t)$인 그림과 같은 RL 회로에서 흐르는 전류 $i(t)$는 다음 미분방정식을 따른다.

$$L\frac{di}{dt} + Ri = v(t)$$

저항 $R = 2(\Omega)$, 인덕턴스 $L = 1$(H)이고, 다음과 같은 전압 $v(t)$를 받을 때 전류 $i(t)$를 구하여라. 단, $t = 0$에서의 전류는 0이다.

$$v(t) = \begin{cases} 2 & (0 < t < 3) \\ 0 & (t > 3) \end{cases} \quad \text{(V)}$$

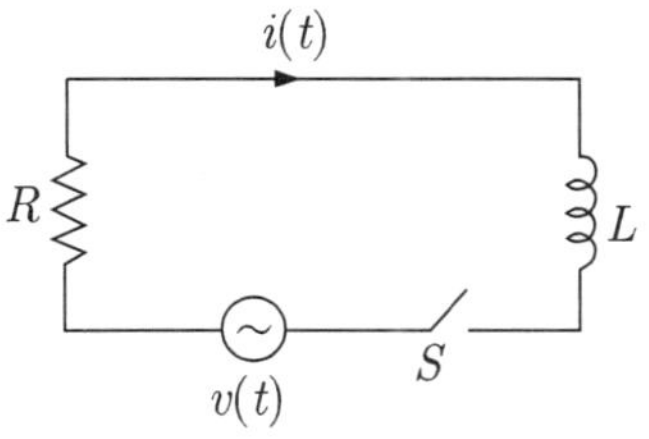

RL 회로

풀이 가해진 전압을 단위계단함수로 표현하면

$$v(t) = 2u(t) - 2u(t-3)$$

이므로 $R = 2$, $L = 1$일 때 전류 $i(t)$에 대한 미분방정식은 다음과 같다.

$$\frac{di}{dt} + 2i = 2u(t) - 2u(t-3)$$

이 식에 라플라스 변환을 취하면

$$[sI - i(0)] + 2I = \frac{2}{s} - \frac{2e^{-3s}}{s}$$

$$(s+2)I = \frac{2}{s} - \frac{2e^{-3s}}{s} \quad (\leftarrow i(0) = 0)$$

$$\therefore\ I = \frac{2}{s(s+2)} - \frac{2e^{-3s}}{s(s+2)}$$ 이다. 여기에서

$$\frac{2}{s(s+2)} = \frac{1}{s} - \frac{1}{s+2}$$

이므로 $\frac{2}{s(s+2)}$의 역변환은 $1-e^{-2t}$이다. 따라서 $i(t)$는 다음과 같이 구해진다.

$$i(t) = \mathcal{L}^{-1}(I) = 1 - e^{-2t} - (1 - e^{-2(t-3)})u(t-3)$$

즉 회로에 흐르는 전류는 다음과 같다.

$$i(t) = \begin{cases} 1 - e^{-2t} & (0 < t < 3) \\ -e^{-2t} + e^{-2(t-3)} & (t > 3) \end{cases} \quad \text{(A)}$$

■

보충설명 $F(s) = \frac{2}{s(s+2)}$의 역변환은 $1-e^{-2t}$이므로

$$e^{-3s} \cdot \frac{2}{s(s+2)} = e^{-3s}F(s)$$

의 역변환은 $f(t-3)u(t-3) = (1-e^{-2(t-3)})u(t-3)$이다.

[12] 단위충격함수

다음과 같은 성질을 갖는 함수 $\delta(t-a)$를 단위충격함수 또는 Dirac 델타함수라 한다.

$$\delta(t-a) = \begin{cases} \infty & (t = a\text{일 때}) \\ 0 & (t \neq a) \end{cases} \qquad \text{그리고} \qquad \int_0^\infty \delta(t-a)\,dt = 1$$

$\delta(t-a)$의 라플라스변환은 다음과 같다.

$$\mathcal{L}\{\delta(t-a)\} = e^{-as}$$

특별히 $a=0$인 점을 선택하면

$$\mathcal{L}\{\delta(t)\} = 1$$

이 된다.

설명 아주 짧은 시간 동안에 순간적으로 큰 힘 또는 전압이 기해지는 것과 같은 충격적인 특성이 있는 현상은 실제 문제에 있어서 다양한 형태로 나타난다. 이와 같은 현상을 해석하기 위하여 단위충격함수를 정의하여 사용한다. 그런데 $\delta(t-a)$는 미적분학에서 사용되는 일반적인 의미의 함수가 아닌 이른바 '초함수'이다. 단 한 점만 제외하고 모든 부분에서 0인 보통의 함수는 적분값이 0이 되어야만 하기 때문이다.

역학에서 힘 $f(t)$의 충격(impulse)은 일정 시간($a \le t \le a+k$) 동안 $f(t)$를 적분한 것으로 정의한다. 전기회로에서 이와 유사한 양은 회로에 가해지는 기전력을 일정 시간 동안 적분한 것이다. 특히 실용적인 관심이 있는 것은 힘이 가해지는 시간이 아주 짧을 때($k \to 0$)인데, 이는 순간적으로 작용하는 충격에 해당된다. 이와 같은 현상을 다루기 위하여 그림과 같은 함수를 고려한다.

$$f_k(t-a) = \begin{cases} 1/k & (a \le t \le a+k) \\ 0 & (\text{그 외의 경우}) \end{cases} \quad \cdots ①$$

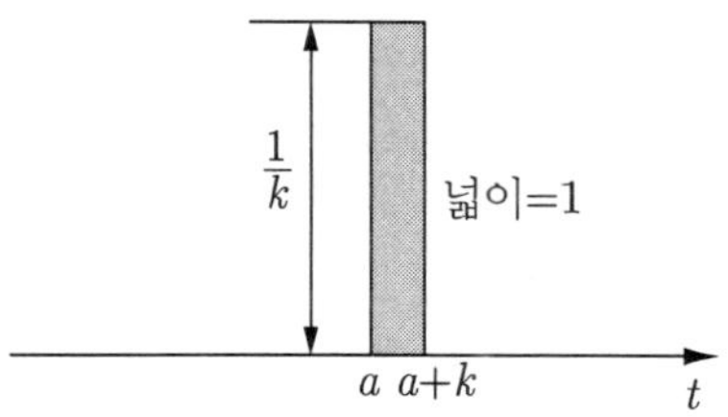

충격함수 ($k \to 0$)

$f_k(t-a)$를 적분하면 그림의 직사각형 넓이가 얻어진다.

$$I_k = \int_0^\infty f_k(t-a)dt = \int_a^{a+k} \frac{1}{k} dt = 1 \quad \cdots ②$$

즉 충격 $I_k = 1$이 된다. $f_k(t-a)$를 다음과 같이 두 개의 단위계단함수로 나타낼 수 있으므로

$$f_k(t-a) = \frac{1}{k}[u(t-a) - u\{t-(a+k)\}] \quad \cdots ③$$

$f_k(t-a)$의 라플라스 변환은 다음과 같이 된다.

$$\mathcal{L}\{f_k(t-a)\} = \frac{1}{ks}[e^{-as} - e^{-(a+k)s}] = e^{-as} \cdot \frac{1-e^{-ks}}{ks} \quad \cdots ④$$

여기에서 $k \to 0$ $(k > 0)$일 때 $f_k(t-a)$의 극한을 $\delta(t-a)$로 나타낸다. 즉

$$\delta(t-a)=\lim_{k\to 0} f_k(t-a) \qquad \cdots ⑤$$

로 정의되는 $\delta(t-a)$를 단위충격함수 또는 Dirac 델타함수라 한다. 식 ④에서 로피탈 정리를 적용하여 극한값을 구하면

$$\lim_{k\to 0}\frac{1-e^{-ks}}{ks}=\lim_{k\to 0}\frac{se^{-ks}}{s}=1$$

이므로 $\delta(t-a)$의 라플라스 변환은

$$\mathcal{L}\{\delta(t-a)\}=e^{-as} \qquad \cdots ⑥$$

로 정의할 수 있다.

예제 7.3.11 [충격력] 시간 $t=1$에서 순간적인 충격력이 가해지는 경우에 대한 다음 방정식의 해를 구하여라.

$$y''+3y'+2y=\delta(t-1),\ y(0)=0,\ y'(0)=0$$

이 방정식은 예제 6.4.5의 질량-용수철 계에서 $m=1,\ \beta=3,\ k=2$인 경우에 대응된다.

풀이 도함수의 변환을 이용하여 주어진 미분방정식에 라플라스 변환을 취하여 $Y(s)$를 구한다.

$$[s^2Y-sy(0)-y'(0)]+3[sY-y(0)]+2Y=\mathcal{L}\{\delta(t-1)\}$$
$$[s^2Y-0-0]+3[sY-0]+2Y=e^{-s}$$
$$(s^2+3s+2)Y=e^{-s}$$

$$\therefore\ Y=\frac{e^{-s}}{s^2+3s+2}=\frac{e^{-s}}{(s+1)(s+2)}=e^{-s}\left(\frac{1}{s+1}-\frac{1}{s+2}\right)$$

여기에서 $F(s)=\dfrac{1}{s+1}-\dfrac{1}{s+2}$의 역변환은

$$f(t)=\mathcal{L}^{-1}(F)=e^{-t}-e^{-2t}$$

이므로 $Y=e^{-s}F(s)$의 역변환으로부터 주어진 방정식의 해가 다음과 같이 구해진다.

$$y(t)=\mathcal{L}^{-1}\{e^{-s}F(s)\}$$

$$= f(t-1)u(t-1) = \begin{cases} 0 & (0 \le t < 1) \\ e^{-(t-1)} - e^{-2(t-1)} & (t > 1) \end{cases}$$ ■

예제 7.3.12 [충격력] 시간 $t=3$에서 순간적인 충격력이 가해지는 경우에 대한 다음 방정식의 해를 구하여라.

$$y'' + 2y' + 2y = \delta(t-3),\ y(0) = 0,\ y'(0) = 0$$

풀이 주어진 미분방정식에 라플라스 변환을 취하여 $Y(s)$를 구한다.

$$[s^2 Y - sy(0) - y'(0)] + 2[sY - y(0)] + 2Y = \mathcal{L}\{\delta(t-3)\}$$
$$[s^2 Y - 0 - 0] + 2[sY - 0] + 2Y = e^{-3s}$$
$$(s^2 + 2s + 2)Y = e^{-3s}$$

$$\therefore\ Y = \frac{e^{-3s}}{s^2 + 2s + 2} = \frac{e^{-3s}}{(s+1)^2 + 1}$$

여기에서 $\mathcal{L}^{-1}\left(\dfrac{1}{s^2+1}\right) = \sin t$이므로 $F(s) = \dfrac{1}{(s+1)^2+1}$의 역변환은

$$f(t) = \mathcal{L}^{-1}(F) = e^{-t}\sin t$$

이다. 따라서 $Y = e^{-3s}F(s)$의 역변환으로부터 주어진 방정식의 해 $y(t)$는 다음과 같다.

$$y(t) = \mathcal{L}^{-1}\{e^{-3s}F(s)\}$$
$$= f(t-3)u(t-3) = \begin{cases} 0 & (0 \le t < 3) \\ e^{-(t-3)}\sin(t-3) & (t > 3) \end{cases}$$ ■

예제 7.3.13 [RLC회로] 그림과 같은 회로에 흐르는 전류 $i(t)$와 전하 $q(t)$는 다음 미분방정식으로 기술된다.

$$L\frac{di}{dt} + Ri + \frac{1}{C}\int i\,dt = v(t),\ \int i\,dt = q$$

시간 $t=0$에서 순간적인 전압 $v(t) = \delta(t)$를 가했을 때 전하량 $q(t)$를 구하여라. 저항 $R = 10(\Omega)$, 인덕턴스 $L = 1(\mathrm{H})$, 커패시턴스 $C = 0.01(\mathrm{F})$이고, 초기상태 전류와 전하는 0이다.

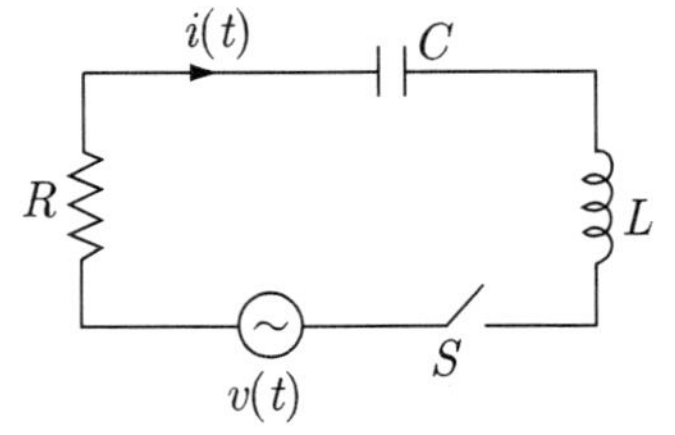

RLC 회로

풀이 ▮ 먼저 전하 $q(t)$에 대한 미분방정식을 구한다. 주어진 값을 대입하면

$$L\frac{di}{dt}+Ri+\frac{1}{C}\int i\,dt=\frac{di}{dt}+10i+\frac{1}{0.01}\int i\,dt=\delta(t)$$

이고, 여기에서 $\int i\,dt=q,\ i=q',\ i'=q''$이므로

$$q''+10q'+100q=\delta(t),\ q(0)=q'(0)=0$$

이 얻어진다. 이 미분방정식에 라플라스 변환을 취하여 $Q(s)$를 구한다.

$$[s^2Q-sq(0)-q'(0)]+10[sQ-q(0)]+100Q=\mathcal{L}\{\delta(t)\}$$
$$[s^2Q-0-0]+10[sQ-0]+100Q=1$$
$$(s^2+10s+100)Q=1$$

$$\therefore\ Q=\frac{1}{s^2+10s+100}=\frac{1}{(s+5)^2+75}=\frac{1}{(s+5)^2+(5\sqrt{3})^2}$$

여기에서 $\mathcal{L}^{-1}\left\{\frac{1}{s^2+(5\sqrt{3})^2}\right\}=\frac{1}{5\sqrt{3}}\sin 5\sqrt{3}t$이므로

$$q(t)=\mathcal{L}^{-1}(Q)=e^{-5t}\cdot\frac{1}{5\sqrt{3}}\sin 5\sqrt{3}t$$

이다. ■

[13] 주기함수의 라플라스 변환

주기가 p인 구분적 연속함수 $f(t)$의 라플라스 변환은 다음과 같다.

$$\mathcal{L}(f)=\frac{1}{1-e^{-ps}}\int_0^p e^{-st}f(t)\,dt$$

증명 주기가 p인 주기함수는 $f(t+np)=f(t)\ (n=0,\ 1,\ 2,\ \cdots)$를 만족한다.
라플라스 변환의 정의에 의해

$$\begin{aligned}\mathcal{L}(f)&=\int_0^\infty e^{-st}f(t)dt=\int_0^p e^{-st}f(t)dt+\int_p^{2p} e^{-st}f(t)dt+\cdots\\&=\int_0^p e^{-st}f(t)dt+\int_0^p e^{-s(t+p)}f(t)dt+\int_0^p e^{-s(t+2p)}f(t)dt+\cdots\\&=\int_0^p e^{-st}f(t)dt+e^{-sp}\int_0^p e^{-st}f(t)dt+e^{-2sp}\int_0^p e^{-st}f(t)dt+\cdots\\&=\left[\int_0^p e^{-st}f(t)dt\right](1+e^{-sp}+e^{-2sp}+\cdots)\\&=\left[\int_0^p e^{-st}f(t)dt\right]\cdot\frac{1}{1-e^{-sp}}\end{aligned}$$

■

보충설명 $\int_p^{2p} e^{-st}f(t)dt$에서 $t=t'+p$으로 치환하면 적분구간 $p<t<2p$는 $0<t'<p$로 되고, $f(t'+p)=f(t')$, $dt=dt'$이므로

$$\int_p^{2p} e^{-st}f(t)dt=\int_0^p e^{-s(t'+p)}f(t'+p)dt'=\int_0^p e^{-s(t+p)}f(t)dt$$

이다. $(1+e^{-sp}+e^{-2sp}+\cdots)$는 초항 1, 공비 $r=e^{-sp}$인 무한등비수열의 합이고, 초항 a, 공비 $|r|<1$인 무한등비수열의 합은 $\frac{a}{1-r}$이다.

예제 7.3.14 [사각형파] 그림과 같은 주기 $2a$인 함수 $f(t)$의 라플라스 변환을 구하여라.

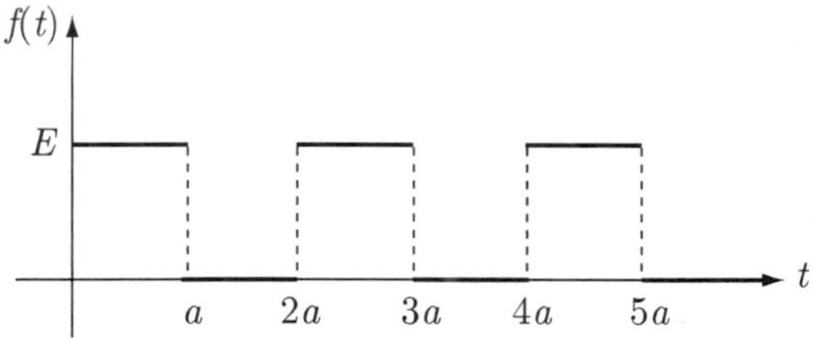

사각형파(square wave)

풀이 $F_1(s)=\int_0^p e^{-st}f(t)\,dt=\int_0^{2a} e^{-st}f(t)\,dt=\int_0^a e^{-st}\cdot E\,dt$

$$= E\left[-\frac{e^{-st}}{s}\right]_{t=0}^{t=a} = E \cdot \frac{1-e^{-as}}{s}$$

$$\therefore F(s) = \frac{F_1(s)}{1-e^{-2as}} = \frac{1}{1-e^{-2as}} \cdot \frac{E}{s}(1-e^{-as})$$

$$= \frac{1}{(1-e^{-as})(1+e^{-as})} \cdot \frac{E}{s}(1-e^{-as})$$

$$= \frac{E}{s(1+e^{-as})}$$ ■

† 여기에서 $\frac{1}{1+e^{-x}} = \frac{1}{2}\left(1+\frac{1-e^{-x}}{1+e^{-x}}\right) = \frac{1}{2}\left(1+\frac{e^{x/2}-e^{-x/2}}{e^{x/2}+e^{-x/2}}\right) = \frac{1}{2}\tanh\frac{x}{2}$ 이므로
$F(s) = \frac{E}{s(1+e^{-as})} = \frac{E}{2s}\left(1+\tanh\frac{as}{2}\right)$로 쓸 수 있다.

예제 7.3.15 [반파정류] 그림과 같은 $\sin kt$의 반파 정류 신호에 대한 라플라스 변환을 구하여라.

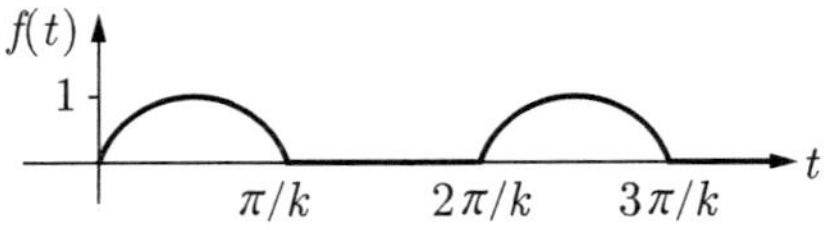

반파 정류 신호

풀이 주기 $p = 2\pi/k$이므로

$$\mathcal{L}(f) = \frac{1}{1-e^{-ps}}\int_0^p e^{-st}f(t)\,dt = \frac{1}{1-e^{-2\pi s/k}}\int_0^{\pi/k} e^{-st}\sin kt\,dt$$

$$= \frac{1}{1-e^{-2\pi s/k}}\left[\frac{e^{-st}(-s\sin kt - k\cos kt)}{s^2+k^2}\right]_{t=0}^{t=\pi/k}$$

$$= \frac{1}{1-e^{-2\pi s/k}}\left[\frac{ke^{-\pi s/k}+k}{s^2+k^2}\right] = \frac{1}{1-e^{-2\pi s/k}}\left[\frac{k(1+e^{-\pi s/k})}{s^2+k^2}\right]$$

$$= \frac{k}{(1-e^{-\pi s/k})(s^2+k^2)}.$$

$$\left[\int e^{ax}\sin bx\,dx = \frac{e^{ax}}{a^2+b^2}(a\sin bx - b\cos bx) + C\right]$$ ■

[단위계단함수를 이용한 주기함수의 라플라스 변환] : 단위계단함수를 이용하여 첫 번째 주기 구간($0 < t < p$)에서 $f_1(t) = f(t)$이고 그 외의 모든 구간에서 0인 함수 $f_1(t)$를 찾아서 변환을 구한다. 이때

$\mathcal{L}(f) = \dfrac{1}{1-e^{-ps}}\displaystyle\int_0^p e^{-st} f(t)\,dt$에서

$$\int_0^p e^{-st} f(t)\,dt = \int_0^\infty e^{-st} f_1(t)\,dt = \mathcal{L}\{f_1(t)\}$$

가 된다.

예제 7.3.14에서 $f_1(t)$는 다음과 같이 표현된다.

$$f_1(t) = E[u(t) - u(t-a)]$$

따라서 $F_1(s) = \mathcal{L}(f_1) = E\left(\dfrac{1}{s} - \dfrac{e^{-as}}{s}\right)$이고, $f(t)$의 라플라스 변환은

$$F(s) = \frac{F_1(s)}{1-e^{-2as}}$$

가 된다.

예제 7.3.15에서 주기는 $2\pi/k$이고, $f_1(t)$와 라플라스 변환 및 $f(t)$의 라플라스 변환은 다음과 같다.

$$f_1(t) = \sin kt - \sin kt\, u(t-\pi/k) = \sin kt + \sin[k(t-\pi/k)]\, u(t-\pi/k)$$

$$F_1(s) = \mathcal{L}(f_1) = \frac{k}{s^2+k^2} + \frac{ke^{-\pi s/k}}{s^2+k^2}$$

$$F(s) = \frac{F_1(s)}{1-e^{-2\pi s/k}}$$

† 이와 같이 단위계단함수를 이용하면 변환을 쉽게 구할 수 있는 경우가 많다.

연습문제 7.3

1. 다음 함수의 라플라스 변환을 구하여라.

(1) $u(t-1)$ (2) $(t-1)u(t-1)$

(3) $tu(t-1)$ (4) $(t-1)^2u(t-1)$

(5) $t^2u(t-1)$ (6) $e^{-3t}u(t-2)$

(7) $u(t-2\pi)\sin t$ (8) $u(t-\pi)\cos t$

2. 주어진 구간 밖에서는 $f(t)=0$인 다음과 같은 함수가 있다. 단위계단함수를 사용하여 $f(t)$를 표현하고, $f(t)$의 라플라스 변환을 구하여라.

(1) $f(t)=1 \quad (0<t<2)$ (2) $f(t)=1 \quad (2<t<3)$

(3) $f(t)=t \quad (0<t<1)$ (4) $f(t)=1-t \quad (0<t<1)$

(5) $f(t)=\sin t \quad (0<t<2\pi)$ (6) $f(t)=\sin t \quad (2\pi<t<4\pi)$

(7) $f(t)=e^t \quad (0<t<1)$ (8) $f(t)=1-e^{-t} \quad (0<t<2)$

3. 주어진 함수들의 라플라스 역변환을 구하여라.

(1) $\dfrac{e^{-4s}}{s}$ (2) $\dfrac{2e^{-s}-e^{-2s}}{s}$

(3) $\dfrac{e^{-4s}}{s^3}$ (4) $\dfrac{e^{-3s}}{(s-1)^3}$

(5) $\dfrac{e^{-\pi s/2}}{s^2+1}$ (6) $\dfrac{se^{-3s}}{s^2+4}$

(7) $\dfrac{3e^{-2s}}{s^2+9}$ (8) $\dfrac{2}{s^2}-\dfrac{2e^{-2s}}{s^2}-\dfrac{4e^{-2s}}{s}+\dfrac{se^{-\pi s}}{s^2+1}$

4. 다음 함수의 라플라스 변환을 구하여라.

(1) $f(t)=\begin{cases}\cos t & (0<t<4\pi)\\ \cos t+\sin t & (t>4\pi)\end{cases}$

(2) $f(t)=\begin{cases}1 & (0<t<1)\\ 3 & (1<t<4)\\ 6 & (t>4)\end{cases}$

5. 라플라스 변환을 이용하여 다음 미분방정식을 풀어라.

(1) $y'' + 4y = f(t),\ y(0) = 1,\ y'(0) = 0,\ f(t) = \begin{cases} 0 & (0 < t < 3) \\ 1 & (t > 3) \end{cases}$

(2) $y'' + 3y' + 2y = f(t),\ y(0) = y'(0) = 0,\ f(t) = \begin{cases} 0 & (0 < t < 2) \\ 2 & (t > 2) \end{cases}$

(3) $y'' + y = f(t),\ y(0) = y'(0) = 0,\ f(t) = \begin{cases} 1 & (0 < t < 1) \\ 0 & (t > 1) \end{cases}$

(4) $y'' + y = f(t),\ y(0) = y'(0) = 0,\ f(t) = \begin{cases} t & (0 < t < \pi) \\ 0 & (t > \pi) \end{cases}$

(5) $y'' + 9y = f(t),\ y(0) = 0,\ y'(0) = 4,\ f(t) = \begin{cases} 8\sin t & (0 < t < \pi) \\ 0 & (t > \pi) \end{cases}$

(6) $y'' + 5y' + 6y = \delta(t),\ y(0) = y'(0) = 0$

(7) $y'' + 7y' + 12y = \delta(t-2),\ y(0) = y'(0) = 0$

(8) $y'' + 4y' + 5y = \delta(t-1),\ y(0) = 0,\ y'(0) = 3$

(9) $y'' + 16y = 4\delta(t-\pi),\ y(0) = 2,\ y'(0) = 0$

(10) $y'' + y = \delta(t-\pi) + \delta(t-2\pi),\ y(0) = 0,\ y'(0) = 1$

6. [RLC 회로] 그림과 같은 회로에 흐르는 전류 $i(t)$는 다음 미분방정식으로 기술된다.

$$L\frac{di}{dt} + Ri + \frac{1}{C}\int i\, dt = v(t)$$

저항 $R = 2(\Omega)$, 인덕턴스 $L = 1(\text{H})$, 커패시턴스 $C = 0.5(\text{F})$이고, 초기상태 전류와 전하는 0이다. 다음과 같이 전압 $v(t)$를 가했을 때 전류 $i(t)$를 구하여라.

$$v(t) = \begin{cases} 1 & (0 < t < 3) \\ 0 & (t > 3) \end{cases} \quad (\text{V})$$

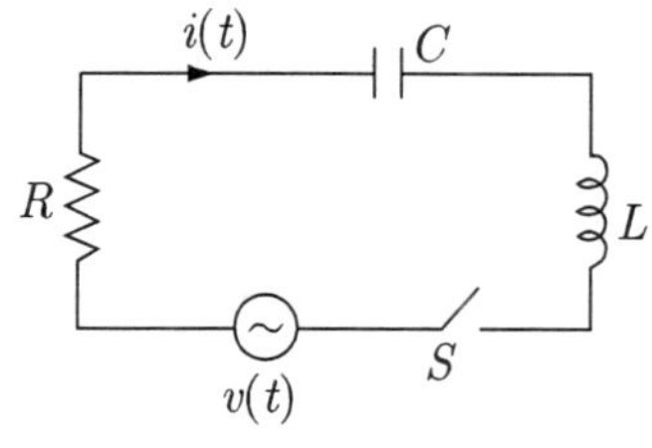

RLC 회로

7. 그림과 같은 사각형파의 라플라스 변환이 다음과 같음을 보여라.

$$F(s) = \frac{1}{s}\tanh\frac{as}{2}$$

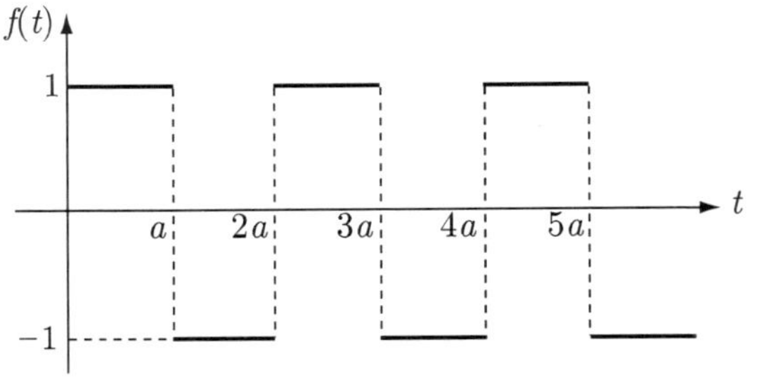

사각형파

8. 그림과 같은 $\sin kt$의 전파 정류 신호(full wave rectification)에 대한 라플라스 변환이 다음과 같음을 보여라.

$$F(s) = \frac{k}{s^2 + k^2}\coth\frac{\pi s}{2k}$$

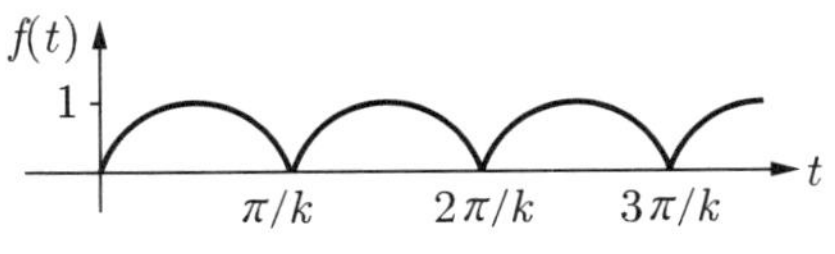

전파 정류

† 반파 정류 신호(half-wave rectification)는 신호의 음수 부분을 잘라낸 것을 말하고, 전파 정류 신호(full-wave rectification)는 음수 부분을 양수로 변환시킨 것($|\sin kt|$)을 말한다.

7.4 변환의 미분과 적분, 합성곱

[14] 변환의 미분

$\mathcal{L}\{f(t)\}=F(s)$일 대 $F(s)$의 미분에 대하여 다음 식이 성립한다.

$$\mathcal{L}\{tf(t)\}=-F'(s)$$
$$\mathcal{L}^{-1}\{F'(s)\}=-tf(t)$$

일반적으로 $n=1,\ 2,\ \cdots$에 대하여

$$\mathcal{L}\{t^n f(t)\}=(-1)^n\frac{d^nF}{ds^n}$$

이 성립한다.

설명 $n=1$인 경우 $F(s)=\int_0^\infty e^{-st}f(t)\,dt$를 s에 대하여 미분하면

$$\begin{aligned}\frac{dF}{ds}=\frac{d}{ds}\int_0^\infty f(t)e^{-st}dt&=\int_0^\infty f(t)\left[\frac{d}{ds}e^{-st}\right]dt\\&=\int_0^\infty f(t)[-te^{-st}]dt\\&=-\int_0^\infty e^{-st}[tf(t)]dt\\&=-\mathcal{L}[tf(t)].\end{aligned}$$

같은 방법으로 반복하여 미분하면 다음 식이 성립한다.

$$\frac{d^nF}{ds^n}=(-1)^n\mathcal{L}\{t^n f(t)\}$$

$$\therefore\ \mathcal{L}\{t^n f(t)\}=(-1)^n\frac{d^nF}{ds^n}$$

예제 7.4.1 다음 함수의 라플라스 변환을 구하여라.

(1) $t\sin kt$ (2) $t\cos kt$

(3) $te^{at}\sin kt$ (4) $te^{at}\cos kt$

풀이 (1) $F(s)=\mathcal{L}(\sin kt)=\dfrac{k}{s^2+k^2}$ 이므로

$$\mathcal{L}(t\sin kt)=-\frac{d}{ds}\left(\frac{k}{s^2+k^2}\right)=\frac{2ks}{(s^2+k^2)^2}.$$

(2) $F(s)=\mathcal{L}(\cos kt)=\dfrac{s}{s^2+k^2}$ 이므로

$$\mathcal{L}(t\cos kt)=-\frac{d}{ds}\left(\frac{s}{s^2+k^2}\right)=-\frac{(s^2+k^2)-s(2s)}{(s^2+k^2)^2}$$

$$=\frac{s^2-k^2}{(s^2+k^2)^2}.$$

(3) $F(s)=\mathcal{L}(e^{at}\sin kt)=\dfrac{k}{(s-a)^2+k^2}$ 이므로

$$\mathcal{L}(te^{at}\sin kt)=-\frac{d}{ds}\left[\frac{k}{(s-a)^2+k^2}\right]$$

$$=-\frac{-k\cdot 2(s-a)}{\{(s-a)^2+k^2\}^2}$$

$$=\frac{2k(s-a)}{\{(s-a)^2+k^2\}^2}.$$

(4) $F(s)=\mathcal{L}(e^{at}\cos kt)=\dfrac{s-a}{(s-a)^2+k^2}$ 이므로

$$\mathcal{L}(te^{at}\cos kt)=-\frac{d}{ds}\left[\frac{s-a}{(s-a)^2+k^2}\right]$$

$$=-\frac{(s-a)^2+k^2-(s-a)\cdot 2(s-a)}{\{(s-a)^2+k^2\}^2}$$

$$=\frac{(s-a)^2-k^2}{\{(s-a)^2+k^2\}^2}.$$ ■

† (1), (2)의 결과와 제1 이동정리를 사용하여 (3), (4)를 구할 수 있다.

[15] 변환의 적분

$\mathcal{L}\{f(t)\}= F(s)$가 존재하면 다음 식이 성립한다.

$$\mathcal{L}\left\{\frac{f(t)}{t}\right\}= \int_s^\infty F(u)du$$

$$\mathcal{L}^{-1}\left\{\int_s^\infty F(u)du\right\}= \frac{f(t)}{t}$$

설명 라플라스 변환의 정의로부터

$$\begin{aligned}\int_s^\infty F(u)du &= \int_s^\infty \left[\int_0^\infty e^{-ut}f(t)dt\right]du= \int_0^\infty f(t)\left[\int_s^\infty e^{-ut}du\right]dt \\ &= \int_0^\infty f(t)\left[-\frac{1}{t}e^{-ut}\right]_{u=s}^{u=\infty}dt \\ &= \int_0^\infty f(t)\left[\frac{1}{t}e^{-st}\right]dt \\ &= \int_0^\infty e^{-st}\left[\frac{f(t)}{t}\right]dt \\ &= \mathcal{L}\left\{\frac{f(t)}{t}\right\}.\end{aligned}$$

예제 7.4.2 다음 함수의 라플라스 변환을 구하여라.

(1) $\dfrac{1-\cos kt}{t}$ (2) $\dfrac{1-e^{at}}{t}$

풀이 (1) $F(s)=\mathcal{L}(1-\cos kt)= \dfrac{1}{s}-\dfrac{s}{s^2+k^2}$ 이므로

$$\begin{aligned}\mathcal{L}\left(\frac{1-\cos kt}{t}\right) &= \int_s^\infty \left(\frac{1}{u}-\frac{u}{u^2+k^2}\right)du = \left[\ln u-\frac{1}{2}\ln(u^2+k^2)\right]_s^\infty \\ &= \frac{1}{2}\left[\ln\left(\frac{u^2}{u^2+k^2}\right)\right]_s^\infty = \frac{1}{2}\left[\ln 1-\ln\left(\frac{s^2}{s^2+k^2}\right)\right] \\ &= \frac{1}{2}\ln\left(\frac{s^2+k^2}{s^2}\right).\end{aligned}$$

(2) $F(s) = \mathcal{L}(1 - e^{at}) = \dfrac{1}{s} - \dfrac{1}{s-a}$ 이므로

$$\mathcal{L}\left(\frac{1-e^{at}}{t}\right) = \int_s^{\infty}\left(\frac{1}{u} - \frac{1}{u-a}\right)du = [\,\ln u - \ln|u-a|\,]_s^{\infty}$$

$$= \left[\ln\left|\frac{u}{u-a}\right|\right]_s^{\infty} = \left[1 - \ln\left(\frac{s}{s-a}\right)\right]$$

$$= \ln\left(\frac{s-a}{s}\right) \quad (s > a).$$

■

[16] 합성곱 정리 6)

$t \geq 0$에서 구분적 연속인 두 함수 $f(t)$, $g(t)$에 대하여 다음과 같이 정의되는 함수 $h(t)$를 $f(t)$와 $g(t)$의 합성곱(convolution)이라 한다.

$$h(t) = (f * g)(t) = \int_0^t f(\tau)g(t-\tau)d\tau = \int_0^t f(t-\tau)g(\tau)d\tau$$

$\mathcal{L}\{f(t)\} = F(s)$, $\mathcal{L}\{g(t)\} = G(s)$일 때 합성곱의 라플라스변환이 존재하면

$$\mathcal{L}\left\{\int_0^t f(\tau)g(t-\tau)d\tau\right\} = F(s)G(s)$$

이고, 다음과 같이 역변환을 구할 수 있다.

$$\mathcal{L}^{-1}\{F(s)G(s)\} = \int_0^t f(\tau)g(t-\tau)d\tau$$

증명 $f(t)$와 $g(t)$의 라플라스 변환은

$$F(s) = \int_0^{\infty} e^{-su}f(u)du, \quad G(s) = \int_0^{\infty} e^{-sv}f(v)dv$$

이다. 이때

$$F(s)G(s) = \left[\int_0^{\infty} e^{-su}f(u)du\right]\left[\int_0^{\infty} e^{-sv}f(v)dv\right]$$

6) 합성곱 정리는 특히 적분방정식을 풀 때 편리하게 이용된다.

$$= \int_0^\infty \int_0^\infty e^{-s(u+v)} f(u) g(v) du\, dv$$

$$(\leftarrow u+v=t,\ v=t-u,\ dv=dt)$$

$$= \int_{t=0}^\infty \int_{u=0}^t e^{-st} f(u) g(t-u) du\, dt$$

$$= \int_0^\infty e^{-st} \left[\int_0^t f(u) g(t-u) du \right] dt$$

$$= \mathcal{L} \left\{ \int_0^t f(u) g(t-u) du \right\}. \quad \blacksquare$$

보충설명 $f(t)$와 $g(t)$의 합성곱이 정의되면 교환법칙 $(f*g)(t)=(g*f)(t)$가 성립한다. 이것은 $t-u=x$, 즉 $u=t-x$의 변수치환으로써 간단하게 증명된다.

예제 7.4.3 다음의 라플라스 역변환을 구하여라.

(1) $\dfrac{1}{s(s^2-1)}$　　　　(2) $\dfrac{1}{(s^2+1)^2}$

풀이 (1) $F(s)=\dfrac{1}{s}$, $G(s)=\dfrac{1}{s^2-1}$로 하면 $f(t)=1$, $g(t)=\sinh t$이다.

$$\therefore \mathcal{L}^{-1}\{F(s)G(s)\} = \int_0^t f(u) g(t-u) du = \int_0^t 1 \cdot \sinh(t-u) du$$

$$= -\left[\cosh(t-u)\right]_{u=0}^{u=t} = -(1-\cosh t)$$

$$= \cosh t - 1$$

(2) $F(s)=G(s)=\dfrac{1}{s^2+1}$로 하면 $f(t)=g(t)=\sin t$이다.

$$\therefore \mathcal{L}^{-1}\{F(s)G(s)\} = \int_0^t f(u) g(t-u) du = \int_0^t \sin u \sin(t-u) du$$

$$(\leftarrow \sin x \sin y = -\frac{1}{2}[\cos(x+y) - \cos(x-y)])$$

$$= \frac{1}{2} \int_0^t \{\cos(2u-t) - \cos t\} du$$

$$= \frac{1}{2} \left[\frac{1}{2} \sin(2u-t) - u \cos t \right]_{u=0}^{u=t}$$

$$= \frac{1}{2}(\sin t - t\cos t)$$ ■

예제 7.4.4 라플라스 변환을 이용하여 다음 적분방정식을 풀어라.

$$y(t) - \int_0^t y(\tau)\sin(t-\tau)d\tau = t$$

풀이 합성곱의 정의에 의해 주어진 방정식은 다음과 같이 쓸 수 있다.

$$y(t) - y(t) * \sin t = t$$

이 식의 라플라스 변환을 취하면

$$Y(s) - Y(s) \cdot \frac{1}{s^2+1} = \frac{1}{s^2}$$

이 되고, 이를 풀면 다음과 같이 $Y(s) = \mathcal{L}\{y(t)\}$가 구해진다.

$$Y(s)\left(1 - \frac{1}{s^2+1}\right) = \frac{1}{s^2}$$

$$Y(s)\left(\frac{s^2}{s^2+1}\right) = \frac{1}{s^2}$$

$$\therefore\ Y(s) = \frac{1}{s^2} \cdot \frac{s^2+1}{s^2} = \frac{1}{s^2} + \frac{1}{s^4}$$

끝으로 역변환을 하면 주어진 방정식의 해가 다음과 같이 구해진다.

$$y(t) = \mathcal{L}^{-1}\{Y(s)\} = t + \frac{1}{6}t^3$$ ■

† 미지의 함수 $y(t)$가 적분 기호 안에(경우에 따라서는 밖에도) 나타나는 방정식을 적분방정식 (integral equation)이라 한다.

예제 7.4.5 라플라스 변환을 이용하여 다음 적분방정식을 풀어라.

$$y' + 2y + 5\int_0^t y(\tau)d\tau = 1,\ \ y(0) = 0$$

풀이 합성곱의 정의에 의해 주어진 방정식은 다음과 같이 쓸 수 있다.

$$y' + 2y + 5(1 * y) = 1$$

이 식의 라플라스 변환을 취하면

$$[sY-y(0)]+2Y+5\left(\frac{1}{s}\cdot Y(s)\right)=\frac{1}{s}$$

$$\left(s+2+\frac{5}{s}\right)Y=\frac{1}{s} \quad (\leftarrow y(0)=0)$$

이 되고, 이를 풀면 다음과 같이 $Y(s)=\mathcal{L}\{y(t)\}$가 구해진다.

$$Y(s)\left(\frac{s^2+2s+5}{s}\right)=\frac{1}{s}$$

$$\therefore\ Y(s)=\frac{1}{s^2+2s+5}=\frac{1}{(s+1)^2+4}=\frac{1}{(s+1)^2+2^2}$$

끝으로 역변환을 하여 주어진 방정식의 해를 구한다.

$$y(t)=\mathcal{L}^{-1}\{Y(s)\}=\frac{1}{2}e^{-t}\sin 2t$$

■

보충설명 $\frac{1}{s^2+4}$의 역변환은 $\frac{1}{2}\sin 2t$이므로 $\frac{1}{(s+1)^2+4}$의 역변환은 $\frac{1}{2}\sin 2t\cdot e^{-t}$이다.

연습문제 7.4

1. [미분에 의한 변환] 다음 함수의 라플라스 변환을 구하여라.

(1) te^{2t}　　(2) $t\sinh 2t$

(3) $te^{-t}\sin t$　　(4) $te^{-t}\cos t$

(5) t^2e^{3t}　　(6) $t^2\sin 2t$

2. [적분에 의한 변환] 다음 함수의 라플라스 변환을 구하여라.

(1) $\dfrac{e^{-2t}-e^{-5t}}{t}$　　(2) $\dfrac{1-\cosh t}{t}$

3. 역변환을 구하여라.

(1) $\dfrac{1}{(s-1)^3}$　　(2) $\dfrac{s}{(s^2-4)^2}$

(3) $\dfrac{2\pi s}{(s^2+\pi^2)^2}$　　(4) $\ln\left(\dfrac{s-1}{s-2}\right)$

4. [합성곱에 의한 역변환] 합성곱 정리를 이용하여 역변환을 구하여라.

(1) $\dfrac{1}{s^2(s-2)}$　　(2) $\dfrac{1}{s(s^2+4)}$

(3) $\dfrac{s^2}{(s^2+1)^2}$　　(4) $\dfrac{1}{s^2(s^2+1)}$

(5) $\dfrac{s}{(s^2+1)^2}$　　(6) $\dfrac{1}{s(s-4)^2}$

5. 라플라스 변환을 이용하여 다음 적분방정식을 풀어라.

(1) $y(t)+4\int_0^t y(\tau)(t-\tau)d\tau=2t$

(2) $y(t)-\int_0^t y(t-\tau)e^{-\tau}d\tau=2t^2$

(3) $y(t)-\int_0^t (1+\tau)y(t-\tau)d\tau=1-\sinh t$

7.5 연립미분방정식 [7]

이 절에서는 라플라스 변환을 이용하여 연립미분방정식을 푸는 방법을 알아본다. 라플라스 변환은 미분방정식을 대수적인 문제로 바꾸어주며, 특히 초기조건이 주어진 문제를 효율적으로 풀 수 있다.

다음과 같은 1계 선형연립미분방정식을 고려한다.

$$y_1' = a_1 y_1 + a_2 y_2 + g_1(t) \qquad \cdots ①$$

$$y_2' = b_1 y_1 + b_2 y_2 + g_2(t) \qquad \cdots ②$$

위 식에 라플라스 변환을 취하여 다음과 같은 보조방정식

$$s\,Y_1 - y_1(0) = a_1 Y_1 + a_2 Y_2 + G_1(s)$$

$$s\,Y_2 - y_2(0) = b_1 Y_1 + b_2 Y_2 + G_2(s)$$

를 얻고, 이것을 Y_1, Y_2에 대해 정리하면 다음과 같이 된다.

$$(s - a_1)Y_1 - a_2 Y_2 = y_1(0) + G_1(s) \qquad \cdots ③$$

$$-b_1 Y_1 + (s - b_2)Y_2 = y_2(0) + G_2(s) \qquad \cdots ④$$

여기에서 $Y_1(s)$, $Y_2(s)$, $G_1(s)$, $G_2(s)$는 각각 $y_1(t)$, $y_2(t)$, $g_1(t)$, $g_2(t)$의 라플라스 변환을 나타낸다. 식 ③, ④를 대수적으로 풀어서 $Y_1(s)$, $Y_2(s)$를 구한 후 역변환 $y_1(t) = \mathcal{L}^{-1}\{Y_1(s)\}$, $y_2(t) = \mathcal{L}^{-1}\{Y_2(s)\}$를 취하면 주어진 연립미분방정식의 해가 얻어진다.

라플라스 변환된 식에서 나타나는 상수들이 s의 함수이므로 계수가 상수인 연립방정식에 비하여 계산이 복잡하게 보인다. 이때 미지함수가 두 개인 경우에는 다음과 같은 2원 1차 연립방정식의 풀이 방법을 이용하면 편리하게 해를 구할 수 있다.

다음과 같은 연립방정식

$$ax + by = p \qquad \cdots ⑤$$

$$cx + dy = q \qquad \cdots ⑥$$

를 행렬로 표현하면

7) 실제적인 공학문제 해결에 많이 이용되므로 잘 알아두도록 한다. 초기값 문제의 해를 매우 편리하게 구할 수 있다.

$$\begin{bmatrix} a & b \\ c & d \end{bmatrix}\begin{pmatrix} x \\ y \end{pmatrix} = \begin{pmatrix} p \\ q \end{pmatrix} \qquad \cdots ⑦$$

가 되고, 식 ⑦의 해(x, y)는 다음과 같다.

$$\begin{pmatrix} x \\ y \end{pmatrix} = \frac{1}{D}\begin{bmatrix} d & -b \\ -c & a \end{bmatrix}\begin{pmatrix} p \\ q \end{pmatrix} = \frac{1}{D}\begin{pmatrix} dp - bq \\ -cp + aq \end{pmatrix}, \quad D = ad - bc \neq 0 \qquad \cdots ⑧$$

예제 7.5.1 라플라스 변환을 이용하여 다음 초기값 문제를 풀어라.

$$y_1{}' + y_1 - 4y_2 = 0, \quad 3y_1 - y_2{}' - 2y_2 = 0, \quad y_1(0) = 3, \quad y_2(0) = 4$$

풀이 주어진 방정식의 라플라스 변환을 취하면

$$[sY_1 - y_1(0)] + Y_1 - 4Y_2 = 0$$
$$3Y_1 - [sY_2 - y_2(0)] - 2Y_2 = 0$$

인데, 여기에서 초기조건 $y_1(0) = 3$, $y_2(0) = 4$를 대입하면 다음과 같이 변환 $Y_1(s) = \mathcal{L}\{y_1(t)\}$, $Y_2(s) = \mathcal{L}\{y_2(t)\}$에 대한 식이 얻어진다.

$$(s+1)Y_1 - 4Y_2 = 3 \qquad \cdots ①$$
$$-3Y_1 + (s+2)Y_2 = 4 \qquad \cdots ②$$

①, ②에서 Y_1, Y_2를 구하면

$$Y_1(s) = \frac{3s+22}{s^2+3s-10} = \frac{3s+22}{(s-2)(s+5)} = \frac{4}{s-2} - \frac{1}{s+5} \qquad \cdots ③$$

$$Y_2(s) = \frac{4s+13}{s^2+3s-10} = \frac{4s+13}{(s-2)(s+5)} = \frac{3}{s-2} + \frac{1}{s+5} \qquad \cdots ④$$

이고, 식 ③, ④에서 $Y_1(s)$, $Y_2(s)$의 역변환을 취하면 다음과 같이 주어진 방정식의 해 $y_1(t)$, $y_2(t)$가 구해진다.

$$y_1(t) = \mathcal{L}^{-1}(Y_1) = 4e^{2t} - e^{-5t} \qquad \cdots ⑤$$

$$y_2(t) = \mathcal{L}^{-1}(Y_2) = 3e^{2t} + e^{-5t} \qquad \cdots ⑥$$

■

보충설명 식 ①, ②를 행렬로 표현하면 $\begin{bmatrix} (s+1) & -4 \\ -3 & (s+2) \end{bmatrix}\begin{pmatrix} Y_1 \\ Y_2 \end{pmatrix} = \begin{pmatrix} 3 \\ 4 \end{pmatrix}$이므로 다음과 같이 Y_1, Y_2가 구해진다.

$$\begin{pmatrix} Y_1 \\ Y_2 \end{pmatrix} = \frac{1}{D}\begin{bmatrix} (s+2) & 4 \\ 3 & (s+1) \end{bmatrix}\begin{pmatrix} 3 \\ 4 \end{pmatrix} = \frac{1}{D}\begin{pmatrix} 3(s+2)+16 \\ 9+4(s+1) \end{pmatrix} = \frac{1}{D}\begin{pmatrix} 3s+22 \\ 4s+13 \end{pmatrix}$$

$$D = (s+1)(s+2) - 12 = s^2 + 3s - 10$$

예제 7.5.2 [전기회로] 키르히호프의 법칙에 의해 그림과 같은 회로의 전류는 다음 미분방정식으로 기술된다.

$$Li_1' + R(i_1 - i_2) = v(t)$$

$$R(i_2' - i_1') + \frac{1}{C}i_2 = 0$$

$R = 10(\Omega)$, $L = 20(\text{H})$, $C = 0.05(\text{F})$, $v(t) = 20(\text{V})$일 때 회로에 흐르는 전류 $i_1(t)$, $i_2(t)$를 구하여라. 초기상태 전류는 $i_1(0) = 0$, $i_2(0) = 2(\text{A})$이다.

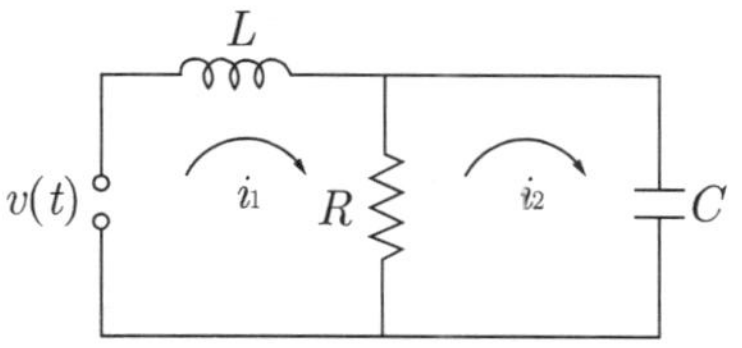

RLC 회로

풀이 먼저 주어진 데이터를 방정식에 대입하여 $i_1(t)$, $i_2(t)$에 대한 미분방정식을 구한다.

$$20i_1' + 10(i_1 - i_2) = 20$$

$$10(i_2' - i_1') + \frac{1}{0.05}i_2 = 0$$

윗식을 정리하면

$$2i_1' + (i_1 - i_2) = 2 \qquad \cdots ①$$

$$(i_2' - i_1') + 2i_2 = 0 \qquad \cdots ②$$

이 된다. 식 ①, ②의 라플라스 변환을 취하면

$$2[sI_1 - i_1(0)] + (I_1 - I_2) = \frac{2}{s}$$

$$[sI_2 - i_2(0)] - [sI_1 - i_1(0)] + 2I_2 = 0$$

인데, 여기에서 초기조건 $i_1(0) = 0$, $i_2(0) = 2$를 대입하면 다음과 같이 라플라스 변환 $I_1(s)$, $I_2(s)$에 대한 식이 얻어진다.

$$(2s+1)I_1 - I_2 = \frac{2}{s} \qquad \cdots ③$$

$$-sI_1 + (s+2)I_2 = 2 \qquad \cdots ④$$

③, ④에서 $I_1(s)$, $I_2(s)$를 구하면

$$I_1(s) = \frac{2}{s(s+1)} = 2\left(\frac{1}{s} - \frac{1}{s+1}\right) \qquad \cdots ⑤$$

$$I_2(s) = \frac{2}{s+1} \qquad \cdots ⑥$$

이다. 끝으로 식 ⑤, ⑥의 역변환을 취하면 다음과 같이 회로에 흐르는 전류가 구해진다.

$$i_1(t) = \mathcal{L}^{-1}(I_1) = 2(1-e^{-t}) \qquad \cdots ⑦$$

$$i_2(t) = \mathcal{L}^{-1}(I_2) = 2e^{-t} \qquad \cdots ⑧$$

■

예제 7.5.3 [질량-용수철 계] 그림과 같은 역학계에서 마찰이 없을 때 평형상태로부터의 물체의 변위 $y_1(t)$, $y_2(t)$는 다음 미분방정식으로 기술된다.

$$m_1 y_1'' = -k_1 y_1 + k_2(y_2 - y_1)$$

$$m_2 y_2'' = -k_2(y_2 - y_1) - k_3 y_2$$

$m_1 = m_2 = 1(\mathrm{kg})$, $k_1 = 2(\mathrm{kg/s^2})$, $k_2 = 4(\mathrm{kg/s^2})$, $k_3 = 2(\mathrm{kg/s^2})$일 때 초기조건 $y_1(0) = y_2(0) = 0$, $y_1'(0) = 1(\mathrm{m/s})$, $y_2'(0) = -1(\mathrm{m/s})$을 만족하는 $y_1(t)$, $y_2(t)$를 구하여라.

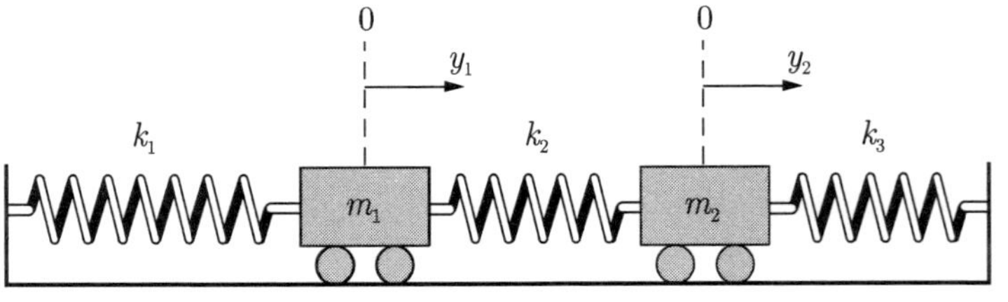

질량-용수철 계

풀이 주어진 데이터를 방정식에 대입하여 $y_1(t)$, $y_2(t)$에 대한 방정식을 구한다.

$$y_1'' = -2y_1 + 4(y_2 - y_1) \qquad \cdots ①$$

$$y_2'' = -4(y_2 - y_1) - 2y_2 \qquad \cdots ②$$

식 ①, ②의 라플라스 변환을 취하면

$$[s^2 Y_1 - sy_1(0) - y_1'(0)] = -2Y_1 + 4(Y_2 - Y_1)$$
$$[s^2 Y_2 - sy_2(0) - y_2'(0)] = -4(Y_2 - Y_1) - 2Y_2$$

인데, 여기에서 초기조건 $y_1(0) = y_2(0) = 0$, $y_1'(0) = 1$, $y_2'(0) = -1$을 대입하면 다음과 같은 식이 얻어진다.

$$[s^2 Y_1 - 1] = -2Y_1 + 4(Y_2 - Y_1)$$
$$[s^2 Y_2 + 1] = -4(Y_2 - Y_1) - 2Y_2$$

위 식을 변환 $Y_1(s)$, $Y_2(s)$에 대해 정리하면

$$(s^2+6)Y_1 - 4Y_2 = 1 \qquad \cdots ③$$
$$-4Y_1 + (s^2+6)Y_2 = -1 \qquad \cdots ④$$

이고, 여기에서 $Y_1(s)$, $Y_2(s)$를 구하면

$$Y_1(s) = \frac{s^2+2}{s^4+12s^2+20} = \frac{s^2+2}{(s^2+10)(s^2+2)} = \frac{1}{s^2+10} \qquad \cdots ⑤$$
$$Y_2(s) = \frac{-s^2-2}{s^4+12s^2+20} = \frac{-(s^2+2)}{(s^2+10)(s^2+2)} = \frac{-1}{s^2+10} \qquad \cdots ⑥$$

이다. 끝으로 식 ⑤, ⑥의 역변환을 취하면

$$y_1(t) = \mathcal{L}^{-1}(Y_1) = \frac{1}{\sqrt{10}} \sin\sqrt{10}\,t \qquad \cdots ⑦$$
$$y_2(t) = \mathcal{L}^{-1}(Y_2) = -\frac{1}{\sqrt{10}} \sin\sqrt{10}\,t \qquad \cdots ⑧$$

가 구해진다. ■

연습문제 7.5

1. 라플라스 변환을 이용하여 주어진 초기값 문제를 풀어라.

(1) $y_1{}' - 3y_2 = 0$, $3y_1 + y_2{}' = 0$, $y_1(0) = 2$, $y_2(0) = 0$

(2) $2y_1{}' - y_2 = 0$, $2y_1 - y_2{}' = 0$, $y_1(0) = 3$, $y_2(0) = -2$

(3) $y_1{}' + y_2 = 2e^t$, $4y_1 + y_2{}' = 5e^t$, $y_1(0) = 0$, $y_2(0) = 3$

(4) $y_1{}' + y_2 = 3$, $y_1 - y_2{}' = 2t$, $y_1(0) = 0$, $y_2(0) = 2$

(5) $y_1{}' - 3y_1 - 2y_2 = 0$, $y_1 - 2y_2{}' + 2y_2 = 0$, $y_1(0) = 16$, $y_2(0) = -2$

(6) $y_1{}' - y_2{}' - 6y_2 = 0$, $y_1{}' - 3y_1 + 2y_2{}' = 0$, $y_1(0) = 2$, $y_2(0) = 3$

(7) $y_1{}' + y_2{}' + y_1 - y_2 = 0$, $y_1{}' + 2y_2{}' + y_1 = 1$, $y_1(0) = y_2(0) = 0$

(8) $y_1{}' - y_1 - 2y_2 = e^{2t} - 2t$, $y_2{}' + y_2 = 1 + t$, $y_1(0) = 1$, $y_2(0) = -4$

(9) $y_1{}'' + y_2 = -5\cos 2t$, $y_1 + y_2{}'' = 5\cos 2t$,
$y_1(0) = 1$, $y_1{}'(0) = 1$, $y_2(0) = -1$, $y_2{}'(0) = 1$

(10) $y_1{}'' = y_1 + 3y_2$, $y_2{}'' = 4y_1 - 4e^t$,
$y_1(0) = 2$, $y_1{}'(0) = 3$, $y_2(0) = 1$, $y_2{}'(0) = 2$

2. 어떤 회로에 흐르는 전류가 다음 미분방정식으로 기술된다. 라플라스 변환을 이용하여 $i_1(t)$와 $i_2(t)$를 구하여라.

$$4i_1(t) + 12\int_0^t [i_1(\tau) - i_2(\tau)]d\tau = 1$$

$$i_2(t) + 2\int_0^t i_2(\tau)d\tau = 2\int_0^t [i_1(\tau) - i_2(\tau)]d\tau$$

3. 어떤 역학계에서 두 물체의 변위 $y_1(t)$, $y_2(t)$가 다음 미분방정식으로 기술된다. $k = 3$이고 초기조건 $y_1(0) = 1$, $y_2(0) = 1$, $y_1{}'(0) = 3$, $y_2{}'(0) = -3$일 때 변위를 구하여라.

$$y_1{}'' = -ky_1 + k(y_2 - y_1)$$

$$y_2{}'' = -k(y_2 - y_1) - ky_2$$

제8장 선적분, 이중적분

8.1 선적분

[1] 선적분의 정의

xy평면에서 두 점 $A(a_1, b_1)$, $B(a_2, b_2)$를 잇는 곡선을 C라 하고, C 위에서 정의된 함수 $P(x, y)$, $Q(x, y)$를 고려한다. 곡선 C를 n등분하여 각각의 점을 다음과 같이 나타낸다.

$$(a_1, b_1) \equiv (x_0, y_0), (x_1, y_1), (x_2, y_2), \cdots, (x_{n-1}, y_{n-1}), (x_n, y_n) \equiv (a_2, b_2)$$

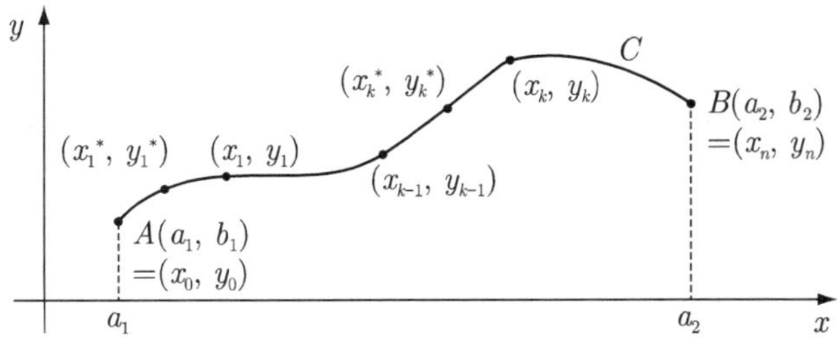

이때 C 위에서 두 점 (x_{k-1}, y_{k-1}), (x_k, y_k) 사이에 위치한 점 $(x_k{}^*, y_k{}^*)$를 선택하여

$$S_n = \sum_{k=1}^{n} \{P(x_k{}^*, y_k{}^*)\Delta x_k + Q(x_k{}^*, y_k{}^*)\Delta y_k\} \qquad \cdots(1)$$

의 극한값 $\lim_{n\to\infty} S_n$이 존재할 때 이 값을 곡선 C를 따른 선적분(line integral)으로 정의하고 다음과 같이 나타낸다. $\Delta x_k = x_k - x_{k-1}$, $\Delta y_k = y_k - y_{k-1}$이고, $n\to\infty$일 때 $\Delta x_k \to 0$, $\Delta y_k \to 0$이다.

$$\int_C [P(x, y)dx + Q(x, y)dy] \qquad \cdots(2)$$

또는

$$\int_{(a_1, b_1)}^{(a_2, b_2)} [P(x, y)dx + Q(x, y)dy] \qquad \cdots(3)$$

설명 선적분의 개념은 일변수함수의 적분 $\int_a^b f(x)dx$ $\cdots$ (*)의 개념을 일반화한 것이다. 식 (*)에서는 피적분함수 $f(x)$를 직선(x축)을 따라 $x=a$에서 $x=b$까지 적분한다. 이에 반해 선적분에서는 피적분함수를 평면이나 공간상에서 곡선 C를 따라 적분하게 된다.

평면과 비슷한 방법으로 공간에서 곡선 C를 따른 선적분은 다음과 같이 정의된다.

$$\lim_{n\to\infty}\left[\sum_{k=1}^{n}\{P(x_k^*,\ y_k^*,\ z_k^*)\Delta x_k + Q(x_k^*,\ y_k^*,\ z_k^*)\Delta y_k + R(x_k^*,\ y_k^*,\ z_k^*)\Delta z_k\}\right] = \int_C [P(x,\ y,\ z)dx + Q(x,\ y,\ z)dy + R(x,\ y,\ z)dz] \qquad \cdots(4)$$

한편 다음과 같이 곡선의 미소 길이(ds)로써 선적분을 정의할 수 있다. Δs_k를 곡선 C 위의 두 점 $(x_{k-1},\ y_{k-1})$, $(x_k,\ y_k)$ 사이의 길이라 할 때

$$\lim_{n\to\infty}\left[\sum_{k=1}^{n}F(x_k^*,\ y_k^*)\Delta s_k\right] = \int_C F(x,\ y)ds \qquad \cdots(5)$$

를 곡선 C를 따른 $F(x,\ y)$의 선적분이라 한다.[1)]

여기에서 $x = x(t)$, $y = y(t)$ $(a \le t \le b)$인 경우에는

$$ds = \sqrt{(dx)^2 + (dy)^2} = \sqrt{\left(\frac{dx}{dt}\right)^2 + \left(\frac{dy}{dx}\right)^2}\, dt$$

로 쓸 수 있으므로

$$\boxed{\int_C F(x,\ y)ds = \int_a^b F\{x(t),\ y(t)\}\sqrt{\left(\frac{dx}{dt}\right)^2 + \left(\frac{dy}{dt}\right)^2}\, dt} \qquad \cdots(6)$$

로써 선적분을 구할 수 있다.

† 곡선 C가 닫힌곡선이면 $\int_C$ 대신에 $\oint_C$로 나타내기도 한다.

---

1) 선적분이 정의는 여러 개의 변수로 표현되어 복잡해보이지만 실제 계산은 어렵지 않다. 엄밀한 정의는 참조로 하고 예제를 통하여 계산 방법을 익히면 된다.

[2] 선적분에 대한 벡터 표현

x, y, z 방향의 단위벡터를 각각 $\vec{i}$, $\vec{j}$, $\vec{k}$라 하고

$$\vec{F} = F_1\vec{i} + F_2\vec{j} + F_3\vec{k}, \quad \overrightarrow{dr} = dx\,\vec{i} + dy\,\vec{j} + dz\,\vec{k}$$

라 하면 선적분은 다음과 같이 간단하게 표현된다.

$$\int_C [F_1 dx + F_2 dy + F_3 dz] = \int_C \vec{F} \cdot \overrightarrow{dr} \quad \cdots (7)$$

설명 벡터의 내적에 의해

$$\begin{aligned}\vec{F} \cdot \overrightarrow{dr} &= \left(F_1\vec{i} + F_2\vec{j} + F_3\vec{k}\right) \cdot \left(dx\vec{i} + dy\vec{j} + dz\vec{k}\right) \\ &= F_1 dx + F_2 dy + F_3 dz\end{aligned}$$

이다.

[3] 벡터함수의 선적분 2)

평면상의 곡선 C가 다음과 같이 매개변수방정식으로 주어지고

$$C : \ \vec{r}(t) = x(t)\vec{i} + y(t)\vec{j} \quad (a \le t \le b)$$

벡터장 $\vec{F}$가

$$\vec{F}(x, y) = P(x, y)\vec{i} + Q(x, y)\vec{j}$$

로 주어질 때 C에서 $\vec{F}$의 선적분은 다음과 같이 정의된다.

$$\begin{aligned}\int_C \vec{F}(\vec{r}) \cdot \overrightarrow{dr} &= \int_C \vec{F}(\vec{r}) \cdot \frac{\overrightarrow{dr}}{dt} dt \\ &= \int_a^b \left[P(x, y)\frac{dx}{dt} + Q(x, y)\frac{dy}{dt}\right] dt \quad \cdots (8)\end{aligned}$$

2) 벡터적분은 벡터를 성분으로 분해하여 각 성분에 대해 일반 적분과 같은 방법으로 계산하면 된다.

설명 일반적으로 벡터함수 $\vec{F}(\vec{r})$의 선적분은 다음과 같이 정의된다.

$$\int_C \vec{F}(\vec{r}) \cdot \vec{dr} = \int_a^b \vec{F}(\vec{r}) \cdot \frac{\vec{dr}}{dt} dt$$

곡선 C는 다음과 같이 매개변수로 표현되고,

$$\vec{r}(t) = x(t)\vec{i} + y(t)\vec{j} + z(t)\vec{k} \qquad (a \le t \le b)$$

곡선 위의 시작점과 끝점은 각각 $\vec{r}(a)$, $\vec{r}(b)$이다. 여기에서

$$\vec{F} = P\vec{i} + Q\vec{j} + R\vec{k}$$

이면

$$\int_a^b \vec{F}(\vec{r}) \cdot \frac{\vec{dr}}{dt} dt = \int_a^b (P\vec{i} + Q\vec{j} + R\vec{k}) \cdot \left(\frac{dx}{dt}\vec{i} + \frac{dy}{dt}\vec{j} + \frac{dz}{dt}\vec{k}\right) dt$$

$$= \int_a^b \left(P\frac{dx}{dt} + Q\frac{dy}{dt} + R\frac{dz}{dt}\right) dt$$

가 된다.

공간상의 어떤 위치 (x, y, z)에서 물체에 작용하는 힘이 $\vec{F}$이면

$$W = \int_C \vec{F} \cdot \vec{dr}$$

은 곡선 C를 따라 이동하는 물체가 한 일을 나타낸다.

[4] 선적분 계산 (I)[3)]

평면 $z=0$에서 곡선 C의 방정식이 $y=f(x)$로 주어지면 식 (2) 또는 (3)의 선적분은 다음과 같이 계산된다.

$$\int_{a_1}^{a_2} [P\{x, f(x)\}dx + Q\{x, f(x)\}f'(x)dx] \qquad \cdots(9)$$

3) 수식이 복잡해보이지만 선적분 계산 방법은 간단하다. 주어진 조건으로써 적분변수를 통일하여 3장에서 배운 정적분과 같은 방법으로 계산하면 된다.

같은 방법으로 C가 $x=g(y)$로 주어지면 다음과 같이 계산된다.

$$\int_{b_1}^{b_2}[P\{g(y),\ y\}g'(y)dy+Q\{g(y),\ y\}dy] \qquad \cdots(10)$$

설명 $y=f(x)$이면

$$dy=\frac{dy}{dx}dx=f'(x)dx$$

이고 $x=g(y)$이면

$$dx=\frac{dx}{dy}dy=g'(y)dy$$

이다. 즉 적분변수를 x 또는 y로 통일하여 구간 $(a_1 \le x \le a_2)$ 또는 $(b_1 \le y \le b_2)$에서의 정적분을 계산하면 된다.

[5] 선적분 계산 (II) – 매개변수 표현

곡선 C가 $x=f(t)$, $y=g(t)$로 표현되면 식 (2) 또는 (3)의 선적분은 다음과 같이 계산된다.

$$\int_{t_1}^{t_2}[P\{f(t),\ g(t)\}f'(t)dt+Q\{f(t),\ g(t)\}g'(t)dt] \qquad \cdots(11)$$

t_1, t_2는 곡선 C 위의 두 점 A, B에 대응되는 t를 각각 나타낸다.

설명 적분변수를 t로 통일하여 계산한다. $x=f(t)$, $y=g(t)$이면

$$dx=\frac{dx}{dt}dt=f'(t)dt,\ dy=\frac{dy}{dt}dt=g'(t)dt$$

이고, t에 대한 적분구간은 $(t_1 \le t \le t_2)$가 된다.

[6] 선적분의 성질

선적분에서도 일반 적분과 유사한 다음 관계식이 성립한다.

$$\int_C [P(x,\ y)dx + Q(x,\ y)dy] = \int_C P(x,\ y)dx + \int_C Q(x,\ y)dy$$

$$\int_{(a_1,\ b_1)}^{(a_2,\ b_2)} [Pdx + Qdy] = -\int_{(a_2,\ b_2)}^{(a_1,\ b_1)} [Pdx + Qdy]$$

$$\int_{(a_1,\ b_1)}^{(a_2,\ b_2)} [Pdx + Qdy] = \int_{(a_1,\ b_1)}^{(a_3,\ b_3)} [Pdx + Qdy] + \int_{(a_3,\ b_3)}^{(a_2,\ b_2)} [Pdx + Qdy]$$

여기에서 $(a_3,\ b_3)$는 곡선 C 위의 한 점이다.

예제 8.1.1 [선적분의 적분경로 의존성] 시작점과 끝점이 같은 그래프 (a), (b)의 선을 따라서 다음 선적분을 계산하여라.

$$\int_{(0,1)}^{(1,2)} [(x^2 - y)\,dx + (x + y^2)\,dy]$$

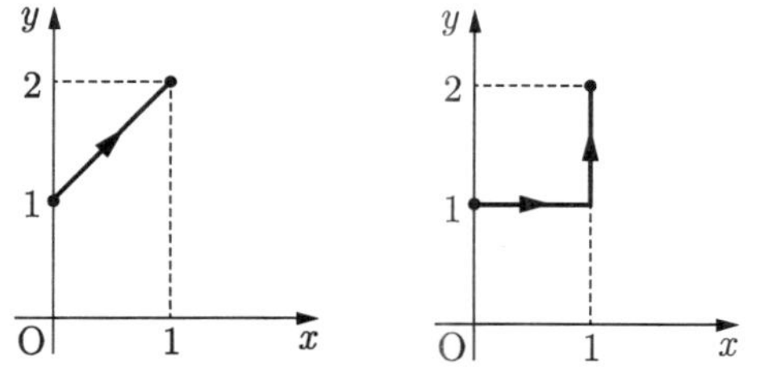

(a) (b)

풀이 (a) 두 점 $(0,\ 1)$, $(1,\ 2)$를 잇는 직선의 방정식은

$$y = x + 1$$

이므로 직선상에서 $dy = dx$ 이다. 적분변수를 x로 통일하면 적분구간은 $(0 \le x \le 1)$이 되고 다음과 같이 적분값이 구해진다.

$$\int_{(0,\ 1)}^{(1,\ 2)} [(x^2 - y)\,dx + (x + y^2)\,dy]$$

$$= \int_{x=0}^{1} [\{x^2 - (x+1)\}\,dx + \{x + (x+1)^2\}\,dx]$$

$$= \int_0^1 (2x^2 + 2x)dx$$

$$= \left[\frac{2}{3}x^3 + x^2\right]_0^1$$

$$= \left(\frac{2}{3} + 1\right) - (0)$$

$$= \frac{5}{3}$$

(b) 다음과 같이 적분구간을 나누어 구한다.

$$\int_{(0,\,1)}^{(1,\,2)} [Pdx + Qdy] = \int_{(0,\,1)}^{(1,\,1)} [Pdx + Qdy] + \int_{(1,\,1)}^{(1,\,2)} [Pdx + Qdy]$$

두 점 (0, 1), (1, 1)을 잇는 직선을 따라서 $y = 1$, $dy = 0$이므로 선적분은 다음과 같다.

$$\int_{(0,\,1)}^{(1,\,1)} [(x^2 - y)\,dx + (x + y^2)\,dy] = \int_{x=0}^{1} [(x^2 - 1)dx + (x + 1^2)(0)]$$

$$= \int_0^1 (x^2 - 1)dx$$

$$= \left[\frac{1}{3}x^3 - x\right]_0^1$$

$$= \left(\frac{1}{3} - 1\right) - (0)$$

$$= -\frac{2}{3}$$

점 (1, 1), (1, 2)를 잇는 직선을 따라서 $x = 1$, $dx = 0$이다. 이 구간에서는 적분변수를 y로 하여 계산한다.

$$\int_{(1,\,1)}^{(1,\,2)} [(x^2 - y)\,dx + (x + y^2)\,dy] = \int_{y=1}^{2} [(1^2 - y)(0) + (1 + y^2)\,dy]$$

$$= \int_1^2 (1 + y^2)dy$$

$$= \left[y + \frac{1}{3}y^3\right]_1^2$$

$$= \left(2 + \frac{1}{3} \cdot 2^3\right) - \left(1 + \frac{1}{3}\right)$$

$$= \frac{10}{3}$$

따라서 구하는 적분값은 $-\frac{2}{3}+\frac{10}{3}=\frac{8}{3}$이다. ■

† 예제 8.1.1은 양 끝점은 같지만 적분 결과는 다르다는 것을 보여준다. 일반적으로 선적분의 값은 주어진 함수와 경로의 양 끝점은 물론이고 경로에도 의존한다.

[적분경로와 무관한 선적분] : 일반적으로 선적분의 값은 적분경로에 의존하지만 다음과 같이 $\vec{F}$가 어떤 함수 f의 기울기인 경우에는 적분경로와 무관하다.

$$\vec{F}=F_1\vec{i}+F_2\vec{j}+F_3\vec{k}=\nabla f$$

성분으로 표현하면

$$F_1=\frac{\partial f}{\partial x},\ F_2=\frac{\partial f}{\partial y},\ F_3=\frac{\partial f}{\partial z}$$

이다.

증명 곡선 C를 점 A에서 B까지의 임의의 경로로

$$\vec{r}(t)=x(t)\vec{i}+y(t)\vec{j}+z(t)\vec{k}\quad (a\le t\le b)$$

와 같이 주어진다고 한다. 이때 선적분은

$$\begin{aligned}\int_A^B(F_1dx+F_2dy+F_3dz)&=\int_A^B\left(\frac{\partial f}{\partial x}dx+\frac{\partial f}{\partial y}dy+\frac{\partial f}{\partial z}dz\right)\\&=\int_a^b\left(\frac{\partial f}{\partial x}\frac{dx}{dt}+\frac{\partial f}{\partial y}\frac{dy}{dt}+\frac{\partial f}{\partial z}\frac{dz}{dt}\right)dt\\&=\int_a^b\frac{df}{dt}dt\\&=[f\{x(t),y(t),z(t)\}]_{t=a}^{t=b}\\&=f(B)-f(A)\end{aligned}$$

이다. 여기에서 적분값이 단순히 곡선 C의 두 끝점에서의 함숫값 차이로 나타나므로 $\vec{F}=\nabla f$의 선적분은 적분경로에 무관하다는 것을 보여준다. ■

예제 8.1.2 [매개변수 선적분] 곡선 C의 방정식이 $x(t)=t$, $y(t)=t^2+1$로 주어질 때 다음 선적분을 구하여라.

$$\int_{(0,\ 1)}^{(1,\ 2)} [(x^2+y)\,dx+(x+y^2)\,dy]$$

풀이 매개변수 t에 대한 적분으로 바꾸어 적분값을 구한다.

$$x=t \quad \therefore\ dx=dt,$$
$$y=t^2+1 \quad \therefore\ dy=2t\,dt$$

적분 구간은 $0 \le t \le 1$이다. 왜냐하면 점 $(0,\ 1)$에서 $t=0$이고, 점 $(1,\ 2)$에서 $t=1$이다. 따라서 선적분의 값은 다음과 같이 구해진다.

$$\begin{aligned}
&\int_{(0,\ 1)}^{(1,\ 2)} [(x^2+y)\,dx+(x+y^2)\,dy] \\
&= \int_{t=0}^{1} [\{t^2+(t^2+1)\}\,dt+\{t+(t^2+1)^2\}\,2tdt] \\
&= \int_0^1 (2t^5+4t^3+4t^2+2t+1)dt \\
&= \left[\frac{1}{3}t^6+t^4+\frac{4}{3}t^3+t^2+t\right]_0^1 \\
&= \left(\frac{1}{3}+1+\frac{4}{3}+1+1\right)-(0) \\
&= \frac{14}{3}
\end{aligned}$$

■

예제 8.1.3 [평면에서 선적분 계산] 곡선 C가 그림과 같이 주어질 때 다음 선적분을 구하여라.

$$\int_C (y\,dx+x\,dy)$$

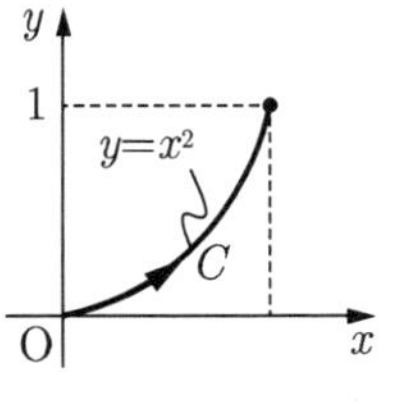

풀이 곡선의 방정식이 $y = f(x)$로 주어졌으므로 x에 대한 적분으로 바꾸어 적분값을 구한다.

$$y = x^2 \quad \therefore\ dy = 2x\,dx$$

그림에서 적분 구간은 $0 \le x \le 1$이다.

$$\begin{aligned}\int_C (y\,dx + x\,dy) &= \int_{x=0}^{1} (x^2dx + x \cdot 2xdx) \\ &= \int_0^2 (3x^2)dx = \left[x^3\right]_0^1 \\ &= (1) - (0) = 1\end{aligned}$$

■

예제 8.1.4 [벡터함수 선적분] 평면상의 곡선 C가 다음과 같이 주어지고

$$C: \ \vec{r}(t) = x(t)\vec{i} + y(t)\vec{j} = t\,\vec{i} + t^2\vec{j} \quad (1 \le t \le 2)$$

벡터장 $\vec{F}(x,\ y) = 2xy\vec{i} + (x^2 + y^2)\vec{j}$일 때 $\int_C \vec{F} \cdot \overrightarrow{dr}$을 구하여라.

풀이 $x(t) = t,\ y(t) = t^2$이므로

$$\frac{dx}{dt} = 1, \ \frac{dy}{dt} = 2t$$

이다. 따라서 선적분은 다음과 같이 구해진다.

$$\begin{aligned}\int_C \vec{F} \cdot \overrightarrow{dr} &= \int_C \left[2xy\frac{dx}{dt} + (x^2 + y^2)\frac{dy}{dt}\right]dt \\ &= \int_{t=1}^{2} \left[2t \cdot t^2 \cdot 1 + (t^2 + t^4) \cdot 2t\right]dt \\ &= \int_1^2 (2t^5 + 4t^3)dt \\ &= \left[\frac{1}{3}t^6 + t^4\right]_1^2 \\ &= \left(\frac{1}{3} \cdot 2^6 + 2^4\right) - \left(\frac{1}{3} + 1\right) \\ &= 36\end{aligned}$$

■

예제 8.1.5 [벡터함수 선적분] 벡터 $\vec{F}(x, y) = y\vec{i} + xy\vec{j}$이고 곡선 C가 그림의 (a)와 같이 A에서 B까지의 1/4원호일 때 $\int_C \vec{F} \cdot \overrightarrow{dr}$을 구하여라.

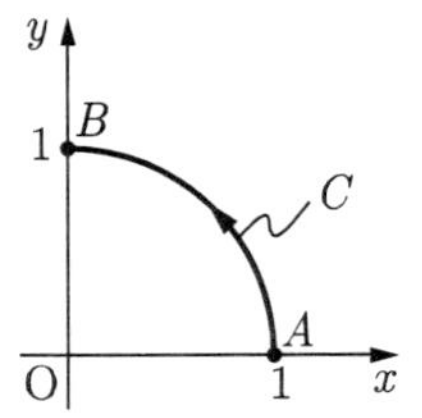

(a)

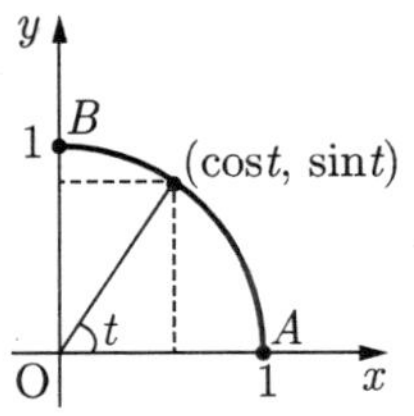

(b)

풀이 곡선 C의 방정식은 $x^2 + y^2 = 1$ (반지름 1인 원의 방정식)이므로 다음과 같이 매개변수 t로 C를 나타낼 수 있다(그림 (b)).

$$C: \ \vec{r}(t) = \cos t\,\vec{i} + \sin t\,\vec{j} \quad (0 \le t \le \pi/2)$$

즉 $x(t) = \cos t$, $y(t) = \sin t$이고

$$\frac{dx}{dt} = -\sin t, \ \frac{dy}{dt} = \cos t$$

이다. 따라서 선적분은 다음과 같이 구해진다.

$$\begin{aligned}
\int_C \vec{F} \cdot \overrightarrow{dr} &= \int_C \left[y\frac{dx}{dt} + xy\frac{dy}{dt} \right] dt \\
&= \int_{t=0}^{\pi/2} [\sin t \cdot (-\sin t) + \cos t \cdot \sin t \cdot \cos t]\,dt \\
&= \int_0^{\pi/2} (-\sin^2 t + \cos^2 t \sin t)\,dt \\
&= \int_0^{\pi/2} \left[-\frac{1-\cos 2t}{2} + \left(-\frac{1}{3}\cos^3 t \right)' \right] dt \\
&= \left[-\frac{1}{2}\left(t - \frac{1}{2}\sin 2t \right) - \frac{1}{3}\cos^3 t \right]_0^{\pi/2} \\
&= \left(-\frac{1}{2} \cdot \frac{\pi}{2} - 0 \right) - \left(0 - \frac{1}{3} \right) \\
&= -\frac{\pi}{4} + \frac{1}{3}
\end{aligned}$$

■

예제 8.1.6 [곡선의 미소 길이로 표현된 선적분] 곡선 C가 단위원 $x^2+y^2=1$의 상반부일 때 $\int_C (2+x^2y)ds$를 구하여라. 단, 적분 방향은 반시계방향이다.

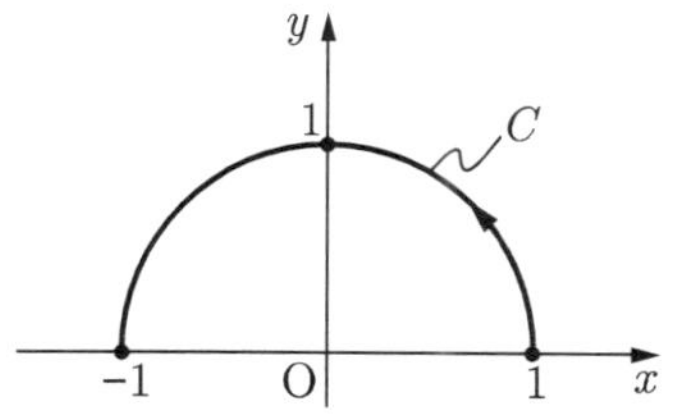

풀이 곡선 C의 방정식은 $x(t)=\cos t,\ y(t)=\sin t\ (0\le t\le \pi)$이고,

$$\frac{dx}{dt}=-\sin t,\ \ \frac{dy}{dt}=\cos t$$

이므로 선적분은 다음과 같이 구해진다.

$$\int_C (2+x^2y)ds=\int_0^{\pi}(2+\cos^2 t\sin t)\sqrt{\left(\frac{dx}{dt}\right)^2+\left(\frac{dy}{dt}\right)}dt$$

$$=\int_0^{\pi}(2+\cos^2 t\sin t)\sqrt{(-\sin t)^2+(\cos t)^2}\,dt$$

$$(\leftarrow \sin^2 t+\cos^2 t=1)$$

$$=\int_0^{\pi}(2+\cos^2 t\sin t)dt$$

$$=\left[2t-\frac{1}{3}\cos^3 t\right]_0^{\pi}$$

$$=\left(2\pi+\frac{1}{3}\right)-\left(0-\frac{1}{3}\right)$$

$$=2\pi+\frac{2}{3}$$

■

† [곡선의 미소 길이 ds]

$$ds=\sqrt{(dx)^2+(dy)^2}=\sqrt{\left(\frac{dx}{dt}\right)^2+\left(\frac{dy}{dt}\right)^2}\,dt$$

$$ds=\sqrt{(dx)^2+(dy)^2}=\sqrt{1+\left(\frac{dy}{dx}\right)^2}\,dx$$

$\int_C F(x, y)ds$의 계산

(1) $x = x(t),\ y = y(t),\ a \le t \le b$로 표현될 때

$$\int_C F(x, y)ds = \int_a^b F\{x(t),\ y(t)\}\sqrt{\left(\frac{dx}{dt}\right)^2 + \left(\frac{dy}{dt}\right)^2}\,dt$$

(2) $y = f(x),\ a \le x \le b$일 때

$$\int_C F(x, y)ds = \int_a^b F\{x,\ f(x)\}\sqrt{1 + \left(\frac{dy}{dx}\right)^2}\,dx$$

연습문제 8.1

1. 다음 선적분을 구하여라.

(1) $\int_C [(x^2+y)dx+(x+y^2)dy]$, C : (1, 1)부터 (2, 3)까지의 선분

(2) $\int_C (y^2dx+xdy)$, C : (−5, −3)부터 (0, 2)까지의 선분

2. 주어진 선 C를 따라서 $\int_{(1,\,1)}^{(4,\,2)} [(x+y)dx+(y-x)dy]$를 계산하여라.

(1) C : 직선

(2) C : $y^2=x$

(3) C: 점 (1, 1)부터 (1, 2)까지의 선분과 (1, 2)부터 (4, 2)까지의 선분

(4) C : $x(t)=2t^2+t+1$, $y(t)=t^2+1$

3. 다음에서 $\int_C \vec{F}\cdot\overrightarrow{dr}$을 계산하여라. 여기에서 벡터 $\vec{V}=(x,\ y)=x\vec{i}+y\vec{j}$를 나타낸다.

(1) $\vec{F}=(xy,\ x)$, C : (0, 0)에서 (1, 1)까지 선분

(2) $\vec{F}=(\cos t,\ \sin t)$, C : $\vec{r}(t)=(\cos t,\ \sin t)$, $0\le t\le\pi$

(3) $\vec{F}=(y,\ x)$, C : 포물선 $y=x^2$ 위의 (0, 0)부터 (1, 1)까지 부분

4. $\vec{F}(x,\ y)=y\vec{i}+x\vec{j}$일 때 다음 경로에 대하여 $\int_C \vec{F}\cdot\overrightarrow{dr}$을 구하여라.

(1) C : $y=x$ 위의 $x=0$에서 $x=2$까지 부분

(2) C : $y=x^2$ 위의 $x=0$에서 $x=2$까지 부분

5. $\vec{F}=(x^2-y^2)\vec{i}+2xy\vec{j}$일 때 xy평면상의 $y=x^2-x$ 위의 점 (1, 0)으로부터 (2, 2)까지의 곡선 C를 따라서 $\int_C \vec{F}\cdot\overrightarrow{dr}$을 구하여라.

6. 곡선 C가 $y=2\sqrt{x}$로 주어질 때 $x=3$에서 $x=24$까지 C를 따라서 $\int_C y\,ds$를 구하여라. 여기에서 ds는 곡선의 미소길이로써 다음과 같이 정의된다.

$$ds=\sqrt{(dx)^2+(dy)^2}=\sqrt{1+\left(\frac{dy}{dx}\right)^2}\,dx$$

7. 함수 $f(x,\ y)$와 곡선 C가 다음과 같을 때 $\int_C f(x,\ y)ds$를 구하여라.

(1) $f(x,\ y)=x^2+y^2$, C : $y=3x$ 위의 $(0,0)$에서 $(2,\ 6)$까지의 부분

(2) $f(x,\ y)=x^3y$, C : $x(t)=2\cos t$, $y(t)=2\sin t$, $(0\le t\le \pi/2)$

8. 그림과 같은 닫힌곡선 C를 따라서 다음을 계산하여라.

$$\oint_C [(2x-y+4)dx+(3x+5y-6)dy]$$

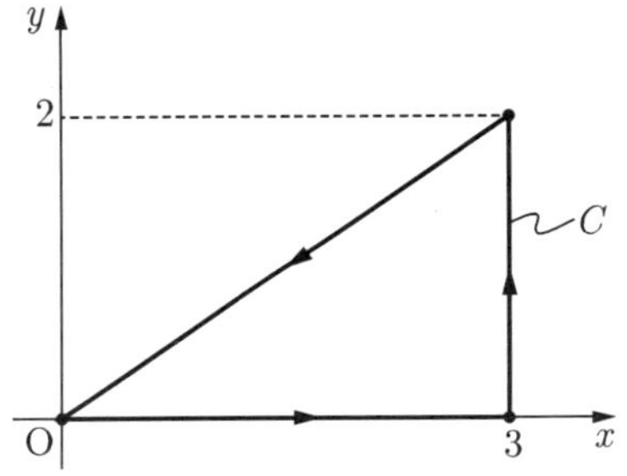

> [선적분 계산의 기본 원칙] 주어진 조건을 이용하여 적분 변수와 적분 구간 및 피적분 함수를 통일시켜 일반적인 적분 형태로 바꾼다.

8.2 이중적분

[7] 이중적분의 정의 [4)]

이변수함수 $f(x, y)$가 영역 $R=\{(x, y) | a \le x \le b, c \le y \le d\}$에서 정의된 함수라고 할 때, R에서의 $f(x, y)$의 이중적분을 다음과 같이 정의한다.

$$\iint_R f(x, y)dxdy = \iint_R f(x, y)dA = \lim_{\|P\| \to 0} \sum_{k=1}^{n} f(x_k, y_k)\Delta A_k$$

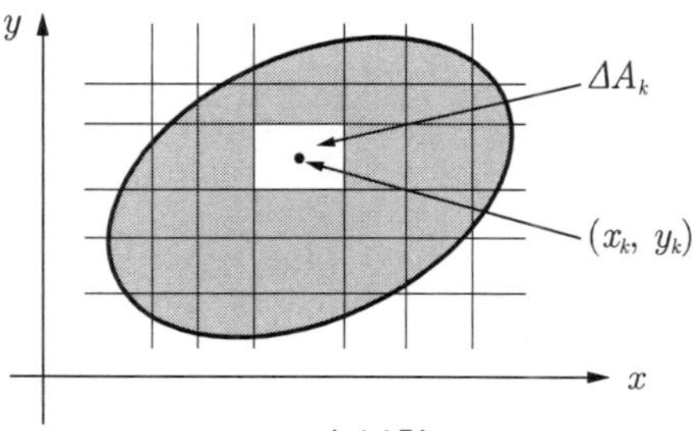

R의 분할

$\|P\|$는 영역 R을 n개의 작은 사각형으로 분할하였을 때 분할된 사각형 중 가장 긴 대각선의 길이이고, A는 넓이를 나타낸다.

설명 그림과 같이 영역 R을 n개의 작은 사각형 영역 $R_1, R_2, \cdots, R_n$으로 분할한다. 여기에서 각 사각형 내의 한 점, 가령 k번째 사각형(R_k)에서 한 점 (x_k, y_k)를 택하여

$$V_n = \sum_{k=1}^{n} f(x_k, y_k)\Delta A_k$$

와 같은 형태의 합을 만든다. 여기에서 ΔA_k는 k번째 사각형의 넓이이다. 이러한 과정을 완전히 독립적으로 양의 정수 n을 점점 증가시켜 n이 무한대에 접근할 때 분할된 사각형의 최대 대각선의 길이 $\|P\|$가 0에 접근하게 한다.

$$V = \lim_{\|P\| \to 0} V_n = \lim_{\|P\| \to 0} \sum_{k=1}^{n} f(x_k, y_k)\Delta A_k$$

---

4) 이중적분의 엄밀한 정의는 참고로 하고, 예제를 통하여 적분 계산법을 파악하면 된다.

여기에서 k번째 분할영역 R_k에서 임의의 점 (x_k, y_k)의 선택에 관계없이 위의 극한이 존재하고 그 극한은 모두 같다고 가정한다. 이때 함수 f는 R에서 적분가능하다고 하고 그 극한값을 영역 R에서의 이중적분으로 정의한다.

[8] 이중적분의 성질

이중적분에서도 일반 정적분과 유사한 다음 관계식이 성립한다.

$$\iint_R cf(x, y)dA = c\iint_R f(x, y)dA \quad (c\text{는 상수})$$

$$\iint_R [f(x, y)+g(x, y)]dA = \iint_R f(x, y)dA + \iint_R g(x, y)dA$$

$$\iint_R f(x, y)dA = \iint_{R_1} f(x, y)dA + \iint_{R_2} f(x, y)dA \quad (\text{영역 } R = R_1 + R_2)$$

[9] 이중적분의 계산 (I)

영역 R에서의 이중적분은 다음과 같이 정적분을 두 번 계속함으로써 그 값을 구할 수 있다.

$R = \{(x, y) | a \le x \le b,\ g(x) \le y \le h(x)\}$이면 이중적분은 다음과 같이 된다.

$$\iint_R f(x, y)dxdy = \int_a^b \left[\int_{g(x)}^{h(x)} f(x, y)dy\right]dx$$

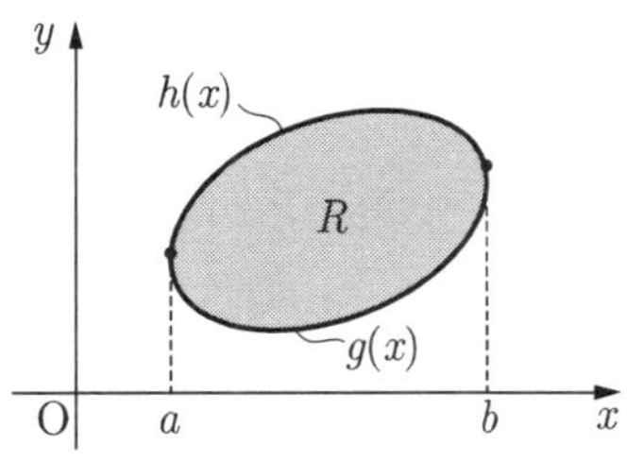

설명 적분의 정의로부터 직접적으로 단일적분을 계산하는 것은 어렵지만 미적분학의 기본정리를 이용하면 좀더 쉽게 적분값을 구할 수 있다. 먼저 괄호 안의 적분

$$\int_{g(x)}^{h(x)} f(x, y)dy \quad \cdots (*)$$

를 수행한다. 이때 x를 상수로 간주하고 y에 대해 적분한다. 이 적분의 결과는 x의 함수 $F(x)$가 되는데 이 $F(x)$를 x에 대하여 a에서부터 b까지 적분하면 이중적분의 값을 구할 수 있다. 이와 같이 식 (*)를 적분하는 것을 편적분

이라 하는데 이것은 편미분 방법과 유사하다. 적분을 두 번 수행하므로 이상의 과정을 반복적분이라고 한다.

[10] 이중적분의 계산 (II)

그림과 같이 영역 R이

$R=\{(x,\ y)\mid p(y)\le x\le q(y),\ c\le y\le d\}$이면

이중적분은 다음과 같이 된다.

$$\iint_R f(x,\ y)dxdy=\int_c^d\left[\int_{p(y)}^{q(y)}f(x,\ y)dx\right]dy$$

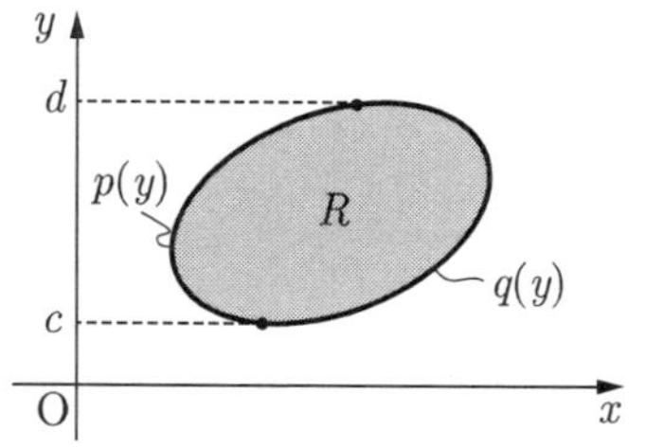

설명 이 경우에는 y를 상수로 간주하고 x에 대해 적분하여

$$\int_{p(y)}^{q(y)}f(x,\ y)dx\quad\cdots(*)$$

를 구한다. 이 적분의 결과는 y의 함수 $G(y)$가 되는데 이 $G(y)$를 y에 대하여 c에서부터 d까지 적분하여 이중적분의 값을 구한다.

† 일반적으로 괄호를 생략하여 반복적분을 다음과 같이 나타낸다.

$$\int_a^b\int_c^d f(x,\ y)dydx=\int_a^b\left[\int_c^d f(x,\ y)dy\right]dx$$
$$\int_c^d\int_a^b f(x,\ y)dxdy=\int_c^d\left[\int_a^b f(x,\ y)dx\right]dy$$

예제 8.2.1 다음 적분을 계산하여라.

(1) $\displaystyle\int_0^1\int_1^2 x^2y\,dxdy$　　(2) $\displaystyle\int_1^2\int_0^1 x^2y\,dydx$

풀이 (1) 먼저 y를 상수로 간주하고 적분하여

$$\int_1^2 x^2y\,dx=\left[\frac{1}{3}x^3y\right]_{x=1}^{x=2}=\frac{1}{3}\cdot(2^3)y-\frac{1}{3}\cdot(1^3)y$$
$$=\frac{7}{3}y$$

를 얻은 후 전체 적분을 계산하면 다음과 같다.

$$\int_0^1 \int_1^2 x^2 y\,dx dy = \int_0^1 \left[\int_1^2 x^2 y\,dx \right] dy$$

$$= \int_0^1 \left(\frac{7}{3} y \right) dy = \left[\frac{7}{3} \cdot \frac{1}{2} y^2 \right]_0^1$$

$$= \frac{7}{6}$$

(2) x를 상수로 간주하고 적분하면

$$\int_0^1 x^2 y\,dy = \left[\frac{1}{2} x^2 y^2 \right]_{y=0}^{y=1} = \frac{1}{2} x^2 \cdot (1^2) - (0)$$

$$= \frac{1}{2} x^2$$

이다. 따라서 전체 적분은 다음과 같이 계산된다.

$$\int_1^2 \int_0^1 x^2 y\,dy dx = \int_1^2 \left[\int_0^1 x^2 y\,dy \right] dx$$

$$= \int_1^2 \left(\frac{1}{2} x^2 \right) dx = \left[\frac{1}{2} \cdot \frac{1}{3} x^3 \right]_1^2$$

$$= \frac{1}{6} \cdot (2^3) - \frac{1}{6}$$

$$= \frac{7}{6}$$

■

예제 8.2.1은 x, y 중 어느 것을 먼저 적분하여도 적분값이 같음을 보여주고 있다. 일반적으로 반복적분에서 적분 순서를 바꾸어도 값은 같다고 알려져 있다. 이러한 성질은 편도함수를 구할 때의 클로레 정리, $\frac{\partial}{\partial x}\left(\frac{\partial f}{\partial y}\right) = \frac{\partial}{\partial y}\left(\frac{\partial f}{\partial x}\right)$와 유사하다.

다음 정리는 이중적분을 반복적분으로 표현함으로써 이중적분을 계산하기 위한 실질적인 방법을 제공한다. [5)]

5) 변수가 많아서 복잡해보이지만 단순히 이중적분을 한다는 것 자체는 어려운 것이 아니다. 이 식으로써 쉽게 구할 수 있다.

[11] 푸비니 정리(Fubini's theorem)

함수 $f(x, y)$가 영역 $R=\{(x, y) \mid a \le x \le b,\ c \le y \le d\}$에서 적분가능하다고 하면, 영역 R에서의 f의 이중적분은 다음과 같이 반복적분으로 표현할 수 있다.

$$\iint_R f(x, y)dA = \int_a^b\left[\int_c^d f(x, y)dy\right]dx = \int_c^d\left[\int_a^b f(x, y)dx\right]dy$$

예제 8.2.2 $R=\{(x, y) \mid 0 \le x \le 1,\ 1 \le y \le 2\}$일 때 $\iint_R (x-3y^2)dA$를 구하여라.

풀이 푸비니 정리에 의해 적분값을 구하면 다음과 같다.

$$\begin{aligned}\iint_R (x-3y^2)dA &= \int_0^1\left[\int_1^2 (x-3y^2)dy\right]dx \\ &= \int_0^1 \left[xy-y^3\right]_{y=1}^{y=2}dx \\ &= \int_0^1 [(2x-8)-(x-1)]\,dx = \int_0^1 (x-7)dx \\ &= \left[\frac{1}{2}x^2-7x\right]_0^1 = \left(\frac{1}{2}-7\right)-(0) \\ &= -\frac{13}{2}\end{aligned}$$

적분 순서를 바꾸어 계산하면 다음과 같다.

$$\begin{aligned}\iint_R (x-3y^2)dA &= \int_1^2\left[\int_0^1 (x-3y^2)dx\right]dy \\ &= \int_1^2 \left[\frac{1}{2}x^2-3xy^2\right]_{x=0}^{x=1}dy \\ &= \int_1^2\left[\left(\frac{1}{2}-3y^2\right)-(0)\right]dy = \int_1^2\left(\frac{1}{2}-3y^2\right)dy \\ &= \left[\frac{1}{2}y-y^3\right]_1^2 = \left(\frac{1}{2}\cdot 2-2^3\right)-\left(\frac{1}{2}-1\right) \\ &= -\frac{13}{2}\end{aligned}$$

■

† 적분순서를 바꾸어도 적분값은 같으므로 실제 계산 시에는 적분이 편리한 순서로 적분하면 된다.

예제 8.2.3 $R=\{(x,\ y)\mid 1\le x\le 2,\ 0\le y\le \pi\}$일 때 $\iint_R y\cos(xy)dA$를 구하여라.

풀이 먼저 x에 대해 적분한 후 전체 적분값을 구하면 다음과 같다.

$$\begin{aligned}\iint_R y\cos(xy)dA &= \int_0^{\pi}\left[\int_1^2 y\cos(xy)dx\right]dy \\ &= \int_0^{\pi}[\sin(xy)]_{x=1}^{x=2}dy \\ &= \int_0^{\pi}[\sin 2y-\sin y]dy \\ &= \left[-\frac{1}{2}\cos 2y+\cos y\right]_0^{\pi}=\left(-\frac{1}{2}-1\right)-\left(-\frac{1}{2}+1\right) \\ &= -2\end{aligned}$$

이 문제를 y에 대해 먼저 적분하여 풀려고 하면 상당히 까다로운 적분을 해야 한다는 것을 확인해보아라. ■

[12] 이중적분에서의 변수변환

변환 $x=x(u,\ v)$, $y=y(u,\ v)$에 의하여 xy평면 위의 닫힌영역 R에서 uv평면 위의 영역 R^*로의 일대일 대응이 정의되고, 이변수함수 $z=f(x,\ y)$의 편도함수가 연속이고 야코비안(J, Jacobian)이 0이 아니면 다음 관계식이 성립한다.

$$\iint_R f(x,\ y)dxdy=\iint_{R^*} f\{x(u,\ v),\ y(u,\ v)\}\left|\frac{\partial(x,\ y)}{\partial(u,\ v)}\right|dudv$$

$$J=\frac{\partial(x,\ y)}{\partial(u,\ v)}=\begin{vmatrix}\dfrac{\partial x}{\partial u} & \dfrac{\partial x}{\partial v}\\[2mm] \dfrac{\partial y}{\partial u} & \dfrac{\partial y}{\partial v}\end{vmatrix}=\frac{\partial x}{\partial u}\cdot\frac{\partial y}{\partial v}-\frac{\partial x}{\partial v}\cdot\frac{\partial y}{\partial u}$$

설명 이중적분에서는 변수변환에 의해 피적분함수를 u, v로 표현하고, $dxdy$를 야코비안 J의 절댓값과 $dudv$의 곱으로 대체한다. 실제적으로 특히 중요한 변환은 직각좌표계 $(x,\ y)$에서 극좌표계 $(r,\ \theta)$로의 변환이다. 이 경우

$$x=r\cos\theta,\ y=r\sin\theta$$

이므로

$$J=\frac{\partial(x,\ y)}{\partial(r,\ \theta)}=\begin{vmatrix}\frac{\partial x}{\partial r} & \frac{\partial x}{\partial \theta}\\ \frac{\partial y}{\partial r} & \frac{\partial y}{\partial \theta}\end{vmatrix}=\begin{vmatrix}\cos\theta & -r\sin\theta\\ \sin\theta & r\cos\theta\end{vmatrix}=r(\cos^2\theta+\sin^2\theta)=r$$

이다. 따라서 이중적분은 다음과 같이 변환된다.

$$\iint_R f(x,\ y)dxdy=\iint_{R^*} f(r\cos\theta,\ r\sin\theta)\,rdrd\theta$$

여기에서 R^*는 xy평면의 R에 대응되는 $r\theta$평면에서의 영역이다.

예제 8.2.4 [극좌표계에서의 이중적분] 그림 (a)와 같이 영역 R이

$$0\le x\le 1,\ 0\le y\le \sqrt{1-x^2}$$

로 주어질 때 $I_x=\iint_R y^2dxdy$를 구하여라.

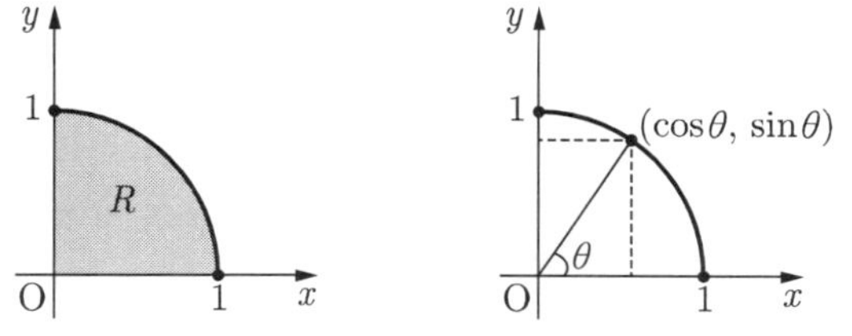

(a) (b)

풀이 그림 (b)와 같이 극좌표계 $x=r\cos\theta,\ y=r\sin\theta$로 변환하면 xy평면에서의 영역 R은 $r\theta$평면에서 다음과 같은 영역 R^*로 변환된다.

$$R^*: 0\le r\le 1,\ 0\le\theta\le\pi/2$$

따라서 적분은 다음과 같이 구해진다.

$$I_x=\iint_R y^2dxdy=\iint_{R^*}(r\sin\theta)^2\,r\,dr\,d\theta=\int_0^{\pi/2}\left[\int_0^1 r^3\sin^2\theta dr\right]d\theta$$

$$=\int_0^{\pi/2}\left[\frac{1}{4}r^4\sin^2\theta\right]_{r=0}^{r=1}d\theta$$

$$=\int_0^{\pi/2}\left(\frac{1}{4}\sin^2\theta\right)d\theta=\int_0^{\pi/2}\frac{1}{4}\left(\frac{1-\cos 2\theta}{2}\right)d\theta$$

$$= \frac{1}{8}\left[\theta - \frac{1}{2}\sin 2\theta\right]_0^{\pi/2}$$

$$= \frac{\pi}{16}$$ ■

예제 8.2.5 [변수변환] 그림의 정사각형 영역 R에 대한 $\iint_R (x^2+y^2)dxdy$를 구하여라.

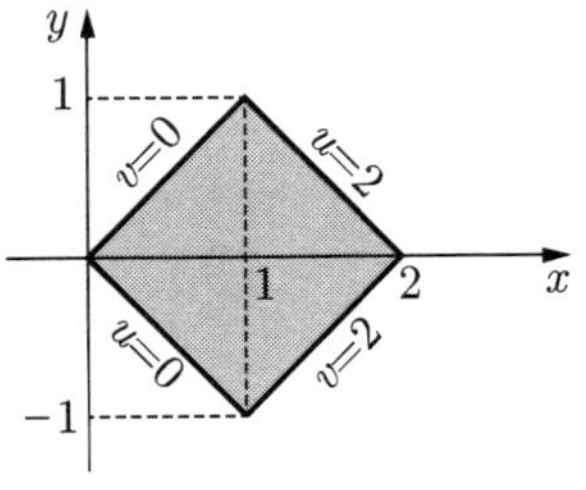

풀이 R의 모양으로부터 $x+y=u$, $x-y=v$의 변환을 생각하면

$$x = \frac{1}{2}(u+v),\ y = \frac{1}{2}(u-v)$$

가 되고 uv평면에서 영역 R^*는 다음과 같이 된다.

$$R^* :\ 0 \le u \le 2,\quad 0 \le v \le 2$$

그리고 야코비안은

$$J = \frac{\partial(x,\ y)}{\partial(u,\ v)} = \begin{vmatrix} \frac{\partial x}{\partial u} & \frac{\partial x}{\partial v} \\ \frac{\partial y}{\partial u} & \frac{\partial y}{\partial v} \end{vmatrix} = \begin{vmatrix} \frac{1}{2} & \frac{1}{2} \\ \frac{1}{2} & -\frac{1}{2} \end{vmatrix} = -\frac{1}{2}$$

이고,

$$x^2+y^2 = \left[\frac{1}{2}(u+v)\right]^2 + \left[\frac{1}{2}(u-v)\right]^2$$

$$= \frac{u^2+2uv+v^2}{4} + \frac{u^2-2uv+v^2}{4}$$

$$= \frac{1}{2}(u^2+v^2)$$

이므로 적분은 다음과 같이 구해진다.

$$I_x = \iint_R (x^2+y^2)dxdy = \iint_{R^*} \frac{1}{2}(u^2+v^2)\cdot\frac{1}{2}\,du\,dv$$

$$= \int_0^2 \left[\int_0^2 \frac{1}{4}(u^2 + v^2) du \right] dv$$

$$= \int_0^2 \left[\frac{1}{4}\left(\frac{1}{3}u^3 + uv^2 \right) \right]_{u=0}^{u=2} dv$$

$$= \int_0^2 \left[\frac{1}{2}\left(\frac{4}{3} + v^2 \right) \right] dv$$

$$= \left[\frac{1}{2}\left(\frac{4}{3}v + \frac{1}{3}v^3 \right) \right]_0^2 = \frac{1}{2}\left(\frac{8}{3} + \frac{8}{3} \right)$$

$$= \frac{8}{3}$$

■

이중적분의 응용

이중적분은 여러 분야에서 많이 응용된다. 예를 들어 xy평면에서 영역 R의 넓이 A는 다음과 같이 표현된다.

$$A = \iint_R dxdy$$

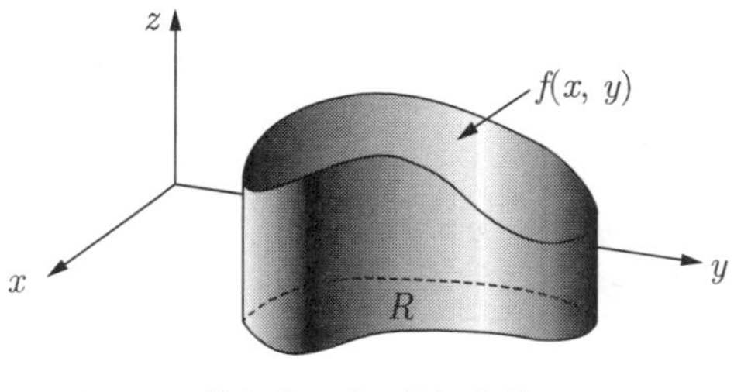

[부피로의 이중적분]

그리고 곡면 $z = f(x, y)(> 0)$의 아래와 xy평면의 영역 R 위에 있는 입체의 부피 V는

$$V = \iint_R f(x, y) dxdy$$

가 된다.

$\rho(x, y)$가 xy평면에서 밀도분포를 나타내는 함수라고 하면 영역 R에서의 총 질량 m은

$$m = \iint_R \rho(x, y) dxdy$$

이고, 영역 R에서의 무게중심(질량중심)의 좌표 $\bar{x}$, $\bar{y}$는 다음과 같이 구해진다.

$$\bar{x}=\frac{1}{m}\iint_R x\,\rho(x,\ y)dxdy,\ \ \bar{y}=\frac{1}{m}\iint_R y\,\rho(x,\ y)dxdy$$

한편 x, y축에 대한 R에서의 질량관성모멘트(moment of inertia) I_x, I_y는 다음과 같이 정의된다.

$$I_x=\iint_R y^2\rho(x,\ y)dxdy,\ \ I_y=\iint_R x^2\rho(x,\ y)dxdy$$

그리고 R에서의 질량의 원점에 대한 극관성모멘트(polar moment of inertia)는 다음과 같이 정의된다.

$$I_o=\iint_R (x^2+y^2)\rho(x,\ y)\,dxdy$$

예제 8.2.6 [무게중심] 밀도 $\rho(x,\ y)=1$이고 반지름 a인 반원의 무게중심의 좌표 $(\bar{x},\ \bar{y})$를 구하여라.

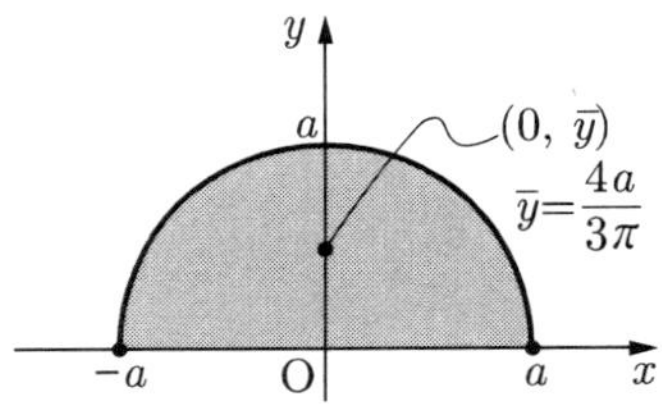

풀이 극좌표계 $x=r\cos\theta$, $y=r\sin\theta$로 변환하면 xy평면에서의 영역 R은 $r\theta$평면에서 다음과 같은 영역 R^*로 변환된다.

$$R^*:\ 0\le r\le a,\ 0\le\theta\le\pi$$

영역 R에서의 총 질량 m은

$$\begin{aligned}m&=\iint_R \rho(x,\ y)dxdy=\iint_{R^*} rdrd\theta\\&=\int_0^\pi\int_0^a rdr\,d\theta=\int_0^\pi\left[\frac{1}{2}r^2\right]_{r=0}^{r=a}d\theta\\&=\int_0^\pi\left(\frac{1}{2}a^2\right)d\theta\\&=\frac{1}{2}\pi a^2\end{aligned}$$

이다. 그리고

$$\iint_R y\rho(x,\ y)dxdy = \iint_{R^*} r\sin\theta \cdot rdrd\theta$$

$$= \int_0^\pi \int_0^a r^2 \sin\theta\, drd\theta = \int_0^\pi \left[\frac{1}{3}r^3\sin\theta\right]_{r=0}^{r=a} d\theta$$

$$= \int_0^\pi \left(\frac{1}{3}a^3\sin\theta\right)d\theta$$

$$= \left[-\frac{1}{3}a^3\cos\theta\right]_0^\pi = -\frac{1}{3}a^3[(-1)-(1)]$$

$$= \frac{2}{3}a^3$$

이므로 무게중심의 y좌표($\bar{y}$)는 다음과 같다.

$$\bar{y} = \frac{1}{m}\iint_R y\rho(x, y)dxdy = \frac{1}{(\pi a^2/2)} \cdot \left(\frac{2}{3}a^3\right) = \frac{4a}{3\pi}$$

한편

$$\iint_R x\rho(x,\ y)dxdy = \iint_{R^*} r\cos\theta \cdot rdrd\theta$$

$$= \int_0^a \int_0^\pi r^2\cos\theta\, d\theta dr = \int_0^a \left[r^2\sin\theta\right]_{\theta=0}^{\theta=\pi} dr$$

$$= 0$$

이므로

$$\bar{x} = \frac{1}{m}\iint_R x\rho(x,\ y)dxdy = 0$$

이다. 물리적으로 보면 y축에 대하여 좌우대칭이므로 무게중심의 x좌표 $\bar{x}=0$이 쉽게 생각된다. 반원의 무게중심의 위치는 그림과 같다. ■

† $\rho(x,\ y)=1$은 밀도가 균일한 판을 나타낸다.

연습문제 8.2

1. 다음 적분을 계산하여라.

(1) $\int_0^1 \int_1^2 dxdy$ (2) $\int_0^2 \int_0^3 (x+y)dxdy$

(3) $\int_0^2 \int_0^4 (x^2+y^2)dxdy$ (4) $\int_0^1 \int_{x^2}^{x} dydx$

(5) $\int_1^2 \int_y^{3y} (x+y)dxdy$ (6) $\int_0^1 \int_0^{x^2} xe^y dydx$

(7) $\int_{-1}^2 \int_{(2x^2-2)}^{(x^2+x)} xdydx$ (8) $\int_0^{\pi} \int_0^{\cos\theta} r\sin\theta drd\theta$

(9) $\int_0^{\pi} \int_0^y \frac{\sin y}{y} dxdy$ (10) $\int_0^{\pi/4} \int_0^{\cos y} x^2 \sin y\, dxdy$

2. 다음 이중적분을 계산하여라.

(1) $\iint_R (x+2y)dA,\ R=\{(x,\ y)\mid 1\le x\le 2,\ 3\le y\le 5\}$

(2) $\iint_R (6x^2y^3-5y^4)dA,\ R=\{(x,\ y)\mid 0\le x\le 3,\ 0\le y\le 1\}$

(3) $\iint_R \left(\frac{2xy^2}{x^2+1}\right)dA,\ R=\{(x,\ y)\mid 0\le x\le 1,\ 0\le y\le 3\}$

3. [변수변환] 영역 R이 다음과 같을 때 $\iint_R dxdy$를 구하여라.

$$R=\{(x,\ y)\mid 0\le x+y\le 1,\ 0\le x-y\le 1\}$$

4. [적분 순서] $x=0,\ y=1,\ y=x^2$의 그래프에 의하여 둘러싸인 영역 R에서 $\iint_R xe^{y^2}dA$를 계산하여라.

5. [부피] 평면 $z = f(x,\ y) = 12 - 3x - 2y$ 아래에 있고 다음 영역 R 위에 놓인 입체의 부피를 구하여라.

$$R = \{(x,\ y) \mid 0 \le x \le 1,\ 0 \le y \le 3\}$$

6. [적분 순서] 그림과 같이 $x = 0,\ y = 1,\ y = \sqrt{x}$로 둘러싸인 영역을 R이라 할 때 $\iint_R (2xy^2 + 2y\cos x)\,dA$를 계산하여라.

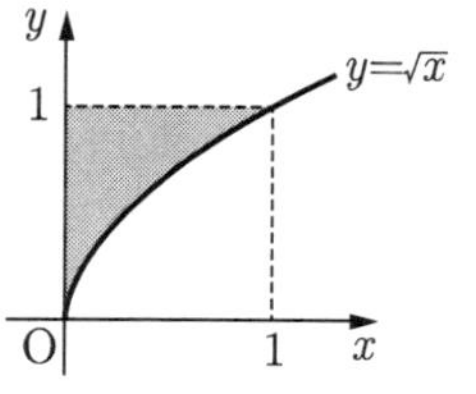

7. [도심] 넓이 A인 도심(centroid)의 좌표 $(\bar{x},\ \bar{y})$는 다음과 같이 정의된다.

$$\bar{x} = \frac{1}{A}\iint_R x\,dA, \quad \bar{y} = \frac{1}{A}\iint_R y\,dA$$

그림과 같은 밑변 b, 높이 h인 직각삼각형의 도심의 좌표를 구하여라.

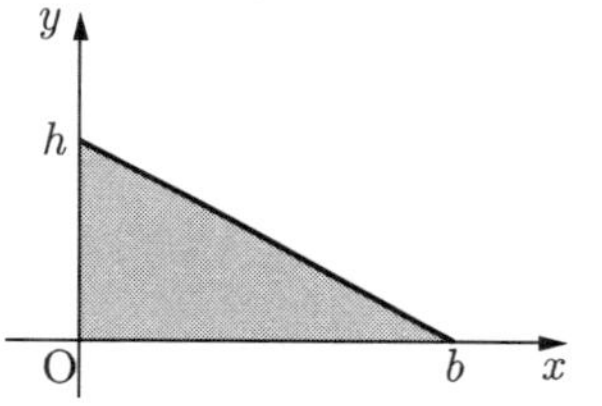

8. [면적관성모멘트] 그림과 같은 가로 b, 세로 h인 직사각형 평판의 x축에 대한 면적관성모멘트 $I_x = \iint_R y^2\,dA$를 구하여라.

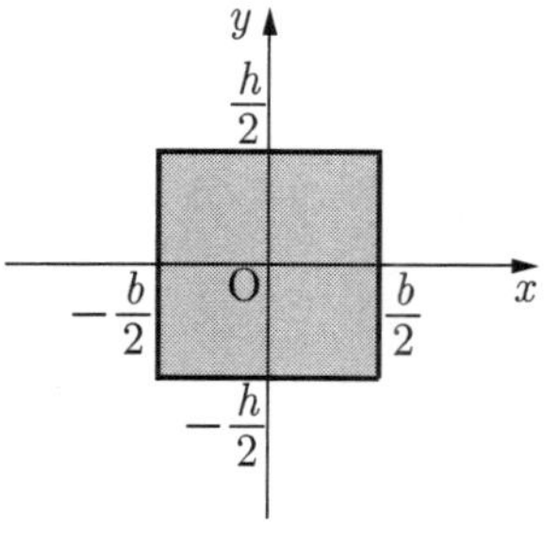

8.3 Green 정리

[13] 평면에서의 Green 정리 6)

곡선 C는 평면에서 구분적으로 매끄러운 단순폐곡선이고 양의 방향을 가지며, 영역 R은 C에 의해 둘러싸인 부분이라고 하자. $M(x, y)$, $N(x, y)$가 R을 포함하는 어떤 영역의 모든 점에서 연속이고, 편도함수 $\frac{\partial M}{\partial y}$, $\frac{\partial N}{\partial x}$도 연속이라고 한다. 그러면 다음 관계식이 성립한다.

$$\oint_C [M(x, y)dx + N(x, y)dy] = \iint_R \left(\frac{\partial N}{\partial x} - \frac{\partial M}{\partial y}\right) dA$$

설명 평면에서의 Green 정리는 이중적분과 선적분 사이의 변환을 나타낸다. 이러한 변환은 적분 계산을 쉽게 해주는 경우가 많으므로 어렵고 지루한 적분을 더 쉬운 형태의 적분으로 변환하기 위해 이용된다.

방향에 대한 정의는 그림과 같다. 다음 그림과 같이 C를 따라 진행할 때 C로 둘러싸인 영역 R이 C의 왼쪽에 놓여있으면 양의 방향이라 하고, R이 C의 오른쪽에 놓여있으면 음의 방향이라 한다.

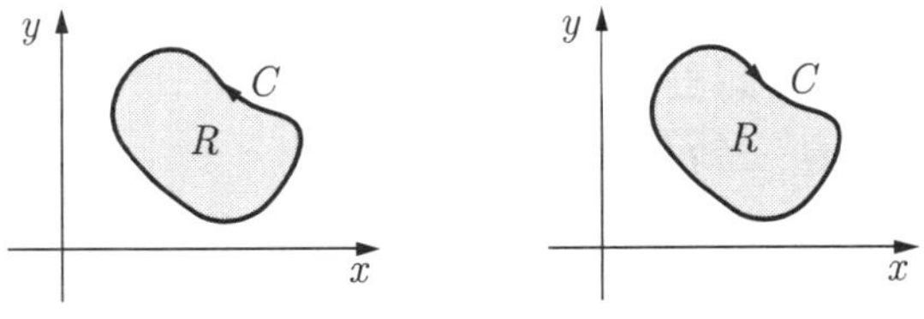

[양의 방향] [음의 방향]

Green 정리의 벡터 형태는 다음과 같다.

$$\oint_C \vec{F} \cdot \vec{dr} = \iint_R (\text{curl}\vec{F}) \cdot \vec{k}\, dA = \iint_R (\nabla \times \vec{F}) \cdot \vec{k}\, dA$$

여기에서 $\vec{k}$는 z 방향 단위벡터이고, $\text{curl}\vec{F}$는 다음과 같이 정의된다.

6) Green 정리에 대한 증명은 참고로 하고, 예제를 통하여 이 정리의 적용법을 익히면 된다. Green 정리는 아주 편리한 적분방법을 제공한다.

$$\text{curl}\,\vec{F} = \nabla \times \vec{F} = \begin{vmatrix} \vec{i} & \vec{j} & \vec{k} \\ \dfrac{\partial}{\partial x} & \dfrac{\partial}{\partial y} & \dfrac{\partial}{\partial z} \\ F_1 & F_2 & F_3 \end{vmatrix}$$

$$= \vec{i} \begin{vmatrix} \dfrac{\partial}{\partial y} & \dfrac{\partial}{\partial z} \\ F_2 & F_3 \end{vmatrix} - \vec{j} \begin{vmatrix} \dfrac{\partial}{\partial x} & \dfrac{\partial}{\partial z} \\ F_1 & F_3 \end{vmatrix} + \vec{k} \begin{vmatrix} \dfrac{\partial}{\partial x} & \dfrac{\partial}{\partial y} \\ F_1 & F_2 \end{vmatrix}$$

$$= \vec{i}\left(\frac{\partial F_3}{\partial y} - \frac{\partial F_2}{\partial z}\right) + \vec{j}\left(\frac{\partial F_1}{\partial z} - \frac{\partial F_3}{\partial x}\right) + \vec{k}\left(\frac{\partial F_2}{\partial x} - \frac{\partial F_1}{\partial y}\right)$$

$\vec{F} = F_1\vec{i} + F_2\vec{j} + F_3\vec{k}$이다.

영역 R이 다음 그림과 같이 표현되는 경우에 대해 Green 정리를 증명해보기로 한다.

$$R = \{(x,\ y) \mid a \le x \le b,\ h(x) \le y \le k(x)\}$$

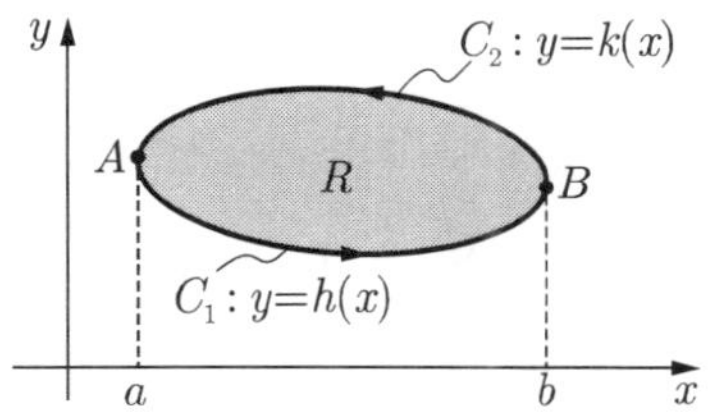

여기에서 모든 $a \le x \le b$에 대해 $h(x) \le k(x)$이고, $h(a) = k(a)$, $h(b) = k(b)$이다.

전체 곡선 C를 위 그림과 같이 두 개의 곡선 C_1과 C_2로 나타낼 수 있다. C_1은 곡선의 아랫부분으로

$$C_1 = \{(x,\ y) \mid a \le x \le b,\ y = h(x)\}$$

이고, C_2는 곡선의 윗부분으로

$$C_2 = \{(x,\ y) \mid a \le x \le b,\ y = k(x)\}$$

이며, 방향은 그림과 같다. 선적분 계산 방법에 의해

$$\oint_C M(x,\ y)dx = \oint_{C_1} M(x,\ y)dx + \oint_{C_2} M(x,\ y)dx$$

$$= \int_a^b M\{x,\ h(x)\}dx + \int_b^a M\{x,\ k(x)\}dx$$

$$= \int_a^b [M\{x,\ h(x)\} - M\{x,\ k(x)\}]\,dx \qquad \cdots(1)$$

이고,

$$\iint_R \frac{\partial M}{\partial y}dA = \int_a^b \int_{h(x)}^{k(x)} \frac{\partial M}{\partial y}dydx$$

$$= \int_a^b [M(x, y)]_{y=h(x)}^{y=k(x)} dx$$

$$= \int_a^b [M\{x, k(x)\} - M\{x, h(x)\}]dx \qquad \cdots(2)$$

이다. 두 식 (1), (2)를 비교하면

$$\oint_C M(x, y)dx = -\iint_R \frac{\partial M}{\partial y}dA \qquad \cdots(3)$$

가 성립한다. 그리고 영역 R을

$$R = \{(x, y) \mid p(y) \le x \le q(y), \ c \le y \le d\}$$

로 표현하면 이상과 같은 방법으로 다음 관계식이 유도된다.

$$\oint_C N(x, y)dy = \iint_R \frac{\partial N}{\partial x}dA \qquad \cdots(4)$$

위의 식 (3), (4)를 합하면 다음 Green 정리가 성립한다는 것을 알 수 있다.

$$\oint_C [M(x, y)dx + N(x, y)dy] = \iint_R \left(\frac{\partial N}{\partial x} - \frac{\partial M}{\partial y}\right)dA \qquad \cdots(5)$$

예제 8.3.1 그림의 직사각형 경로 C를 따라 다음 선적분을 구하여라.

$$\oint_C [(x^2e^x - y)dx + \{2x - \sin(y^2)\}dy]$$

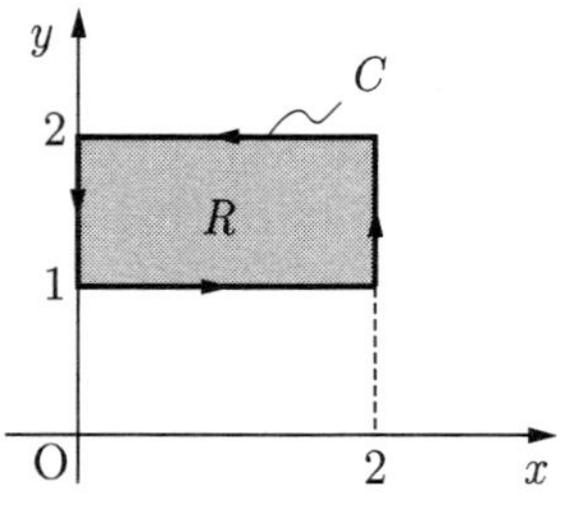

풀이 Green 정리를 이용한다. $M = x^2e^x - y$, $N = 2x - \sin(y^2)$으로 하면 주어진 식은

$$\oint_C (Mdx + Ndy)$$

로 표현된다. 이때

$$\frac{\partial N}{\partial x} - \frac{\partial M}{\partial y} = \frac{\partial}{\partial x}\{2x - \sin(y^2)\} - \frac{\partial}{\partial y}(x^2 e^x - y)$$
$$= 2 - (-1) = 3$$

이므로 준 식의 적분값은 다음과 같이 구해진다.

$$\begin{aligned}\oint_C (Mdx + Ndy) &= \iint_R \left(\frac{\partial N}{\partial x} - \frac{\partial M}{\partial y}\right) dA \\ &= \iint_R 3\,dA = 3\iint_R dA \\ &= 3 \times (2 \times 1) = 6\end{aligned}$$

(← 여기에서 $\iint_R dA$는 영역 R의 넓이이므로 $\iint_R dA = 2 \times 1$이다.) ■

† 예제 8.3.1에서 주어진 선적분을 그대로 계산한다는 것은 쉽지 않다는 것을 알 수 있다. 그러나 Green 정리를 이용하면 이상과 같이 매우 쉽게 적분값이 얻어진다.

예제 8.3.2 Green 정리를 이용하여 평면에서 양의 방향을 갖는 하나의 매끄러운 닫힌곡선 C를 따라 다음 선적분을 구하여라.

$$\oint_C \left[(x^2 + y^4)dx + 4xy^3\,dy\right]$$

풀이 $M = x^2 + y^4$, $N = 4xy^3$으로 하면 주어진 식은

$$\oint_C (Mdx + Ndy)$$

로 표현된다. 이때

$$\frac{\partial N}{\partial x} - \frac{\partial M}{\partial y} = \frac{\partial}{\partial x}(4xy^3) - \frac{\partial}{\partial y}(x^2 + y^4)$$
$$= 4y^3 - 4y^3 = 0$$

이므로 준 식의 적분 값은 다음과 같다.

$$\oint_C (Mdx + Ndy) = \iint_R \left(\frac{\partial N}{\partial x} - \frac{\partial M}{\partial y}\right) dA$$

$$= \iint_R (0)\, dA$$

$$= 0$$

(← 무한히 많은 경로가 존재하므로 이것은 어려운 문제로 보인다. 그러나 Green 정리를 이용하면 매우 쉽게 해결된다.) ■

예제 8.3.3 다음과 같은 $\vec{F}$와 곡선 C의 반시계방향으로 선적분 $\oint_C \vec{F} \cdot \vec{dr}$을 구하여라.

$$\vec{F} = (3x - 2y + 1)\vec{i} + (5x - 4y - 2)\vec{j}$$

C : 원점을 중심으로 하고 반지름이 3인 원

풀이 벡터 내적의 정의에 의해

$$\int_C \vec{F} \cdot \vec{dr} = \int_C [(3x - 2y + 1)\vec{i} + (5x - 4y - 2)\vec{j}] \cdot (dx\vec{i} + dy\vec{j})$$

$$= \int_C [(3x - 2y + 1)dx + (5x - 4y - 2)dy]$$

이다. 따라서 $M = 3x - 2y + 1$, $N = 5x - 4y - 2$로 하면 주어진 식은

$$\oint_C (Mdx + Ndy)$$

로 표현되고,

$$\frac{\partial N}{\partial x} - \frac{\partial M}{\partial y} = \frac{\partial}{\partial x}(5x - 4y - 2) - \frac{\partial}{\partial y}(3x - 2y + 1)$$

$$= 5 - (-2) = 7$$

이므로 준 식의 적분값은 다음과 같다.

$$\oint_C (Mdx + Ndy) = \iint_R \left(\frac{\partial N}{\partial x} - \frac{\partial M}{\partial y}\right) dA$$

$$= \iint_R 7\, dA = 7 \iint_R dA$$

$$= 7 \times (\pi \times 3^2)$$

$$= 63\pi$$

■

[14] 영역의 넓이와 경계에서의 선적분

곡선 C가 구분적으로 매끄러운 단순폐곡선이고 영역 R의 경계선이라고 할 때 R의 넓이 A는 다음과 같이 C의 반시계방향 선적분으로 표현된다.

$$A = \frac{1}{2}\oint_C (xdy - ydx)$$

(증명) Green 정리

$$\oint_C [M(x,\ y)dx + N(x,\ y)dy] = \iint_R \left(\frac{\partial N}{\partial x} - \frac{\partial M}{\partial y}\right)dA$$

에서 $M(x,\ y) = 0,\ N(x,\ y) = x$라 하면

$$\oint_C xdy = \iint_R \left[\frac{\partial}{\partial x}(x) - \frac{\partial}{\partial y}(0)\right]dA = \iint_R dA = A \qquad \cdots(1)$$

이고, $M(x,\ y) = -y,\ N(x,\ y) = 0$이라 하면

$$\oint_C (-y)dx = \iint_R \left[\frac{\partial}{\partial x}(0) - \frac{\partial}{\partial y}(-y)\right]dA = \iint_R dA = A \qquad \cdots(2)$$

이다. (1), (2)의 두 식을 합하면 다음 식이 얻어진다.

$$A = \frac{1}{2}\oint_C (xdy - ydx)$$ ■

예제 8.3.4 그림과 같이 타원 $\frac{x^2}{a^2} + \frac{y^2}{b^2} = 1\ (a > 0,\ b > 0)$로 둘러싸인 영역의 넓이를 구하여라.

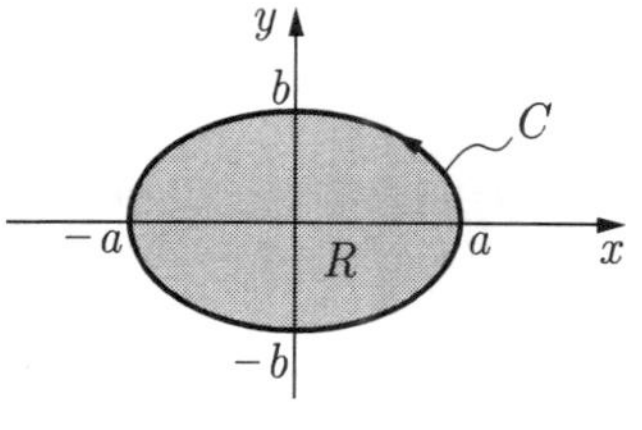

풀이 타원 C는 다음과 같이 매개변수로 표현된다.

$$C:\ x = a\cos t,\ y = b\sin t,\ 0 \le t \le 2\pi$$

넓이(A)는 C로 둘러싸인 영역의 넓이이므로 다음과 같이 구해진다.

$$A = \frac{1}{2}\oint_C (xdy - ydx) = \frac{1}{2}\int_0^{2\pi}\left(x\frac{dy}{dt} - y\frac{dx}{dt}\right)dt$$
$$= \frac{1}{2}\int_0^{2\pi}[a\cos t \cdot b\cos t - b\sin t \cdot (-a\sin t)]dt$$
$$= \frac{1}{2}\int_0^{2\pi}[ab(\cos^2 t + \sin^2 t)]dt$$
$$= \frac{ab}{2}\int_0^{2\pi} dt$$
$$= \frac{ab}{2}[t]_0^{2\pi} = \frac{ab}{2}\times 2\pi$$
$$= \pi ab$$

■

[극좌표에서의 평면 영역의 넓이] : x, y를 극좌표로 표현하면 $x = r\cos\theta$, $y = r\sin\theta$이며

$$dx = \cos\theta\, dr - r\sin\theta\, d\theta,\ dy = \sin\theta\, dr + r\cos\theta\, d\theta$$

이다. 따라서

$$xdy - ydx = r\cos\theta(\sin\theta\, dr + r\cos\theta d\theta) - r\sin\theta(\cos\theta\, dr - r\sin\theta\, d\theta)$$
$$= r^2(\cos^2\theta + \sin^2\theta)d\theta$$
$$= r^2 d\theta$$

이므로 $A = \frac{1}{2}\oint_C (xdy - ydx)$로부터 넓이는 다음과 같다.

$$A = \frac{1}{2}\oint_C r^2\, d\theta$$

예제 8.3.5 심장형(cardioid) 곡선은 $r = a(1-\cos\theta)$, $0 \le \theta \le 2\pi$로 표현되며 개략적인 모양은 그림과 같다. 곡선으로 둘러싸인 영역의 넓이를 구하여라.

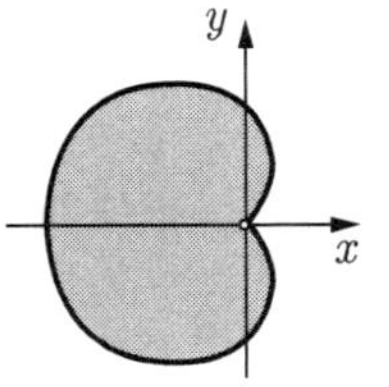

심장형 곡선

풀이 Green 정리로부터 영역의 넓이(A)는 다음과 같이 구해진다.

$$
\begin{aligned}
A &= \frac{1}{2}\oint_C r^2\,d\theta = \frac{1}{2}\int_0^{2\pi} r^2\,d\theta \\
&= \frac{1}{2}\int_0^{2\pi} [a(1-\cos\theta)]^2 d\theta \\
&= \frac{a^2}{2}\int_0^{2\pi}(1-2\cos\theta+\cos^2\theta)d\theta \\
&= \frac{a^2}{2}\int_0^{2\pi}\left(1-2\cos\theta+\frac{1+\cos 2\theta}{2}\right)d\theta \\
&= \frac{a^2}{2}\left[\theta-2\sin\theta+\frac{1}{2}\left(\theta+\frac{1}{2}\sin 2\theta\right)\right]_0^{2\pi} \\
&= \frac{a^2}{2}\left[\left(2\pi+\frac{1}{2}\times 2\pi\right)-(0)\right] \\
&= \frac{3\pi a^2}{2}
\end{aligned}
$$

■

연습문제 8.3

1. Green 정리를 이용하여 영역 R의 경계 곡선 C(또는 주어진 곡선 C)의 양의 방향으로 주어진 선적분을 계산하여라.

(1) $\oint_C (3y dx + 5x dy)$, $R = \{(x, y) \mid 0 \le x \le 1,\ 0 \le y \le 3\}$

(2) $\oint_C [xy dx + (x - y) dy]$, $R = \{(x, y) \mid 0 \le x \le 1,\ 0 \le y \le 2\}$

(3) $\oint_C (xe^{4x} dx + 3x^2 dy)$, C: 꼭짓점 (0, 0), (3, 0), (3, 2), (0, 2)인 직사각형

(4) $\oint_C [(x^2 + y^2) dx - 2xy dy]$, C: 반지름 1인 원

(5) $\oint_C [(x^3 + y^3) dx + (2y^3 - x^3) dy]$, C: 반지름 1인 원

2. Green 정리를 이용하여 주어진 곡선 C의 양의 방향으로 $\oint_C \vec{F} \cdot \vec{dr}$을 계산하여라. $\vec{F} = F_x \vec{i} + F_y \vec{j}$이면 $\vec{F} \cdot \vec{dr} = F_x dx + F_y dy$이다. $\oint_C \vec{F} \cdot \vec{dr}$은 $\vec{F}$의 힘을 받는 물체가 곡선 C를 따라 이동할 때 한 일을 나타낸다.

(1) $\vec{F} = (x^2 - y)\vec{i} + y^2 \vec{j}$, C: 반지름 a인 원

(2) $\vec{F} = x^2 \vec{i} + x^3 \vec{j}$, C: 꼭짓점 (0, 0), (2, 0), (2, 2), (0, 2)인 정사각형

(3) $\vec{F} = (y\sec^2 x + x)\vec{i} + (\tan x - y^2)\vec{j}$, C: 중심 (0, 0)이고 반지름 1인 원

(4) $\vec{F} = -e^y \vec{i} + e^x \vec{j}$, C: 꼭짓점 (0, 0), (2, 0), (2, 1)인 삼각형

(5) $\vec{F} = (x^2 - y)\vec{i} + (x + y^2)\vec{j}$, C: $y = x$와 $y = x^2$으로 만들어진 닫힌곡선

3. Green 정리를 이용하여 그림과 같은 닫힌곡선 C를 따라서 다음을 계산하고, 연습문제 8.1의 8번 문제에서 푼 과정과 비교해보아라.

$$\oint_C [(2x - y + 4) dx + (3x + 5y - 6) dy]$$

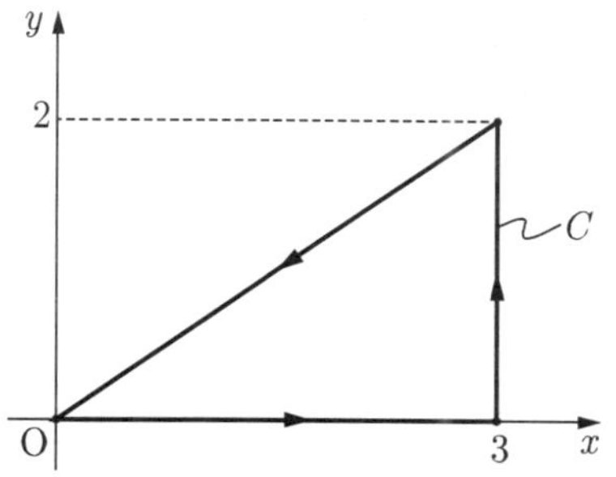

4. 곡선 C는 중심이 (4, 3)이고 반지름이 2인 원일 때 반시계방향을 따라 다음 선적분을 계산하여라.

$$\oint_C [(2y - e^{\cos x})dx + (4x - \sin y)dy]$$

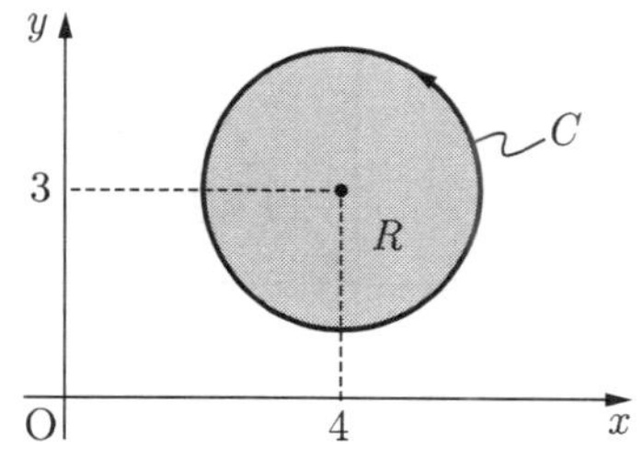

5. 그림과 같이 곡선 C가 원점을 중심으로 하고 반지름이 각각 1, 2인 두 원과 x축, y축으로 이루어진 영역(R)의 경계선일 때 다음 선적분을 구하여라. 단, 곡선의 방향은 양의 방향이다.

$$\oint_C [(e^x + 2xy)dx + (4x^2 + \cos y)dy]$$

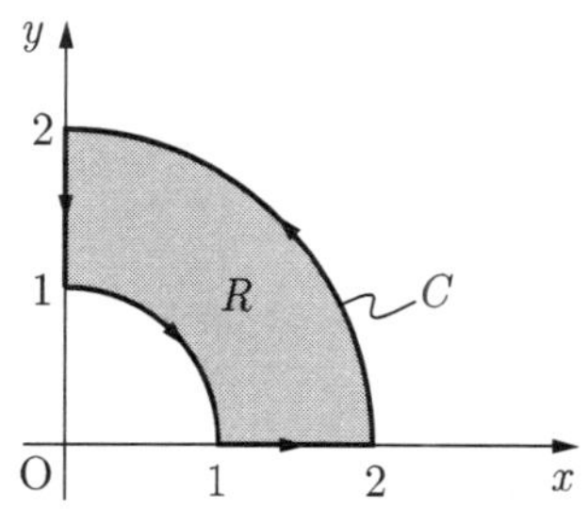

[참조: 극좌표로 나타내면 영역 R은 $1 \le r \le 2,\ 0 \le \theta \le \pi/2$로 표현된다.]

6. 그림과 같이 C는 네 점 $(0,\ 0)$, $(2,\ 0)$, $(2,\ 1)$, $(0,\ 1)$을 꼭짓점으로 하는 직사각형이고 양의 방향일 때 $\oint_C (xy\,dx + ye^x\,dy)$를 구하여라.

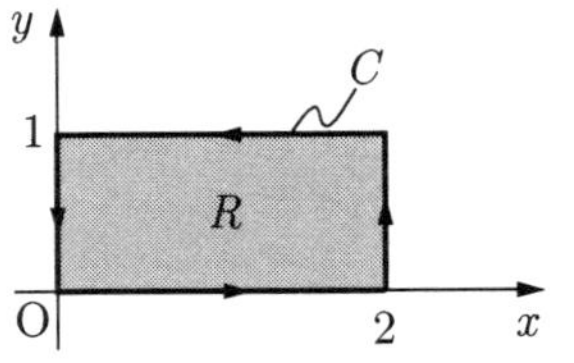

7. C는 꼭짓점 $(0,\ 0)$, $(3,\ 0)$, $(3,\ 5)$인 삼각형일 때 $\oint_C [xy\,dx + (xy^2 - \sin y)dy]$를 계산하여라. 단, C는 양의 방향을 갖는다.

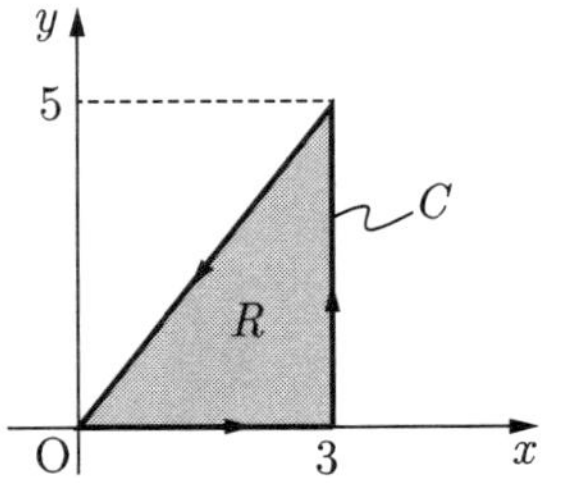

8. C는 $x = y^2$과 $x = 4$로 만들어진 닫힌경로일 때 $\oint_C [(y^3 - e^x)dx + 3x\,dy]$를 계산하여라. 단, C는 양의 방향을 갖는다.

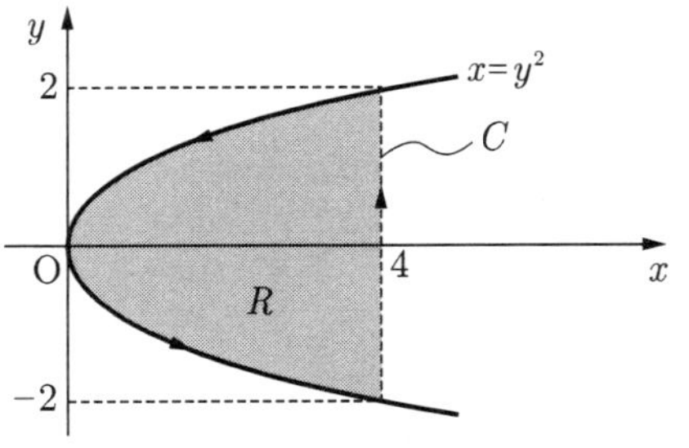

정답 및 해설

연습문제 1.1

1. (1) $8x^2-2x-15$ (2) $-6x^2+11xy-4y^2$

   (3) $x^2-y^2-z^2-2yz$ (4) $x^2-4xy+4y^2-1$

   (5) $4x^2-2x+\frac{1}{4}$ (6) $2x^3+24xy^2$

   (7) $x^2+4y^2-4xy+6x-12y+9$ (8) $x^4+10x^3+35x^2+50x+24$

2. $19x^2+12xy-3y^2$
3. x^3: 11, x : 13
4. 116
5. 17
6. a^6-64b^6 : $(a+b)(a^2-ab+b^2)=a^3+b^3$, $(a-b)(a^2+ab+b^2)=a^3-b^3$
   $(A+B)(A-B)=A^2+B^2$
7. $18+2\sqrt{5}$: $\left(x+\frac{1}{x}\right)^2=\left(x-\frac{1}{x}\right)^2+4$, $x^2+\frac{1}{x^2}=\left(x-\frac{1}{x}\right)^2+2$
8. 28 : $x\neq 0$이므로 양변을 0으로 나누면 $x+\frac{1}{x}=3$이 된다.
9. 1 : $(x-1)(x^2+x+1)=0$ $\therefore$ $x^3=1$
10. 4 : $x=y=z=1$을 대입하면 계수의 총합을 쉽게 구할 수 있다.
11. $a=2$, $b=1$, $c=-1$
12. -2 : 준식은 $\frac{b-a}{ab}=2$이므로 $a-b=-2ab$가 된다.
13. $\frac{5}{2}$: $x^2+y^2=(x+y)^2-2xy$, $x^3+y^3=(x+y)^3-3xy(x+y)$
14. $A=30$, $E=16$, $B-C+D=47$
15. $A=2$, $B=3$, $C=-4$

연습문제 1.2

1. (1) $(a-2)(b-1)$ (2) $(a-b)(x-y)$

   (3) $(x-a)(x-1)$ (4) $\frac{3}{2}xy(x-3y)$

   (5) $(3x-4y)^2$ (6) $\left(\frac{x}{10}+\frac{5}{x}\right)^2$

(7) $(2x-3)(6x+7)$ (8) $(x+2y)(2x-3y)$

2. (1) $(x-1)(x+1)(x^2+1)(x^4+1)$ (2) $(a+4)(a^2-4a+16)$

(3) $(x-y-z)(x+y-z)$ (4) $(a-b)(a+c)$

(5) $(x^2-x+1)(x^2+x+1)$ (6) $(x^2+2x+2)(x^2-2x+2)$

(7) $(x-y+2)(x+y-3)$ (8) $(a-b)(a+2b-c)$

3. 49

4. 31, 33 : $2^{80}-1=(2^{40}+1)(2^{40}-1)=(2^{40}+1)(2^{20}+1)(2^{20}-1)=\cdots$

5. $\pm 21\sqrt{5}$: $x^4-\frac{1}{x^4}=\left(x-\frac{1}{x}\right)\left(x+\frac{1}{x}\right)\left(x^2+\frac{1}{x^2}\right)$

6. -28 : $a^3+b^3=(a+b)^3-3ab(a+b)$

7. $n=16$: $3=(2-1)\times(2+1)$

연습문제 1.3

1. (1) $x=2,\ y=4$ (2) $x=y=3$

2. (1) $z=\pm\sqrt{5}\,i$ (2) $z=\pm\frac{\sqrt{2}\,i}{3}$

3. (1) $-2+8i$ (2) $-2+5i$

(3) $7+5\sqrt{2}\,i$ (4) $24i$

(5) $2(1+i)\times 3(1-i)=12$ (6) $-\frac{3}{5}+\frac{4}{5}i$

4. (1) 5 (2) 5

5. $z=\pm\frac{1+i}{\sqrt{2}}$

6. $\alpha+\beta=2,\ \alpha\beta=3$

$$\therefore\ \frac{\alpha^2}{\beta}+\frac{\beta^2}{\alpha}=\frac{(\alpha+\beta)^3-3\alpha\beta(\alpha+\beta)}{\alpha\beta}=\frac{2^3-3\times 3\times 2}{3}=-\frac{10}{3}$$

7. $\alpha^3+\alpha^2\beta+\alpha\beta^2+\beta^3=\alpha^2(\alpha+\beta)+\beta^2(\alpha+\beta)=(\alpha+\beta)[(\alpha+\beta)^2-2\alpha\beta]$

$=4\times[4^2-2\times 5]=24$

8. $\frac{(1+i)(1+i)}{(1-i)(1+i)}=\frac{1+2i-1}{1+1}=i\ \ \therefore\ 2-3i-2+i+1=a+bi,\ a=1,\ b=-2$

연습문제 1.4

1. (1) $-\frac{5}{4}$, 3 (2) $\frac{1}{6}$, $-\frac{5}{2}$

   (3) $-\sqrt{2}$, $\sqrt{2}+1$ (4) $\frac{1}{\sqrt{2}}$, $-\frac{3}{\sqrt{2}}$

   (5) $\pm i$ (6) $-p-1$, $\frac{1-p}{2}$

2. $a=-4$, $b=1$
3. $a=-2$, $b=\frac{3}{2}$
4. $x=2$, $y=-2$
5. $n=-1$, 3

연습문제 1.5

1. (1) $\frac{x+3}{x+1}$ (2) $\frac{1}{x^2+xy+y^2}$

   (3) $\frac{2}{x-1}$ (4) $\frac{1}{x+1}$

2. (1) $A=-1$, $B=1$ (2) $A=3$, $B=1$, $C=-4$
3. $\left(\frac{1}{x}-\frac{1}{x+1}\right)+\left(\frac{1}{x+1}-\frac{1}{x+2}\right)+\left(\frac{1}{x+2}-\frac{1}{x+3}\right)+\left(\frac{1}{x+3}-\frac{1}{x+4}\right)$

   $=\frac{1}{x}-\frac{1}{x+4}=\frac{4}{x(x+4)}$
4. $\frac{1}{2}\left[\left(\frac{1}{1}-\frac{1}{3}\right)+\left(\frac{1}{3}-\frac{1}{5}\right)+\left(\frac{1}{5}-\frac{1}{7}\right)+\left(\frac{1}{7}-\frac{1}{9}\right)+\left(\frac{1}{9}-\frac{1}{11}\right)+\left(\frac{1}{11}-\frac{1}{13}\right)\right]$

   $=\frac{1}{2}\left(\frac{1}{1}-\frac{1}{13}\right)=\frac{6}{13}$
5. $\frac{1}{x}+\frac{-2}{2x}=0$

연습문제 2.1

1. (1) $f(0)=0-0+4=4$

(2) $f(-1)=2(-1)^3-3(-1)+4=-2+3+4=5$

2. $3x=X$로 하면 $x=X/3$이므로 준 식 $f(3x)=9x^2-3x+4$은

$f(X)=9(X/3)^2-3(X/3)+4=X^2-X+4.\quad \therefore f(1)=1-1+4=4$

3. $x+1=X$로 하면 $x=X-1$이므로 준 식 $f(x+1)=x^2-2x+3$은

$$\begin{aligned} f(X)&=(X-1)^2-2(X-1)+3=X^2-2X+1-2X+2+3 \\ &=X^2-4X+6.\quad \therefore f(x)=x^2-4x+6 \end{aligned}$$

4. 전개식의 일반항은 ${}_6C_r(2x^2)^{6-r}\left(\dfrac{1}{x}\right)^r={}_6C_r(2)^{6-r}(x)^{12-3r}$

x^3의 계수: $12-3r=3$에서 $r=3$이므로

${}_6C_r(2)^{6-r}={}_6C_3(2)^{6-3}=\dfrac{6\times5\times4}{3\times2\times1}\times2^3=160.$

5. $y=-x+2$

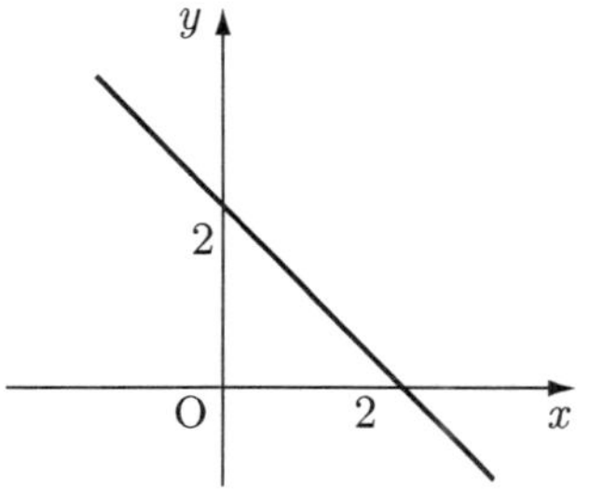

6. $y=(x-1)^2-4$, 꼭짓점$(1,\ -4)$, 대칭축 $x=1$

x절편: $x^2-2x-3=(x+1)(x-3)=0$에서 $x=-1,\ 3.$

y절편: $x=0$일 때 $y=-3.$

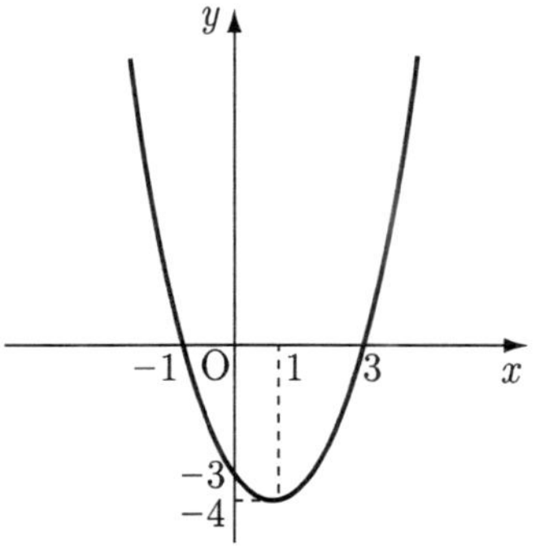

7. $y=-\dfrac{1}{2x+3}+2$, 점근선 $x=-\dfrac{3}{2}$, $y=2$

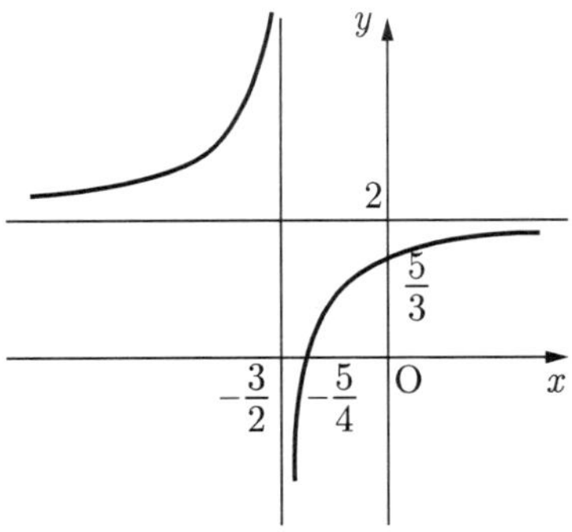

8. $y=\dfrac{x+2}{3x+4}$ 로 놓고 x를 구한다.

$(3x+4)y=x+2$, $x(3y-1)=-4y+2$ $\therefore x=\dfrac{-4y+2}{3y-1}$

x와 y를 바꾸면 $f^{-1}(x)=\dfrac{-4x+2}{3x-1}$.

9. $f(f)=\dfrac{a}{f+1}=\dfrac{x+1}{x+2}$ 에서 f를 구한다.

$a(x+2)=(x+1)(f+1)$, $f=\dfrac{a(x+2)}{x+1}-(x+1)=\dfrac{x(a-1)+2a-1}{x+1}$

$f=\dfrac{a}{x+1}$ 이므로 $a-1=0$, $2a-1=a$. $\therefore a=1$

10. $\sqrt{x-1}=y-2$. 제곱하면 $x-1=(y-2)^2$이므로 $x=y^2-4y+5$.

$\therefore$ 역함수 $f^{-1}(x)=x^2-4x+5$ $(x \geq 2)$ (←역함수의 정의역은 함수의 치역)

11. 역함수의 정의에 의해 $f^{-1}(3)=0$이면 $f(0)=3$. $\therefore f(0)=b=3$

$f[f(0)]=f(3)=3a+b=9$. $b=3$이므로 $3a+3=9$. $\therefore a=2$

연습문제 2.2

1. (1) $\left(\sqrt{a^x}+\sqrt{a^{-x}}\right)^2=a^x+a^{-x}+2=7$

$\therefore \sqrt{a^x}+\sqrt{a^{-x}}=\sqrt{7}$ $(\because \sqrt{a^x}>0)$

(2) $a^{2x}+a^{-2x}=(a^x+a^{-x})^2-2=5^2-2=23$

(3) $a^{3x}+a^{-3x}=(a^x+a^{-x})^3-3a^x\times a^{-x}(a^x+a^{-x})$

$=5^3-3\times 5=110$

2. (1) $e^{a\ln b}=b^a$. 양변의 로그를 잡으면 $\ln e^{a\ln b}=\ln b^a$, $a\ln b\ln e=a\ln b$.

$\therefore a\ln b=a\ln b$ $(\because \ln e=1)$이므로 $e^{a\ln b}=b^a$.

(2) $e^{\ln x}=X$로 하여 양변의 로그를 잡으면 $\ln e^{\ln x}=\ln X$.

$\ln x \ln e=\ln X \quad \therefore X=x \quad (\because \ln e=1)$

(3) $e^{-2\ln x}=e^{\ln x^{-2}}=x^{-2}=\dfrac{1}{x^2} \quad (\because e^{\ln X}=X)$

3. $2^x=3^y=36$에서 log를 잡으면 $\log 2^x=\log 3^y=\log 36$이므로

$x=\dfrac{\log 36}{\log 2},\ y=\dfrac{\log 36}{\log 3}. \quad \therefore \dfrac{1}{x}+\dfrac{1}{y}=\dfrac{\log 2+\log 3}{\log 36}=\dfrac{\log 6}{\log 6^2}=\dfrac{\log 6}{2\log 6}=\dfrac{1}{2}$

4. $\log_{\sqrt{2}}(1+\sqrt{2}-\sqrt{3})+\log_{\sqrt{2}}(1+\sqrt{2}+\sqrt{3})$

$=\log_{\sqrt{2}}[(1+\sqrt{2}-\sqrt{3})\times(1+\sqrt{2}+\sqrt{3})]$

$=\log_{\sqrt{2}}[(1+\sqrt{2})^2-(\sqrt{3})^2]=\log_{\sqrt{2}}[1+2\sqrt{2}+2-3]$

$=\log_{\sqrt{2}}2\sqrt{2}=\log_{\sqrt{2}}(\sqrt{2})^3=3$

5. $m^a=n^b=k$에서 상용로그를 잡으면

$$\log m^a=\log n^b=\log k,\ a\log m=b\log n=\log k$$

이므로 $\log m=\dfrac{\log k}{a},\ \log n=\dfrac{\log k}{b}$.

$$\therefore \log_{mn}\sqrt{m}=\frac{\log\sqrt{m}}{\log mn}=\frac{\frac{1}{2}\log m}{\log m+\log n}=\frac{\log k}{2a(\log k/a+\log k/b)}=\frac{b}{2(a+b)}$$

6. $f(x)=2^x+2^{-x}\geq 2\sqrt{2^x\times 2^{-x}}=2 \quad \therefore f(x)$의 최솟값은 2.

7. $2^x=X$로 하면 $X>0$이고 $y=-4^x+2^{x+1}=-(2^x)^2+2\times 2^x$

$$=-X^2+2X=-(X-1)^2+1 \quad \therefore \text{최댓값 } 1$$

8. (1) $4^{2x-1}=(2^2)^{2x-1}=2^{4x-2},\ \dfrac{1}{8\sqrt[3]{64}}=\dfrac{1}{2^3\sqrt[3]{2^6}}=\dfrac{1}{2^5}=2^{-5}$

준 식에서 $2^{4x-2}=2^{-5}. \quad \therefore 4x-2=-5 \quad \therefore x=-\dfrac{3}{4}$

(2) $\left(\dfrac{9}{\sqrt{3}}\right)^{4x+6}=\left(3^{2-\frac{1}{2}}\right)^{4x+6}=3^{6x+9}$이므로

준 식에서 $3^{3x+2}=3^{6x+9}. \quad \therefore 3x+2=6x+9 \quad \therefore x=-\dfrac{7}{3}$

(3) $\log_2(2x+1)=4$이면 로그의 정의에 의해 $2x+1=2^4. \quad \therefore x=15/2$

(4) $x^{\log x}=\dfrac{x^3}{100}$의 양변에 양변의 상용로그를 잡으면

$(\log x)(\log x)=3\log x-2. \ \therefore (\log x)^2-3\log x+2=0$

$\log x=X$로 치환하면 $(X-1)(X-2)=0$이므로 $\log x=1,\ 2.$

$\therefore x=10,\ 100$

9. 두 근을 $\alpha,\ 3\alpha$라 하면 $\log_3\alpha=\alpha+k \cdots$①, $\log_3 3\alpha=3\alpha+k \cdots$②이다.

식 ②−①에서 $\log_3 3=2\alpha$이므로 $\alpha=1/2,\ 3\alpha=3/2$. α의 값을 ①에 대입하여 k를 구하면

$k=-\log_3 2-\dfrac{1}{2}.$

연습문제 2.3

1. $r=\sqrt{(-3)^2+(-4)^2}=5$, $\sin\theta=-\frac{4}{5}$, $\cos\theta=-\frac{3}{5}$, $\tan\theta=\frac{4}{3}$

2. $\sin\theta=\frac{1}{\sqrt{5}}$, $\cos\theta=-\frac{2}{\sqrt{5}}$, $\tan\theta=-\frac{1}{2}$

3. $\sin^2\frac{\pi}{8}=\dfrac{1-\cos\frac{\pi}{4}}{2}=\dfrac{1-\frac{1}{\sqrt{2}}}{2}=\dfrac{2-\sqrt{2}}{4}$ $\therefore\ \sin\frac{\pi}{8}=\dfrac{\sqrt{2-\sqrt{2}}}{2}$

$\cos^2\frac{\pi}{8}=\dfrac{1+\cos\frac{\pi}{4}}{2}=\dfrac{1+\frac{1}{\sqrt{2}}}{2}=\dfrac{2+\sqrt{2}}{4}$ $\therefore\ \cos\frac{\pi}{8}=\dfrac{\sqrt{2+\sqrt{2}}}{2}$

$\tan^2\frac{\pi}{8}=\dfrac{1-\cos\frac{\pi}{4}}{1+\cos\frac{\pi}{4}}=\dfrac{1-\frac{1}{\sqrt{2}}}{1+\frac{1}{\sqrt{2}}}=(\sqrt{2}-1)^2$ $\therefore\ \tan\frac{\pi}{8}=\sqrt{2}-1$

4. $3+\sin 2x=2+(1+2\sin x\cos x)=2+(\sin^2x+\cos^2x+2\sin x\cos x)$

$=2+(\sin x+\cos x)^2=2+\left(\frac{1}{\sqrt{2}}\right)^2=\frac{5}{2}$

5. $y=2\sin\left(x+\frac{\pi}{6}\right)+2\cos x=2\left(\sin x\cos\frac{\pi}{6}+\cos x\sin\frac{\pi}{6}\right)+2\cos x$

$=(\sqrt{3}\sin x+\cos x)+2\cos x=\sqrt{3}\sin x+3\cos x=2\sqrt{3}\sin\left(x+\frac{\pi}{3}\right)$

($\because\ \tan\phi=\frac{3}{\sqrt{3}}=\sqrt{3}$ 이므로 $\phi=\frac{\pi}{3}$) $\therefore\ A=2\sqrt{3}$, $\phi=\frac{\pi}{3}$

6. $y=3\sin x+4\cos x=\sqrt{3^2+4^2}\sin(x+\phi)=5\sin(x+\phi)$, $\tan\phi=\frac{4}{3}$

$\therefore$ 최댓값 5, 최솟값 -5

7. $\sqrt{3}\sin x+\cos y=\sqrt{3}\sin x+\cos\left(\frac{\pi}{2}-x\right)$

$=\sqrt{3}\sin x+\sin x=(\sqrt{3}+1)\sin x$

$\therefore$ 최댓값 $\sqrt{3}+1$, 최솟값 $-(\sqrt{3}+1)$

8. $y=\cos^2x+4\sin x\cos x-\sin^2x=(\cos^2x-\sin^2x)+2\times 2\sin x\cos x$

$=\cos 2x+2\sin 2x=\sqrt{5}\sin(2x+\phi)$, $\tan\phi=\frac{1}{2}$

$\therefore$ 최댓값 $\sqrt{5}$, 최솟값 $-\sqrt{5}$, 주기 $\frac{2\pi}{2}=\pi$

9. $y=2\cos^2x-3\sin^2x+4=2\cos^2x-3(1-\cos^2x)+4=5\cos^2x+1$

$\cos x=X$ $(-1\le X\le 1)$로 하면 $y=5X^2+1$.

$\therefore$ $X=\pm1$에서 최대값 6, $X=0$에서 최솟값 1.

10. (1) $\frac{\pi}{4}$ (2) $\frac{\pi}{6}$ (3) $\frac{\pi}{3}$ (4) $\frac{1}{3}$ (5) $\frac{\pi}{2}$ (6) $\frac{\pi}{2}$

[† 직각삼각형을 그리고 역함수의 정의를 생각하면 역삼각함수의 값을 쉽게 구할 수 있다.]

11. $\sin^{-1}x=\cos^{-1}x=k$로 하면 $x=\sin k,\ x=\cos k$.

$\therefore\ \tan k=1$이므로 $k=\frac{\pi}{4}$이고 $x=\sin k=\sin\frac{\pi}{4}=\frac{1}{\sqrt{2}}$.

연습문제 2.4

1. $\cosh^2\alpha-\sinh^2\alpha=1$이므로 $\sinh^2\alpha=\cosh^2\alpha-1=(\sqrt{2})^2-1=1$.

$\therefore\ \sinh\alpha=\pm1,\ \tanh\alpha=\frac{\sinh\alpha}{\cosh\alpha}=\pm\frac{1}{\sqrt{2}}$

2. (1) $\cosh(\ln 2)=\frac{e^{\ln 2}+e^{-\ln 2}}{2}=\frac{2+2^{-1}}{2}=\frac{1}{2}\times\frac{5}{2}=\frac{5}{4}$

(2) $\sinh(\ln 2)=\frac{e^{\ln 2}-e^{-\ln 2}}{2}=\frac{2-2^{-1}}{2}=\frac{1}{2}\times\frac{3}{2}=\frac{3}{4}$

(3) $\tanh(\ln 3)=\frac{e^{\ln 3}-e^{-\ln 3}}{e^{\ln 3}+e^{-\ln 3}}=\frac{3-3^{-1}}{3+3^{-1}}=\frac{9-1}{9+1}=\frac{8}{10}=\frac{4}{5}$

3. $\cosh x\cosh y+\sinh x\sinh y$

$$=\frac{e^x+e^{-x}}{2}\times\frac{e^y+e^{-y}}{2}+\frac{e^x-e^{-x}}{2}\times\frac{e^y-e^{-y}}{2}$$

$$=\frac{e^{x+y}+e^{x-y}+e^{-x+y}+e^{-x-y}}{4}+\frac{e^{x+y}-e^{x-y}-e^{-x+y}+e^{-x-y}}{4}$$

$$=\frac{2e^{x+y}+2e^{-x-y}}{4}=\frac{e^{x+y}-e^{-(x+y)}}{2}=\cosh(x+y)$$

4. $\cosh 2x=\cosh(x+x)=\cosh^2x+\sinh^2x$

$=\cosh^2x+(\cosh^2x-1)=2\cosh^2x-1$

$=(1+\sinh^2x)+\sinh^2x=2\sinh^2x+1$

5. $\tanh^2x+\operatorname{sech}^2x=\frac{\sinh^2x}{\cosh^2x}+\frac{1}{\cosh^2x}=\frac{\sinh^2x+1}{\cosh^2x}=\frac{\cosh^2x}{\cosh^2x}=1$

6. (1) 1.175 (2) 1.543 (3) 0.762 (4) 0.881 (5) 1.317 (6) 0.549

7. $y=\cosh x=\frac{e^x+e^{-x}}{2}$에서 x를 구한다. $y=\frac{e^x+e^{-x}}{2}$의 양변에 $2e^x$를 곱하여 정리하면 $(e^x)^2-2ye^x+1=0$ 이므로 이차방정식의 근의 공식에 의해 $e^x=y+\sqrt{y^2-1}\ \cdots(*)\ (y\ge 1)$이다. 식 $(*)$의 양변에 자연로그를 잡으면 $x=\ln(y+\sqrt{y^2-1})$가 된다. 여기에서 x와 y를 바

꾸면 $y=\ln(x+\sqrt{x^2-1})$이므로 $y=\cosh x$의 역함수 $\cosh^{-1}x=\ln(x+\sqrt{x^2-1})$이다.
($\leftarrow x>0$에서 $e^x>1$이다. 따라서 $y\pm\sqrt{y^2-1}$에서 $y-\sqrt{y^2-1}<1$이므로
$e^x=y+\sqrt{y^2-1}$ 이다.)

8. $\cosh x+\sinh x=\dfrac{e^x+e^{-x}}{2}+\dfrac{e^x-e^{-x}}{2}=e^x$ $\therefore$ $(\cosh x+\sinh x)^n=e^{nx}$

$\cosh nx+\sinh nx=\dfrac{e^{nx}+e^{-nx}}{2}+\dfrac{e^{nx}-e^{-nx}}{2}=e^{nx}$

$\therefore$ $(\cosh x+\sinh x)^n=\cosh nx+\sinh nx$

연습문제 3.1

1. (1) $y'=12x^2+10x$ (2) $y'=-\dfrac{1}{2x\sqrt{x}}$

(3) $y'=\dfrac{1}{4\sqrt[4]{x^3}}$ (4) $y'=\dfrac{3}{(x+1)^2}$

(5) $y'=4x^3+3x^2+4x+2$ (6) $y'=\dfrac{-2(x+1)}{(x^2+2x+3)^2}$

(7) $y'=\dfrac{-x^2+1}{(x^2+1)^2}$ (8) $y'=\dfrac{2x+1}{(x^2+x+1)^2}$

2. (1) $f'=15x^4+\dfrac{1}{\sqrt{x}}-\dfrac{1}{x^2}$ (2) $f'=2-\dfrac{2}{x\sqrt{x}}$

3. $f'=12x^3-4$ $\therefore$ $f'(1)=12-4=8$

4. $y'=-\dfrac{3}{x^2}$이므로 $x=3$에서의 접선의 기울기 $y'=-\dfrac{1}{3}$.

$\therefore$ 접선의 방정식은 $y=-\dfrac{1}{3}(x-3)+1=-\dfrac{1}{3}x+2$이다.

5. $f(x)=x^{2010}$이라 하면 $1=f(1)$이므로

$$\lim_{x\to1}\frac{x^{2010}-1}{x-1}=\lim_{x\to1}\frac{f(x)-f(1)}{x-1}=f'(1).$$

$\therefore f'(x)=2010x^{2009}$이므로 준 식의 값은 $f'(1)=2010$.

6. $f(x)=ax^3+bx^2+cx+d$, $f'=3ax^2+2bx+c$, $f''=6ax+2b$, $f'''=6a$이므로
$6a=6$, $2b=4$, $c=-3$, $d=1$. $\therefore$ $a=1$, $b=2$, $c=-3$, $d=1$

연습문제 3.2

1. (1) $y' = 3(x^2+x+1)^2(2x+1)$

(2) $y' = \dfrac{1}{\sqrt{2x+5}}$

(3) $y' = -\dfrac{x}{(x^2+1)\sqrt{x^2+1}}$

(4) $y' = [(x^2+x+2)^{5/2}]' = \dfrac{5}{2}(x^2+x+2)^{3/2}(2x+1)$

(5) $y' = 2x\sqrt{x+1} + x^2 \times \dfrac{1}{2\sqrt{x+1}} = \dfrac{5x^2+4x}{2\sqrt{x+1}}$

(6) $y' = [(\sqrt{x}+1)^{-10}]' = -10(\sqrt{x}+1)^{-11} \times \dfrac{1}{2\sqrt{x}} = \dfrac{-5}{\sqrt{x}(\sqrt{x}+1)^{11}}$

(7) $y' = 2(\sqrt{x^2+1}+x) \times \left(\dfrac{x}{\sqrt{x^2+1}}+1\right) = \dfrac{2(\sqrt{x^2+1}+x)^2}{\sqrt{x^2+1}}$

(8) $y' = \dfrac{\sqrt{2x+1} - x \times \dfrac{1}{\sqrt{2x+1}}}{2x+1} = \dfrac{x+1}{(2x+1)\sqrt{2x+1}}$

2. $y' = \dfrac{-x}{\sqrt{25-x^2}}$, $x=3$일 때 기울기 $y' = -\dfrac{3}{4}$. ∴ 접선의 방정식은

$$y = -\frac{3}{4}(x-3)+4 = -\frac{3}{4}x + \frac{25}{4}.$$

3. $v(t) = \dfrac{\sqrt{t^2+1} - t \times \dfrac{t}{\sqrt{t^2+1}}}{(t^2+1)}$ ∴ $v(1) = \dfrac{\sqrt{2} - \dfrac{1}{\sqrt{2}}}{2} = \dfrac{1}{2\sqrt{2}}$

4. (1) $\dfrac{dx}{dt} = 4t^3+3$, $\dfrac{dy}{dt} = \dfrac{t}{\sqrt{t^2+1}}$ ∴ $\dfrac{dy}{dx} = \dfrac{t}{(4t^3+3)\sqrt{t^2+1}}$

(2) $\dfrac{dx}{dt} = \dfrac{1-2t^3}{(1+t^3)^2}$, $\dfrac{dy}{dt} = \dfrac{2t-t^4}{(1+t^3)^2}$ ∴ $\dfrac{dy}{dx} = \dfrac{2t-t^4}{1-2t^3}$

5. (1) $\dfrac{2-2x}{2y-3}$ (2) $-\dfrac{\sqrt{y}}{\sqrt{x}}$

(3) $x^2+y^2 = xy$ ∴ $\dfrac{dy}{dx} = \dfrac{y-2x}{2y-x}$ (4) $\dfrac{xy^2-x}{y-x^2y}$

6. $\dfrac{dy}{dx} = \dfrac{-3x^2+4y}{3y^2-4x}$이므로 $x=2$, $y=2$일 때 기울기 $y' = -1$.

∴ 접선의 방정식은 $y = -(x-2)+2 = -x+4$.

연습문제 3.3

1. (1) $y' = -3\sin(3x+5)$

   (2) $y' = (2x+3)\sec^2(x^2+3x+5)$

   (3) $y' = -\dfrac{4}{x^2}\cos\dfrac{4}{x}$

   (4) $y' = 20\sin^3 5x\cos 5x$

   (5) $y' = 4(\sin 2x+\cos 3x)^3(2\cos 2x-3\sin 3x)$

   (6) $y' = \dfrac{\cos x(1-\cos x)-\sin x(\sin x)}{(1-\cos x)^2} = \dfrac{\cos x - 1}{(1-\cos x)^2} = \dfrac{1}{\cos x - 1}$

   (7) $y' = -\dfrac{1}{(x+1)^2}\sin\left(\dfrac{x}{x+1}\right)$

   (8) $y' = \cos(\cos 2x)\times(-2\sin 2x) = -2\sin 2x\cos(\cos 2x)$

2. (1) $y' = \dfrac{1}{\sqrt{4-x^2}}$

   (2) $y' = \dfrac{-1}{2\sqrt{x}\sqrt{1-x}}$

   (3) $y' = \dfrac{1}{2\sqrt{\sin^{-1}x}\sqrt{1-x^2}}$

   (4) $y' = 2x\tan^{-1}x+1$

   (5) $y' = (\cot^{-1}x)' + \left(\cot^{-1}\dfrac{1}{x}\right)' = \dfrac{-1}{1+x^2} + \dfrac{-1}{1+(1/x)^2}\cdot\dfrac{-1}{x^2} = 0$

   (6) $y' = \dfrac{-x}{\sqrt{1-x^2}}\sin^{-1}x+1$

   (7) $y' = \dfrac{1}{\sqrt{1-\cos^2 x}}\cdot(-\sin x) = \dfrac{-\sin x}{\sqrt{\sin^2 x}} = \dfrac{-\sin x}{|\sin x|} = \pm 1$

   (8) $y' = \dfrac{1}{1+(\sqrt{x^2+2x})^2}\cdot\dfrac{2x+2}{2\sqrt{x^2+2x}} = \dfrac{1}{(x+1)\sqrt{x^2+2x}}$

3. $v(t) = \dfrac{ds(t)}{dt} = 2t+2\cos 2t$ $\therefore$ $t=0$에서의 속도 $v(0)=2$

4. $\dfrac{dy}{dx} = \dfrac{dy/dt}{dx/dt} = \dfrac{\pi\cos\pi t+(-\pi\cos\pi t+\pi^2 t\sin\pi t)}{-\pi\sin\pi t+(\pi\sin\pi t+\pi^2 t\cos\pi t)} = \dfrac{\sin\pi t}{\cos\pi t} = \tan\pi t$

   $\therefore$ $t=1/3$일 때 $\dfrac{dy}{dx} = \tan\dfrac{\pi}{3} = \sqrt{3}$

5. $I(t) = Q'(t) = \omega(a\cos\omega t - b\sin\omega t)$

연습문제 3.4

1. (1) $y' = 4e^{4x+1}$ (2) $y' = 2xe^{x^2}$

(3) $y' = e^{4/x}\left(1-\dfrac{4}{x}\right)$ (4) $y' = e^{4x}(4\sin 5x + 5\cos 5x)$

(5) $y' = 4\cos 4x\, e^{\sin 4x}$ (6) $y' = -2^{-x}\ln 2$

2. (1) $y' = \ln x + 1$

(2) $y' = \dfrac{2x}{x^2+3}$

(3) $y' = \dfrac{1-\ln x^2}{x^2\sqrt{\ln x^2}}$

(4) $y' = \dfrac{\cos x + \sec^2 x}{\sin x + \tan x}$

(5) $y' = e^{2x}\left(2\ln x + \dfrac{1}{x}\right)$

(6) $y' = -\sin[\ln(\sin^2 x)] \cdot \dfrac{2\sin x\cos x}{\sin^2 x} = -2\sin[\ln(\sin^2 x)]\cot x$

3. (1) $e^x + e^y y' = e^{x+y}(1+y')$, $y' = \dfrac{e^x - e^{x+y}}{e^{x+y} - e^y}$

(2) $e^{xy}(y+xy') - e^y y' = 1$, $y' = \dfrac{1-ye^{xy}}{e^y + xe^{xy}}$

(3) $4e^{4y}y' - \dfrac{y'}{y} = 1$, $y' = \dfrac{y}{4ye^{4y}-1}$

(4) $e^{xy}(y+xy') - 2yy' = -\sin x$, $y' = \dfrac{\sin x + ye^{xy}}{2y - xe^{xy}}$

(5) $2yy' + e^{-xy}(y+xy') = 0$, $y' = \dfrac{-ye^{-xy}}{2y + xe^{-xy}}$

(6) $e^{xy}(y+xy') + 3 - 5y' = -\sin y \cdot y'$, $y' = \dfrac{3+ye^{xy}}{5-\sin y - xe^{xy}}$

4. $y = a^x$의 양변에 자연로그를 잡으면 $\ln y = \ln a^x = x\ln a$이고, 이 식의 양변을 x에 대해 미분하면 $\dfrac{1}{y}y' = \ln a$. $\therefore\ y' = y\ln a = a^x \ln a$

5. (1) $\ln y = x - \dfrac{1}{4}\ln(x+1)$, $\dfrac{1}{y}y' = 1 - \dfrac{1}{4(x+1)}$, $y' = \dfrac{(4x+3)e^x}{4(x+1)\sqrt[4]{x+1}}$

(2) $\ln y = 2\ln x - \dfrac{1}{3}\ln(1+x)$, $\dfrac{1}{y}y' = \dfrac{2}{x} - \dfrac{1}{3(x+1)}$, $y' = \dfrac{x(5x+6)}{3\sqrt[3]{1+x}\,(x+1)}$

(3) $\ln y = -\dfrac{3}{2}\ln x - \ln(x+1)$, $\dfrac{1}{y}y' = -\dfrac{3}{2x} - \dfrac{1}{x+1}$, $y' = \dfrac{-(5x+3)}{2x^2\sqrt{x}\,(x+1)^2}$

(4) $\ln y=\dfrac{3}{2}\ln(x+1)-\dfrac{1}{2}\ln(x+2)$, $\dfrac{1}{y}y'=\dfrac{3}{2(x+1)}-\dfrac{1}{2(x+2)}$

$$y'=\frac{(2x+5)\sqrt{x+1}}{2(x+2)\sqrt{x+2}}$$

6. $y'=\dfrac{1+\dfrac{x}{\sqrt{1+x^2}}}{x+\sqrt{1+x^2}}=\dfrac{\dfrac{\sqrt{1+x^2}+x}{\sqrt{1+x^2}}}{x+\sqrt{1+x^2}}=\dfrac{1}{\sqrt{1+x^2}}$

연습문제 3.5

1. (1) $y'=2\cosh(2x+1)$ (2) $y'=2x\sinh(x^2+1)$

(3) $y'=\dfrac{x\sinh x-\cosh x}{x^2}$ (4) $y'=2\cosh 2x\, e^{\sinh 2x}$

(5) $y'=\dfrac{\sinh(\ln x)}{x}$ (6) $y'=\dfrac{\sinh x}{\cosh x}=\tanh x$

(7) $y'=\cosh x\cos(\sinh x)$ (8) $y'=\dfrac{\cosh\sqrt{x}}{2\sqrt{x}}$

2. (1) $y'=\dfrac{4}{\sqrt{1+16x^2}}$ (2) $y'=\dfrac{2x}{\sqrt{x^4+2x^2}}=\dfrac{2x}{|x|\sqrt{x^2+2}}$

(3) $y'=\dfrac{1}{\sqrt{4+x^2}}$ (4) $y'=\dfrac{1}{2\sqrt{x}(1-x)}$

(5) $y'=\dfrac{1}{\sqrt{(x^4+1)-1}}\times\dfrac{4x^3}{2\sqrt{x^4+1}}=\dfrac{2x}{\sqrt{x^4+1}}$

(6) $y'=\dfrac{\cos x}{1-\sin^2 x}=\dfrac{\cos x}{\cos^2 x}=\dfrac{1}{\cos x}=\sec x$

(7) $y'=\dfrac{1}{\sqrt{4/x^2-1}}\times\dfrac{-2}{x^2}=\dfrac{-2}{x\sqrt{4-x^2}}$

(8) $y'=\dfrac{e^{\sinh^{-1}x}}{\sqrt{1+x^2}}$

3. $y'=\sinh^{-1}\left(\dfrac{x}{2}\right)+x\times\dfrac{1}{\sqrt{1+x^2/4}}\times\dfrac{1}{2}-\dfrac{2x}{2\sqrt{4+x^2}}=\sinh^{-1}\left(\dfrac{x}{2}\right)$

4. $y=A\cosh kx+B\sinh kx$, $y'=kA\sinh kx+kB\cosh kx$,

$y''=k^2A\cosh kx+k^2B\sinh kx=k^2(A\cosh kx+B\sinh kx)=k^2y.$

$\therefore\ y''-k^2y=0$

연습문제 3.6

1. (1) $f_x = 1+2y,\ f_y = 2x+3$

(2) $f_x = 2xy+3y,\ f_y = x^2+3x+12y^2$

(3) $f_x = 3x^2-y^2+2xy^3,\ f_y = -2xy+3x^2y^2$

(4) $f_x = \dfrac{2x^2+y^2}{\sqrt{x^2+y^2}},\ f_y = \dfrac{xy}{\sqrt{x^2+y^2}}$

(5) $f_x = e^{2y},\ f_y = 2xe^{2y}$

(6) $f_x = 2e^{2x+3y},\ f_y = 3e^{2x+3y}$

2. (1) $f_{xx} = 0,\ f_{xy} = 0,\ f_{yy} = 0$

(2) $f_{xx} = 2,\ f_{xy} = 2,\ f_{yy} = 2$

(3) $f_{xx} = e^{x+2y},\ f_{xy} = 2e^{x+2y},\ f_{yy} = 4e^{x+2y}$

(4) $f_{xx} = y^2e^{xy},\ f_{xy} = (1+xy)e^{xy},\ f_{yy} = x^2e^{xy}$

(5) $f_{xx} = e^x \sin y,\ f_{xy} = e^x \cos y,\ f_{yy} = -e^x \sin y$

(6) $f_{xx} = 0,\ f_{xy} = 1/y,\ f_{yy} = -x/y^2$

3. (1) $f_x = y+3z,\ f_y = x+2z,\ f_z = 3x+2y$

(2) $f_x = \dfrac{2x}{x^2+2y^2+3z^2},\ f_y = \dfrac{4y}{x^2+2y^2+3z^2},\ f_z = \dfrac{6z}{x^2+2y^2+3z^2}$

(3) $f_x = y-2xy^3z^4,\ f_y = x-3x^2y^2z^4,\ f_z = -4x^2y^3z^3$

(4) $f_x = e^{\frac{y}{z}},\ f_y = xe^{\frac{y}{z}}/z,\ f_z = -xye^{\frac{y}{z}}/z^2$

(5) $f_x = 2\cos(2x+3y+4z),\ f_y = 3\cos(2x+3y+4z),\ f_z = 4\cos(2x+3y+4z)$

(6) $f_x = \dfrac{1}{2y+3z},\ f_y = -\dfrac{2x}{(2y+3z)^2},\ f_z = -\dfrac{3x}{(2y+3z)^2}$

4. $f_x = yx^{y-1},\ f_{xx} = y(y-1)x^{y-2},\ f_{xy} = x^{y-1}(1+y\ln x),$
$f_y = x^y\ln x,\ f_{yy} = x^y(\ln x)^2$

5. $$f_x = \frac{1+\dfrac{x}{\sqrt{x^2+y^2}}}{x+\sqrt{x^2+y^2}} = \frac{\dfrac{\sqrt{x^2+y^2}+x}{\sqrt{x^2+y^2}}}{x+\sqrt{x^2+y^2}} = \frac{1}{\sqrt{x^2+y^2}}$$

6. $f_x = ye^{xy}\ln(z^2+1),\ f_y = xe^{xy}\ln(z^2+1),\ f_z = \dfrac{2ze^{xy}}{z^2+1}$

7. $f_x = 2\cos(2x+3yz),\ f_{xy} = -6z\sin(2x+3yz),$
$f_y = 3z\cos(2x+3yz),\ f_{yz} = 3\cos(2x+3yz) - 9yz\sin(2x+3yz),$
$f_z = 3y\cos(2x+3yz),\ f_{zx} = -6y\sin(2x+3yz)$

연습문제 4.1

1. (적분상수는 생략함)

(1) x^3

(2) $\frac{1}{5}x^5$

(3) $\frac{2}{15}x^{15}$

(4) $-2x^{-3}=-\frac{2}{x^3}$

(5) $\frac{2}{3}x^{3/2}=\frac{2}{3}x\sqrt{x}$

(6) $\frac{4}{3}x^{3/4}$

(7) $-x^{-9}-x^{-3}=-\frac{1}{x^9}-\frac{1}{x^3}$

(8) $-2x^{-1/2}+\frac{4}{5}x^{5/4}=-\frac{2}{\sqrt{x}}+\frac{4}{5}x\sqrt[4]{x}$

(9) $\frac{2}{7}x^{7/2}+\frac{4}{9}x^{9/4}=\frac{2}{7}x^3\sqrt{x}+\frac{4}{9}x^2\sqrt[4]{x}$

(10) $4e^x+\frac{2^{x+2}}{\ln 2}+3\ln x\ \left(\int 2^{x+2}dx=\int 2^x 2^2 dx=\frac{2^x}{\ln 2}2^2=\frac{2^{x+2}}{\ln 2}\right)$

(11) $-\cos x+\sin x+\tan x$

(12) $2\sin x+\frac{3}{5}x^5$

2. $\int \frac{d}{dx}f(x)dx=f(x)+C$

$\therefore\ g(x)=\int\left[\frac{d}{dx}(\cos^2 x+2\sin x)\right]dx=\cos^2 x+2\sin x+C$

$g(0)=1+0+C=2$이므로 $C=1$. $\therefore\ g(x)=\cos^2 x+2\sin x+1$

$g(\pi/2)=0+2+1=3$

3. $f(x)=\int(4x^3-2x+\sin x)dx=x^4-x^2-\cos x+C$

$f(0)=2$이므로 상수 $C=3$. $\therefore\ f(x)=x^4-x^2-\cos x+3$

4. $v(t)=\int a(t)dt=\int(-g)dt=-gt+v_0\ (\because\ v(0)=v_0)$

$s(t)=\int v(t)dt=\int(-gt+v_0)dt=-\frac{1}{2}gt^2+v_0t+s_0\ (\because\ s(0)=s_0)$

연습문제 4.2

1. (1) $\frac{1}{5}(x+1)^5+C$

(2) $\frac{1}{4}\ln(x^4+1)+C$

(3) $\frac{1}{15}(x^3+1)^5+C$

(4) $\frac{1}{4}e^{x^4+2}+C$

(5) $\frac{1}{2}\sin(x^2)+C$

(6) $-\frac{1}{2}\cos(x^2+2x)+C$

(7) $\frac{1}{10}(2\sin x+3)^5+C$

(8) $2\sin\sqrt{x}+C$

2. (1) $\frac{1}{a(n+1)}(ax+b)^{n+1}+C$

(2) $\frac{e^{ax+b}}{a}+C$

(3) $\frac{1}{a(1-1/n)}(ax+b)^{1-1/n}=\frac{n(ax+b)}{a(n-1)\sqrt[n]{ax+b}}$

(4) $$\int\sin^2(ax+b)dx=\int\frac{1-\cos[2(ax+b)]}{2}dx$$
$$=\frac{1}{2}\left[x-\frac{1}{2a}\sin\{2(ax+b)\}\right]+C$$

3. (1) $-\sin(\cos x)+C$

(2) $-2\sqrt{\cos x}+C$

4. (1) $\tan\theta=\frac{x}{3}$ 이므로 피타고라스 정리에 의해 빗변의 길이는 $\sqrt{9+x^2}$.

$\therefore\ \sin\theta=\frac{x}{\sqrt{9+x^2}}$, $\cos\theta=\frac{3}{\sqrt{9+x^2}}$

(2) $x=3\tan\theta$ 의 양변을 미분하면 $dx=3\sec^2\theta\,d\theta$.

(3) $x=3\tan\theta$ 로 치환하면 $dx=3\sec^2\theta\,d\theta$ 이므로

$$\int\frac{1}{(9+x^2)^{3/2}}dx=\int\frac{3}{(9+9\tan^2\theta)^{3/2}}\sec^2\theta\,d\theta=\int\frac{3\sec^2\theta}{[9(1+\tan^2\theta)]^{3/2}}d\theta$$
$$=\int\frac{3\sec^2\theta}{[9\sec^2\theta)]^{3/2}}d\theta=\int\frac{3\sec^2\theta}{(3\sec\theta)^3}d\theta=\int\frac{1}{9\sec\theta}d\theta$$
$$=\int\frac{\cos\theta}{9}d\theta=\frac{1}{9}\sin\theta+C=\frac{x}{9\sqrt{9+x^2}}+C.$$

연습문제 4.3

1. (1) $\frac{xe^{4x}}{4}-\frac{e^{4x}}{16}+C$

(2) $(x+1)\ln(x+1)-x+C$

(3) $-\frac{x\cos(2x)}{2}+\frac{\sin(2x)}{4}+C$

(4) $(x+1)e^x+C$

(5) $-\frac{\ln x}{x}-\frac{1}{x}+C$: $\frac{1}{x^2}=\left(-\frac{1}{x}\right)'$

(6) $\int x^3e^{x^2}dx=\int\left(\frac{1}{2}e^{x^2}\right)'(x^2)dx=\frac{1}{2}x^2e^{x^2}-\frac{1}{2}\int e^{x^2}(2x)dx$

$$=\frac{1}{2}x^2e^{x^2}-\frac{1}{2}e^{x^2}+C$$

(7) $\int x^4\ln x dx=\int\left(\frac{1}{5}x^5\right)'\ln x dx=\frac{1}{5}x^5\ln x-\int\left(\frac{1}{5}x^5\right)\frac{1}{x}dx$

$$=\frac{1}{5}x^5\ln x-\frac{1}{25}x^5+C$$

(8) $\int \cos x\ln(\sin x)dx=\int(\sin x)'\ln(\sin x)dx$

$$=\sin x\ln(\sin x)-\int\sin x\cdot\frac{\cos x}{\sin x}dx=\sin x\ln(\sin x)-\int\cos x\, dx$$

$$=\sin x\ln(\sin x)-\sin x+C$$

2. $\sqrt{x}=t$로 하여 양변을 미분하면 $\frac{1}{2\sqrt{x}}dx=dt$이므로 $dx=2\sqrt{x}\,dt=2t\,dt$.

$$\int\frac{\sin\sqrt{x}}{2}dx=\int\frac{\sin t}{2}\cdot(2tdt)=\int\sin t\cdot t\,dt=\int(-\cos t)'\,t\,dt$$

$$=-t\cos t-\int(-\cos t)\,(t)'dt=-t\cos t+\int\cos t\,dt$$

$$=-t\cos t+\sin t+C=-\sqrt{x}\cos\sqrt{x}+\sin\sqrt{x}+C$$

3. 문제 2와 같이 $\sqrt{x}=t$로 치환하면 $dx=2t\,dt$.

$$\int\frac{e^{\sqrt{x}}}{2}dx=\int\frac{e^t}{2}\cdot(2tdt)=\int e^t\,t\,dt=\int(e^t)'\,t\,dt$$

$$=e^tt-\int e^t(t)'dt=te^t-\int e^tdt=te^t-e^t+C$$

$$=\sqrt{x}\,e^{\sqrt{x}}-e^{\sqrt{x}}+C$$

4. $x^2=t$로 하면 $2xdx=dt$.

$$\int 2x^3\sin(x^2)dx=\int x^2\sin(x^2)\cdot 2xdx=\int t\sin t\cdot dt=\int t\sin t\,dt\}$$

$$=\int(-\cos t)'\,t\,dt=-t\cos t-\int(-\cos t)(t)'\,dt$$

$$=-t\cos t+\int\cos t\,dt=-t\cos t+\sin t+C$$

$$=-x^2\cos(x^2)+\sin(x^2)+C$$

5. (1) $\int 2x\ln(x^2+3)dx=\int(x^2+3)'\ln(x^2+3)dx$

$$=(x^2+3)\ln(x^2+3)-\int(x^2+3)[\ln(x^2+3)]'\,dx$$

$$=(x^2+3)\ln(x^2+3)-\int(x^2+3)\cdot\frac{2x}{x^2+3}dx$$

$$=(x^2+3)\ln(x^2+3)-\int 2x\,dx$$

$$=(x^2+3)\ln(x^2+3)-x^2+C$$

(2) $\int(2x+1)\ln(x^2+x+1)dx=\int(x^2+x+1)'\ln(x^2+x+1)dx$

$$=(x^2+x+1)\ln(x^2+x+1)-\int(x^2+x+1)[\ln(x^2+x+1)]'\,dx$$

$$=(x^2+x+1)\ln(x^2+x+)-\int(2x+1)\,dx$$
$$=(x^2+x+1)\ln(x^2+x+1)-x^2-x+C$$

6. $\sqrt{x}=t$로 하면 $dx=2\sqrt{x}\,dt=2tdt$.

$$\int\tan^{-1}\sqrt{x}\,dx=\int\tan^{-1}t(2tdt)=\int(t^2)'\tan^{-1}tdt=t^2\tan^{-1}t-\int\frac{t^2}{t^2+1}dt$$
$$=t^2\tan^{-1}t-\int\left(1-\frac{1}{t^2+1}\right)dt=t^2\tan^{-1}t-t+\tan^{-1}t+C$$
$$=(x+1)\tan^{-1}\sqrt{x}-\sqrt{x}+C$$

7. $f(x)=\int(xe^x+1)dx=xe^x-e^x+x+C,\ f(0)=1$이므로 $-1+C=1$.

$\therefore\ C=2\quad\therefore\ f(1)=e-e+1+2=3$

연습문제 4.4

1. (1) $\int\left(x^2+3x+6+\frac{2}{x-1}\right)dx=\frac{1}{3}x^3+\frac{3}{2}x^2+6x+2\ln|x-1|+C$

(2) $\int\left(2x+1+\frac{x+2}{x^2+1}\right)dx=\int\left(2x+1+\frac{x}{x^2+1}+\frac{2}{x^2+1}\right)dx$

$$=x^2+x+\frac{1}{2}\ln(x^2+1)+2\tan^{-1}x+C$$

2. (1) $\int\left(\frac{1}{x+1}-\frac{1}{x+3}\right)dx=\ln|x+1|-\ln|x+3|+C$

(2) $\int\left(\frac{2}{x+2}+\frac{3}{x-3}\right)dx=2\ln|x+2|+3\ln|x-3|+C$

(3) $\int\left(-\frac{2}{x+1}+\frac{3}{x+2}\right)dx=-2\ln|x+1|+3\ln|x+2|+C$

(4) $\int\left(\frac{2}{x}-\frac{4}{x+1}+\frac{2}{x+2}\right)dx=2\ln|x|-4\ln|x+1|+2\ln|x+2|+C$

3. (1) $\int\left(\frac{1}{x}+\frac{2x}{x^2+1}\right)dx=\ln|x|+\ln(x^2+1)+C$

(2) $\int\left(\frac{2}{x}+\frac{1}{x^2+1}\right)dx=2\ln|x|+\tan^{-1}x+C$

(3) $\int\left(-\frac{1}{x}+\frac{x+2}{x^2+1}\right)dx=\int\left(-\frac{1}{x}+\frac{x}{x^2+1}+\frac{2}{x^2+1}\right)dx$

$$=-\ln|x|+\frac{1}{2}\ln(x^2+1)+2\tan^{-1}x+C$$

(4) $\int\left(\frac{1}{x}-\frac{2}{x^2+9}\right)dx=\ln|x|-\frac{2}{3}\tan^{-1}\left(\frac{x}{3}\right)+C$

4. (1) $\int\left[\frac{2x-1}{x^2+1}-\frac{2x}{(x^2+1)^2}\right]dx=\int\left[\frac{2x}{x^2+1}-\frac{1}{x^2+1}-\frac{2x}{(x^2+1)^2}\right]$

$$=\ln(x^2+1)-\tan^{-1}x+\frac{1}{x^2+1}+C$$

(2) $\int\left[\frac{1}{x^2+4}-\frac{2x}{(x^2+4)^2}\right]dx=\frac{1}{2}\tan^{-1}\left(\frac{x}{2}\right)+\frac{1}{x^2+4}+C$

5. $\int\left(\frac{2}{x}-\frac{4}{x^2}-\frac{2x+1}{x^2+4x+5}\right)dx=\int\left[\frac{2}{x}-\frac{4}{x^2}-\frac{2x+4}{x^2+4x+5}+\frac{3}{(x+2)^2+1}\right]dx$

$$=2\ln|x|+\frac{4}{x}-\ln(x^2+4x+5)+3\tan^{-1}(x+2)+C$$

6. $\int\left[\frac{2}{x}-\frac{2x+1}{x^2+1}+\frac{2x}{(x^2+1)^2}\right]dx=\int\left[\frac{2}{x}-\frac{2x}{x^2+1}-\frac{1}{x^2+1}+\frac{2x}{(x^2+1)^2}\right]dx$

$$=2\ln|x|-\ln(x^2+1)-\tan^{-1}x-\frac{1}{x^2+1}+C$$

연습문제 4.5

1. (1) 4　　(2) 9　　(3) 2

(4) $\frac{2}{\pi}$　　(5) $\frac{2}{\pi}$　　(6) 1

2. (1) $\frac{1}{5}(2^5-1)=\frac{31}{5}$　　(2) $\frac{1}{2\times5}(3^5-1)=\frac{121}{5}$

(3) $\left[-\frac{1}{x+1}\right]_0^1=\frac{1}{2}$　　(4) $[\sqrt{x+1}]_0^3=\sqrt{4}-\sqrt{1}=1$

(5) $\left[\frac{1}{11}(x-10)^{11}\right]_{10}^{11}=\frac{1}{11}$　　(6) $\left[\frac{\sin(\pi x^2)}{\pi}\right]_0^{\frac{1}{2}}=\frac{1}{\pi}\sin\frac{\pi}{4}=\frac{1}{\sqrt{2}\pi}$

3. $-x^2+4=x+2$에서 교점의 x좌표는 $x=-2, 1$이고 $-2<x<1$에서

$$-x^2+4>x+2.$$

$\therefore\ S=\int_{-2}^{1}[(-x^2+4)-(x+2)]dx=\left[-\frac{1}{3}x^3-\frac{1}{2}x^2+2x\right]_{-2}^{1}=\frac{9}{2}$

4. 구간 $0\le x\le 1$에서 $e^x>x$.　$\therefore\ S=\int_0^1(e^x-x)dx=\left[e^x-\frac{1}{2}x^2\right]_0^1=e-\frac{3}{2}$

5. $y=\sin x$와 $y=\cos x$의 교점은 $\sin x=\cos x$에서 $\tan x=1$이므로 $x=\pi/4$이다. 그래프를 그려

보면 $0 \le x \le \frac{\pi}{4}$ 에서 $\cos x \ge \sin x$ 이므로 넓이는

$$S = \int_0^{\frac{\pi}{4}} (\cos x - \sin x)dx = [\sin x + \cos x]_0^{\frac{\pi}{4}} = \frac{1}{\sqrt{2}} + \frac{1}{\sqrt{2}} - 1 = \sqrt{2} - 1.$$

연습문제 5.1

1. (1) 독립변수 x, 종속변수 y, 상미방
(2) 독립변수 x, 종속변수 y, 상미방
(3) 독립변수 t, x, 종속변수 u, 편미방
(4) 독립변수 x, y, z, 종속변수 T, 편미방

2. (1) 1계 1차 선형 (2) 1계 1차 비선형
(3) 1계 2차 비선형 (4) 2계 1차 선형

3. (1) $y' = -\frac{C}{x^2}$ $\therefore xy' = -\frac{C}{x} = -y$, $C = 2$

(2) $y' = -2Ce^{-2x}$ 이므로 $y' + 2y = -2Ce^{-2x} + 2(Ce^{-2x} + 2) = 4$.
$C = 1$

4. $\frac{dx}{dt} = \omega(-A\sin\omega t + B\cos\omega t)$, $\frac{d^2x}{dt^2} = \omega^2(-A\cos\omega t - B\sin\omega t)$

$\therefore \frac{d^2x}{dt^2} + 9x = (-\omega^2 + 9)(A\cos\omega t + B\sin\omega t) = 0$

$\therefore -\omega^2 + 9 = 0$ 에서 $\omega = \pm 3$

5. $y' = mx^{m-1}$, $y'' = m(m-1)x^{m-2}$
$\therefore x^2y'' - xy' - 3y = \{m(m-1) - m - 3\}x^m = 0$
$\therefore m(m-1) - m - 3 = m^2 - 2m - 3 = 0$, $(m-3)(m+1) = 0$
$\therefore m = -1, 3$

6. $I(t) = Ae^t + Be^{-3t} + \sin t$, $I'(t) = Ae^t - 3Be^{-3t} + \cos t$
$I(0) = A + B = 2$, $I'(0) = A - 3B + 1 = 7$ $\therefore A = 3$, $B = -1$
$\therefore I(t) = 3e^t - e^{-3t} + \sin t$

연습문제 5.2

1. (1) $y=x^2+x+C$ (2) $y=Ce^x-1$

(3) $y=Ce^{x^2}-1$ (4) $y^2=2x+C$

(5) $y=2\ln|x+1|+C$ (6) $y=\ln|x|-\ln|x+1|+C$

(7) $y=\dfrac{1}{2}\ln(x^2+1)+C$ (8) $y=\ln|x+1|-\ln|x+2|+C$

2. (1) $y=2e^{-5x}$ (2) $y=3e^{-x^2}$

(3) $y=\dfrac{5}{2}e^{-2x}+\dfrac{3}{2}$ (4) $y=\dfrac{\pi}{2\cos x}$

(5) $y=3e^{-x^2}$ (6) $y=\dfrac{6}{x}$

(7) $y=\dfrac{(x+1)^2}{(x-1)^2}$ (8) $(x^2+1)(y^2+4)=8$

: (4) $\displaystyle\int\frac{\sin x}{\cos x}dx=-\ln|\cos x|+C$

: (7) $\dfrac{2}{x^2-1}=\dfrac{1}{x-1}-\dfrac{1}{x+1}$

: (8) $\displaystyle\int\frac{x^{n-1}}{a+x^n}dx=\frac{1}{n}\ln|a+x^n|+C$

3. (1) $y=x^2\sqrt{x}+5x+3$ (2) $y=\dfrac{1}{3}x^3-\dfrac{1}{2}x^2+2x-\dfrac{5}{6}$

(3) $y=\dfrac{x^4}{24}-\dfrac{2}{3}x+\dfrac{5}{8}+\dfrac{1}{2}\ln x$ (4) $u=-t^3-2\cos t+t+3$

연습문제 5.3

1. (1) 동차 (2) 비동차 (3) 비동차

(4) 동차 (5) 동차 (6) 동차

2. (1) $y=x\ln|x|+Cx$ (2) $4x^2+y^2=Cx^4$

(3) $\ln|x|+e^{-\frac{y}{x}}=C$ (4) $y=\dfrac{x}{-\ln|x|+C}$

(5) $y=x\tan(\ln|x|+C)$: $\displaystyle\int\frac{du}{1+u^2}=\tan^{-1}u$

(6) $\ln|x|+2\sin\frac{y}{x}=C$

3. $x^2+y^2=5x$

4. $\ln|x|=\frac{x^2}{x^2-y^2}-1=\frac{y^2}{x^2-y^2}$ $\quad\therefore\ (x^2-y^2)\ln|x|=y^2$

† $\int\frac{2x}{(x^2-1)^2}dx=-\frac{1}{x^2-1}+C$

5. $x=\frac{y}{1-\ln y}$

6. $y=2x^{\frac{2}{3}}-x$

연습문제 5.4

1. (1) $(2x-2y)dx+(-2x+3y^2)dy=0$

(2) $(2xe^{x^2}-y)dx+(-x+2y)dy=0$

2. (1) $x^2-y^2=C$ (2) $x\ln y=C$

(3) $y=Ce^{2x}$ (4) $x^2\sin y=C$

3. (1) $x-2xy+3y=9$ (2) $x^3+2x-x^2y=1$

(3) $\sin y+x^2\cos 2y=1$ (4) $x^2\ln x-2xy+y^2=3$

4. $k=2,\ \frac{1}{2}x^2+2xy+\frac{3}{2}y^2=C$

5. $x^2(y^2+y^3)=C$

6. (1) $F=x^2,\ x^3y^2=C$ (2) $F=y^2,\ x^2y^3=C$

(3) $F=x,\ x^2\sin y-x^3=C$ (4) $F=y,\ y^2\cos x+y^4=C$

연습문제 5.5

1. (1) $y=Ce^{\frac{5}{2}x^2}$ (2) $y=Ce^{-\frac{1}{2}\cos 2x}$

(3) $y=\frac{3}{2}+Ce^{-2x}$ (4) $y=e^{-x}(2x+C)$

(5) $y=\frac{x^2}{3}+\frac{C}{x}$ (6) $y=\frac{x^4}{2}+Cx^2$

(7) $y=e^{kx}(x+C)$ (8) $y=\frac{1}{2k}e^{kx}+Ce^{-kx}$

2. (1) $y=3e^x-2$ (2) $y=x(\ln x-1)$

(3) $y=\frac{1}{3}(x^4-x)$ (4) $y=2x-2+3e^{-x}$

(5) $y=(x^2-2x+2)-e^{-x}$: $\int x^2e^x dx=e^x(x^2-2x+2)$]

(6) $y=2e^x-(x^2+2x+2)$

(7) $y=x^3+2x^2$

(8) $y=\frac{1}{2}(1-e^{-x^2})$: $\int (xe^{x^2})dx=\frac{1}{2}e^{x^2}$

3. (1) $Q=1-e^{-t}$, $I=e^{-t}$

(2) $Q=5e^{-t}(1-e^{-t}-te^{-t})$, $I=2e^{-t}(2te^{-t}+e^{-t}-1)$

연습문제 6.1

1. (1) $y_1=e^{4x}$는 해이다. $y_2=e^{-x}$는 해가 아니다.

(2) $y_1=e^x$는 해이다. $y_2=e^{3x}$는 해가 아니다.

(3) $y_1=\cos 3x$는 해이다. $y_2=\sin 2x$는 해가 아니다.

(4) $y_1=e^x\cos x$, $y_2=e^x\sin x$ 모두 해이다.

2. (1) 일차종속 (2) 일차독립

(3) 일차독립 (4) 일차독립

3. (1) $y=-e^x+e^{2x}$ (2) $y=\cos 2x+\frac{1}{2}\sin 2x$

(3) $y=e^x-xe^x$ (4) $y=e^x\cos 2x+\frac{1}{2}e^x\sin 2x$

4. (1) $y_p=x$ (2) $y_p=x-\frac{1}{3}$

5. $A=2$, $B=-3$, $y_p=2\cos x-3\sin x$

연습문제 6.2

1. (1) $y=c_1e^{-2x}+c_2e^{4x}$ (2) $y=c_1e^{x}+c_2e^{-6x}$

(3) $y=c_1e^{(2+\sqrt{2})x}+c_2e^{(2-\sqrt{2})x}$ (4) $y=A\cos\sqrt{5}\,x+B\sin\sqrt{5}\,x$

(5) $y=c_1e^{-2x}+c_2e^{10x}$ (6) $y=c_1e^{-x/4}+c_2e^{x/4}$

(7) $y=(c_1+c_2x)e^{5x}$ (8) $y=(c_1+c_2x)e^{-\sqrt{3}x}$

(9) $y=e^{-2x}(A\cos\sqrt{3}\,x+B\sin\sqrt{3}\,x)$ (10) $y=e^{-x}(A\cos\pi x+B\sin\pi x)$

2. (1) $y=e^{3x}+e^{-5x}$ (2) $y=e^{4x}+2e^{-3x}$

(3) $y=2e^{2x}+e^{-2x}$ (4) $y=[3+(2-3\sqrt{3})x]e^{\sqrt{3}x}$

(5) $y=\sqrt{2}\,e^{(1+\sqrt{2})x}-\sqrt{2}\,e^{(1-\sqrt{2})x}$ (6) $y=(1+3x)e^{-2x}$

(7) $y=e^{-2x}(\cos 3x+2\sin 3x)$ (8) $y=\cos(3\pi x)-\dfrac{1}{3\pi}\sin(3\pi x)$

(9) $y=\dfrac{1}{4}e^{(k+2)x}-\dfrac{1}{4}e^{(k-2)x}$ (10) $y=e^{x}(\cos 2\pi x+\dfrac{1}{2\pi}\sin 2\pi x)$

3. (1) $y=2\cos 2x+3\sin 2x$ (2) $y=2e^{-x}\cos x$

(3) $y=e^{1-x}\sin\pi x$

연습문제 6.3

1. (1) $y=c_1e^{-2x}+c_2e^{2x}+4x$ (2) $y=(c_1+c_2x)e^{-x}+2x^2-1$

(3) $y=c_1e^{-x}+c_2e^{-4x}+e^{x}$ (4) $y=e^{2x}(A\cos 2x+B\sin 2x)+\sin x$

(5) $y=c_1e^{-2x}+c_2e^{2x}+xe^{2x}$

2. (1) $y=e^{2x}+2e^{-2x}-3x$ (2) $y=2e^{2x}+3e^{3x}-4x+5$

(3) $y=2e^{x}-e^{-3x}+xe^{x}$ (4) $y=(-2+3x)e^{x}+x^2+3x+4$

(5) $y=2\cos 2x+3\sin 2x+\cos x$

연습문제 6.4

1. (1) $y=A\cos(\sqrt{2}\,x)+B\sin(\sqrt{2}\,x)+3x$

(2) $y=c_1e^{-2x}+c_2e^{4x}-2e^{x}$

(3) $y=c_1e^{-x}+c_2e^{-2x}+2x^2-1$

(4) $y=(c_1+c_2x)e^{-x}+2\cos x-3\sin x$

(5) $y=c_1e^{x}+c_2e^{-5x}+2xe^{x}$

(6) $y=A\cos 2x+B\sin 2x+2x\sin 2x$

(7) $y=c_1e^{-x}+c_2e^{-2x}-5xe^{-2x}$

(8) $y=e^{-x}(A\cos\sqrt{3}\,x+B\sin\sqrt{3}\,x)+x^2-x+e^{-x}$

(9) $y=c_1e^{2x}+c_2e^{3x}+2\cos 4x-\sin 4x$

(10) $y=c_1e^{-3x}+c_2e^{x}-2xe^{-x}$

(11) $y=(c_1+c_2x)e^{-2x}+e^{x}+\cos 2x$

(12) $y=c_1e^{-x}+c_2e^{3x}+2xe^{3x}-9x^2+12x-14$

2. (1) $y=-7e^{2x}+5e^{3x}+2$ (2) $y=-2e^{x}+3e^{2x}+e^{-x}$

(3) $y=2\cos 4x+\sin 4x+2x$ (4) $y=\dfrac{3}{2}\sin 2x-\sin 3x$

(5) $y=\left(\dfrac{1}{2}x^2+3x\right)e^{x}$ (6) $y=\dfrac{1}{8}(x+2)\sin 4x$

(7) $y=\cos x+\dfrac{3}{2}\sin x-\dfrac{1}{2}x\cos x$

(8) $y=-4+2e^{-x}+2e^{x}+3\sin x+4x$

3. (1) $x_p=\dfrac{F_0}{m(\omega_n^2-\omega^2)}\cos\omega t$ (2) $x_p=\dfrac{F_0}{2m\omega}t\sin\omega t$

4. (1) $x(t)=\dfrac{1}{1-\omega^2}(-\cos t+\cos\omega t)$ (2) $x(t)=\dfrac{1}{2}t\sin t$

5. (1) $x(t)=\cos t-\cos 2t$(m) (2) $x(t)=t\sin 2t$(m)

(3) $x(t)=2\sin t-\sin 2t$(m) (4) $x(t)=\sin t-t\cos t$(m)

6. (1) $E'=(100)'=0$이므로 $I''+2I'+50I=0$이고, $I_p=0$(A).

(2) $E'=(200\cos t)'=-200\sin t$이므로 $I''+2I'+5I=-200\sin t$이고,
$I_p=20\cos t-40\sin t$(A).

(3) $E'=(65\sin 2t)'=130\cos 2t$이므로 $I''+4I'+5I=130\cos 2t$이고,
$I_p=2\cos 2t+16\sin 2t$(A).

(4) $E'=(40\cos 5t)'=-200\sin 5t$이므로 $I''+8I'+5I=-200\sin 5t$이고,
$I_p=4\cos 5t+2\sin 5t$(A).

연습문제 6.5

1. (1) $y = A\cos x + B\sin x + \sin x \ln|\sin x| - x\cos x$

(2) $y = A\cos 2x + B\sin 2x + \dfrac{1}{4}\cos 2x \ln|\cos 2x| + \dfrac{1}{2}x\sin 2x$

(3) $y = A\cos 3x + B\sin 3x + \dfrac{1}{9}\sin 3x \ln|\sin 3x| - \dfrac{1}{3}x\cos 3x$

(4) $y = (c_1 + c_2 x)e^{-x} - e^{-x}\cos x$

(5) $y = (c_1 + c_2 x)e^{-x} + xe^{-x}(\ln|x| - 1)$

(6) $y = (c_1 + c_2 x)e^{2x} + xe^{2x}(\ln|x| - 1)$

(7) $y = (c_1 + c_2 x)e^{x} - e^{x}(\ln|x| + 1)$

(8) $y = (c_1 + c_2 x)e^{x} + x^5 e^{x}$

(9) $y = e^{x}(A\cos x + B\sin x) + e^{x}\cos x \ln|\cos x| + xe^{x}\sin x$

(10) $y = e^{x}(A\cos x + B\sin x) + e^{x}\sin x \ln|\sin x| - xe^{x}\cos x$

2. (1) $y_p = 2x - 2$ (2) $y_p = \cos x + 3\sin x$

연습문제 7.1

1. (1) $\dfrac{2}{s^2} + \dfrac{3}{s}$ (2) $\dfrac{6}{s^3} - \dfrac{4}{s^2}$

(3) $\dfrac{6}{s^4} + \dfrac{8}{s^2} + \dfrac{16}{s}$ (4) $\dfrac{1}{2s^3} + \dfrac{1}{2s^2} + \dfrac{1}{s}$

(5) $\dfrac{10}{s^6} + \dfrac{12}{s^5}$ (6) $\dfrac{2}{s^4} + \dfrac{1}{4s^2}$

(7) $\dfrac{\pi}{s^2 + \pi^2}$ (8) $\dfrac{s}{s^2 + 4}$

(9) $\cos^2\omega t = \dfrac{1 + \cos 2wt}{2}$ $\quad\therefore\ \mathcal{L}(\cos^2\omega t) = \dfrac{1}{2}\left(\dfrac{1}{s} + \dfrac{s}{s^2 + 4\omega^2}\right) = \dfrac{s^2 + 2\omega^2}{s(s^2 + 4\omega^2)}$

(10) $\sin t\cos t = \dfrac{1}{2}\sin 2t$ $\quad\therefore\ \mathcal{L}(\sin t\cos t) = \dfrac{1}{2}\left(\dfrac{2}{s^2 + 2^2}\right) = \dfrac{1}{s^2 + 4}$

(11) $\dfrac{1/2}{s^2 + (1/2)^2} = \dfrac{2}{4s^2 + 1}$ (12) $\dfrac{e^a}{s + b}$

(13) $\sin(\omega t + \beta) = \sin\omega t\cos\beta + \cos\omega t\sin\beta$

$$\therefore \mathcal{L}\{\sin(\omega t+\beta)\}=\frac{\omega}{s^2+\omega^2}\cdot\cos\beta+\frac{s}{s^2+\omega^2}\cdot\sin\beta=\frac{\omega\cos\beta+s\sin\beta}{s^2+\omega^2}$$

(14) $\dfrac{s-1}{(s-1)^2+9}$ (15) $\dfrac{1}{(s+2)^2+1}$

(16) $\dfrac{s+2}{(s+2)^2-9}$ (17) $\dfrac{4}{(s-3)^2-16}$

(18) $\dfrac{2}{(s-3)^3}$

(19) $\sinh^2 kt=\left(\dfrac{e^{kt}-e^{-kt}}{2}\right)^2=\dfrac{1}{4}(e^{2kt}-2+e^{-2kt})$

$$\therefore \mathcal{L}(\sinh^2 kt)=\frac{1}{4}\left(\frac{1}{s-2k}-\frac{2}{s}+\frac{1}{s+2k}\right)=\frac{2k^2}{s(s^2-4k^2)}$$

(20) $\cosh kt\cos kt=\left(\dfrac{e^{kt}+e^{-kt}}{2}\right)\cos kt=\dfrac{1}{2}(e^{kt}\cos kt+e^{-kt}\cos kt)$

$$\therefore \mathcal{L}(\cosh kt\cos kt)=\frac{1}{2}\left[\frac{s-k}{(s-k)^2+k^2}+\frac{s+k}{(s+k)^2+k^2}\right]=\frac{s^3}{s^4+4k^4}$$

(21) $\sinh kt\sin kt=\left(\dfrac{e^{kt}-e^{-kt}}{2}\right)\sin kt=\dfrac{1}{2}(e^{kt}\sin kt-e^{-kt}\sin kt)$

$$\therefore \mathcal{L}(\sinh kt\sin kt)=\frac{1}{2}\left[\frac{k}{(s-k)^2+k^2}-\frac{k}{(s+k)^2+k^2}\right]=\frac{2ks}{s^4+4k^4}$$

2. (1) 4 (2) $5e^{3t}$

(3) $\dfrac{2}{3}\sin 3t$ (4) $3\cos 2t+\dfrac{5}{2}\sin 2t$

(5) $F(s)=\dfrac{s-5}{s^2+6s+13}=\dfrac{s+3}{(s+3)^2+2^2}-4\cdot\dfrac{2}{(s+3)^2+2^2}$

$\therefore f(t)=e^{-3t}\cos 2t-4e^{-3t}\sin 2t$

(6) $4\cosh 5t$

(7) $2-3t$

(8) $\dfrac{s+10}{s^2-s-2}=\dfrac{4}{s-2}-\dfrac{3}{s+1}$ $\therefore f(t)=4e^{2t}-3e^{-t}$

(9) $\cosh 2t-2\sinh 2t=-\dfrac{1}{2}e^{2t}+\dfrac{3}{2}e^{-2t}$

(10) $\dfrac{s}{L^2s^2+n^2\pi^2}=\dfrac{1}{L^2}\cdot\dfrac{s}{s^2+(n\pi/L)^2}$ $\therefore f(t)=\dfrac{1}{L^2}\cos\left(\dfrac{n\pi}{L}t\right)$

(11) $\dfrac{2s^3}{s^4-1}=\dfrac{2s^3}{(s^2+1)(s^2-1)}=\dfrac{s}{s^2+1}+\dfrac{s}{s^2-1}$

$\therefore f(t)=\cos t+\cosh t=\cos t+\dfrac{1}{2}e^t+\dfrac{1}{2}e^{-t}$

(12) $\dfrac{1}{s^2+3s+2}=\dfrac{1}{s+1}-\dfrac{1}{s+2}$ $\therefore f(t)=e^{-t}-e^{-2t}$

(13) $\frac{2}{s(s+1)(s+2)}=\frac{1}{s}-\frac{2}{s+1}+\frac{1}{s+2}$ $\quad\therefore f(t)=1-2e^{-t}+e^{-2t}$

3. (1) $e^t t$

(2) $\frac{5}{3!}e^{-3t}t^3=\frac{5}{6}e^{-3t}t^3$

(3) $\frac{3}{s^2+4s+13}=\frac{3}{(s+2)^2+3^2}$ $\quad\therefore f(t)=e^{-2t}\sin 3t$

(4) $\frac{4}{s^2-6s-7}=\frac{4}{(s-3)^2-4^2}$ $\quad\therefore f(t)=e^{3t}\sinh 4t$

(5) $\frac{4s}{4s^2+4s+5}=\frac{s}{s^2+s+\frac{5}{4}}=\frac{s}{\left(s+\frac{1}{2}\right)^2+1}$ $\quad\therefore f(t)=e^{-\frac{1}{2}t}\cos t$

(6) $\frac{1}{2s^2+2s+1}=\frac{1}{2}\cdot\frac{1}{\left(s+\frac{1}{2}\right)^2+\frac{1}{4}}=\frac{\frac{1}{2}}{\left(s+\frac{1}{2}\right)^2+\left(\frac{1}{2}\right)^2}$ $\quad\therefore f(t)=e^{-\frac{1}{2}t}\sin\frac{1}{2}t$

연습문제 7.2

1. (1) $y(t)=5e^{-4t}$ (2) $y(t)=5e^{4t}-1$

(3) $y(t)=te^t$ (4) $y(t)=2e^{-t}+3e^t$

(5) $y=-4e^{-4t}+4\cos t+\sin t$ (6) $y(t)=-1+2t+17e^{2t}$

2. (1) $y(t)=e^t+6e^{-t}-7e^{-3t}$ (2) $y(t)=-3e^{2t}+10e^t-e^{4t}$

(3) $y(t)=2\sin t-t\cos t$ (4) $y(t)=\frac{1}{b}e^{at}\sin bt$

(5) $y(t)=-5+8e^{3t}+12e^{-4t}$ (6) $y(t)=e^{-t}(\cos t-2\sin t)$

(7) $y(t)=e^{-t}-\cos 3t+\frac{1}{3}\sin 3t$ (8) $y(t)=2e^{kt}$

3. 라플라스 변환을 취하면

$$[s^3Y-s^2y(0)-sy'(0)-y''(0)]-3[s^2Y-sy(0)-y'(0)]+3[sY-y(0)]-Y=0.$$

초기조건 $y(0)=1$, $y'(0)=2$, $y''(0)=3$을 대입하여 정리하면

$$(s^3-3s^2+3s-1)Y-s^2+s=0$$

$$Y=\frac{s^2-s}{s^3-3s^2+3s-1}=\frac{s(s-1)}{(s-1)^3}=\frac{s}{(s-1)^2}.$$

끝으로 역변환을 하여 $y(t)$를 구한다.

$$Y=\frac{s}{(s-1)^2}=\frac{(s-1)+1}{(s-1)^2}=\frac{1}{s-1}+\frac{1}{(s-1)^2}$$

$$\therefore\ y(t)=\mathcal{L}^{-1}(Y)=e^t+e^t t=(1+t)e^t$$

4. $f(t)=t\cos kt,\ f'=\cos kt-kt\sin kt,$

$f''=-k\sin kt-k\sin kt-k^2t\cos kt=-2k\sin kt-k^2f$

$f(0)=0,\ f'(0)=1$

$$\mathcal{L}(f'')=s^2\mathcal{L}(f)-sf(0)-f'(0)$$

$$\mathcal{L}(-2k\sin kt-k^2f)=s^2\mathcal{L}(f)-0-1$$

$$-2k\cdot\frac{k}{s^2+k^2}-k^2\mathcal{L}(f)=s^2\mathcal{L}(f)-1$$

$$-\frac{2k^2}{s^2+k^2}+1=(s^2+k^2)\mathcal{L}(f)$$

$$\therefore\ \mathcal{L}(f)=\frac{s^2-k^2}{(s^2+k^2)^2}$$

연습문제 7.3

1. (1) $\frac{e^{-s}}{s}$ (2) $\frac{e^{-s}}{s^2}$

(3) $tu(t-1)=(t-1)u(t-1)+u(t-1)=e^{-s}\left(\frac{1}{s^2}+\frac{1}{s}\right)$

(4) $\frac{2e^{-s}}{s^3}$

(5) $t^2=(t-1)^2+2(t-1)+1\quad\therefore\ e^{-s}\left(\frac{2}{s^3}+\frac{2}{s^2}+\frac{1}{s}\right)$

(6) $e^{-3t}u(t-2)=e^{-6}\cdot e^{-3(t-2)}u(t-2)\quad\therefore\ e^{-6}\cdot\frac{e^{-2s}}{s+3}=\frac{e^{-2s-6}}{s+3}$

(7) $u(t-2\pi)\sin t=u(t-2\pi)\sin(t-2\pi)\quad\therefore\ \frac{e^{-2\pi s}}{s^2+1}$

(8) $u(t-\pi)\cos t=-u(t-\pi)\cos(t-\pi)\quad\therefore\ -\frac{e^{-\pi s}s}{s^2+1}$

2. (1) $f(t)=1-u(t-2)\quad\therefore\ \frac{1}{s}-\frac{e^{-2s}}{s}$

(2) $f(t)=u(t-2)-u(t-3)\quad\therefore\ \frac{e^{-2s}}{s}-\frac{e^{-3s}}{s}$

(3) $f(t)=t-tu(t-1)=t-(t-1)u(t-1)-u(t-1)$ $\quad\therefore\ \frac{1}{s^2}-\frac{e^{-s}}{s^2}-\frac{e^{-s}}{s}$

(4) $f(t)=1-t-(1-t)u(t-1)=1-t+(t-1)u(t-1)$ $\quad\therefore\ \frac{1}{s}-\frac{1}{s^2}+\frac{e^{-s}}{s^2}$

(5) $f(t)=\sin t-\sin t\,u(t-2\pi)=\sin t-\sin(t-2\pi)\,u(t-2\pi)$ $\quad\therefore\ \frac{1}{s^2+1}-\frac{e^{-2\pi s}}{s^2+1}$

(6) $f(t)=\sin t u(t-2\pi)-\sin t u(t-4\pi)=\sin(t-2\pi)u(t-2\pi)-\sin(t-4\pi)u(t-4\pi)$

$\therefore\ \frac{e^{-2\pi s}}{s^2+1}-\frac{e^{-4\pi s}}{s^2+1}$

(7) $f(t)=e^t-e^t u(t-1)=e^t-e\cdot e^{t-1}u(t-1)$ $\quad\therefore\ \frac{1}{s-1}-e\cdot\frac{e^{-s}}{s-1}=\frac{1-e^{1-s}}{s-1}$

(8) $f(t)=1-e^{-t}-(1-e^{-t})u(t-2)=1-e^{-t}-u(t-2)+e^{-2}e^{-(t-2)}u(t-2)$

$\therefore\ \frac{1}{s}-\frac{1}{s+1}-\frac{e^{-2s}}{s}+e^{-2}\cdot\frac{e^{-2s}}{s+1}=\frac{1}{s}-\frac{1}{s+1}-e^{-2s}\left(\frac{1}{s}-\frac{e^{-2}}{s+1}\right)$

3. (1) $u(t-4)$

(2) $2u(t-1)-u(t-2)$

(3) $\frac{1}{2}(t-4)^2u(t-4)$

(4) $\frac{1}{s^3}$의 역변환은 $\frac{1}{2}t^2$이므로 $\frac{1}{(s-1)^3}$의 역변환은 $e^t\cdot\frac{1}{2}t^2$이다. 따라서 $\frac{e^{-3s}}{(s-1)^3}$의 역변환은 $f(t-3)u(t-3)=\frac{1}{2}e^{t-3}(t-3)^2u(t-3)$

(5) $f(t)=u(t-\pi/2)\sin(t-\pi/2)=-u(t-\pi/2)\cos t$

(6) $u(t-3)\cos 2(t-3)$

(7) $u(t-2)\sin 3(t-2)$

(8) $f(t)=2t-2(t-2)u(t-2)-4u(t-2)+\cos(t-\pi)u(t-\pi)$
$\quad=2t-2tu(t-2)-\cos t\,u(t-\pi)$

4. (1) $f(t)=\cos t+\sin t u(t-4\pi)=\cos t+\sin(t-4\pi)u(t-4\pi)$ $\quad\therefore\ \mathcal{L}(f)=\frac{s}{s^2+1}+\frac{e^{-4\pi s}}{s^2+1}$

(2) $f(t)=u(t)+2u(t-1)+3u(t-4)$ $\quad\therefore\ \mathcal{L}(f)=\frac{1}{s}+\frac{2e^{-s}}{s}+\frac{3e^{-4s}}{s}$

5. (1) $y(t)=\cos 2t+\frac{1}{2}u(t-3)\sin^2(t-3)$ $\quad(\leftarrow\ 1-\cos 2t=2\sin^2 t)$

(2) $y(t)=(1-2e^{-t+2}+2^{-2t+4})u(t-2)$

(3) $y(t)=1-\cos t-u(t-1)+\cos(t-1)u(t-1)$

(4) $y(t)=t-\sin t-(t+\sin t+\pi\cos t)u(t-\pi)$

$\frac{1}{s(s^2+1)}=\frac{1}{s}-\frac{s}{s^2+1}$, $\sin(t-\pi)=-\sin t$, $\cos(t-\pi)=-\cos t$

(5) $y(t)=\sin 3t+\sin t+\frac{1}{3}\sin 3t\,u(t-\pi)$

(6) $y(t)=e^{-2t}-e^{-3t}$

(7) $y(t)=\left[e^{-3(t-2)}-e^{-4(t-2)}\right]u(t-2)$

(8) $y=3e^{-2t}\sin t+e^{-2(t-1)}\sin(t-1)\,u(t-1)$

(9) $y(t)=2\cos 4t+\sin 4(t-\pi)\,u(t-\pi)$

(10) $y(t)=\sin t+u(t-\pi)\sin(t-\pi)-u(t-2\pi)\sin(t-2\pi)$

$y(t)$를 구간별로 나타내면 다음과 같다.

$y(t)=\sin t\ (0<t<\pi),\ y(t)=0\ (\pi<t<2\pi),\ y(t)=-\sin t\ (t>2\pi)$

6. $v(t)=u(t)-u(t-3),\ \mathcal{L}\left(\int i dt\right)=\dfrac{1}{s}I,\ \left(s+2+\dfrac{2}{s}\right)I=\dfrac{1}{s}-\dfrac{e^{-3s}}{s}$

$i(t)=e^{-t}\sin t-u(t-3)e^{-(t-3)}\sin(t-3)$

7. $F_1(s)=\int_0^p e^{-st}f(t)\,dt=\int_0^a e^{-st}\cdot 1dt+\int_a^{2a}e^{-st}\cdot(-1)dt$

$$=\left[-\frac{e^{-st}}{s}\right]_0^a+\left[\frac{e^{-st}}{s}\right]_a^{2a}=\frac{1-e^{-as}}{s}+\frac{e^{-2as}-e^{-as}}{s}$$

$$=\frac{(1-e^{-as})^2}{s}$$

$$F(s)=\frac{F_1(s)}{1-e^{-2as}}=\frac{1}{1-e^{-2as}}\cdot\frac{(1-e^{-as})^2}{s}$$

$$=\frac{1}{s}\cdot\frac{1-e^{-as}}{1+e^{-as}}=\frac{1}{s}\tanh\frac{as}{2}\quad\left(\leftarrow\ \frac{1-e^{-x}}{1+e^{-x}}=\frac{e^{x/2}-e^{-x/2}}{e^{x/2}+e^{-x/2}}=\tanh\frac{x}{2}\right)$$

[단위계단함수 이용]: $f_1(t)=u(t)-2u(t-a)+u(t-2a)$

$$F_1(s)=\mathcal{L}(f_1)=\frac{1}{s}-2\frac{e^{-as}}{s}+\frac{e^{-2as}}{s}$$

$$F(s)=\frac{F_1(s)}{1-e^{-2as}}$$

8. $F_1(s)=\int_0^p e^{-st}f(t)\,dt=\int_0^{\pi/k}e^{-st}\cdot\sin kt dt$

$$=\left[\frac{e^{-st}(-s\sin kt-k\cos kt)}{s^2+k^2}\right]_{t=0}^{t=\pi/k}=\frac{ke^{-\pi s/k}+k}{s^2+k^2}$$

$$=\frac{k(1+e^{-\pi s/k})}{s^2+k^2}$$

$$F(s)=\frac{F_1(s)}{1-e^{-\pi s/k}}=\frac{1}{1-e^{-\pi s/k}}\cdot\frac{k(1+e^{-\pi s/k})}{s^2+k^2}$$

$$=\frac{k}{s^2+k^2}\cdot\frac{1+e^{-\pi s/k}}{1-e^{-\pi s/k}}=\frac{k}{s^2+k^2}\coth\frac{\pi s}{2k}\quad\left(\leftarrow\ \frac{1+e^{-x}}{1-e^{-x}}=\frac{e^{x/2}+e^{-x/2}}{e^{x/2}-e^{-x/2}}=\coth\frac{x}{2}\right)$$

[단위계단함수 이용]: 주기는 π/k이다.

$$f_1(t)=\sin kt-\sin kt\,u(t-\pi/k)=\sin kt+\sin[k(t-\pi/k)]\,u(t-\pi/k)$$

$$F_1(s)=\mathcal{L}(f_1)=\frac{k}{s^2+k^2}+\frac{ke^{-\pi s/k}}{s^2+k^2}$$

$$F(s)=\frac{F_1(s)}{1-e^{-\pi s/k}}$$

연습문제 7.4

1. (1) $-\frac{d}{ds}\left(\frac{1}{s-2}\right)=\frac{1}{(s-2)^2}$

(2) $-\frac{d}{ds}\left(\frac{2}{s^2-4}\right)=\frac{4s}{(s^2-4)^2}$

(3) $-\frac{d}{ds}\left[\frac{1}{(s+1)^2+1}\right]=\frac{2(s+1)}{(s^2+2s+2)^2}$

(4) $-\frac{d}{ds}\left[\frac{s+1}{(s+1)^2+1}\right]=\frac{s^2+2s}{(s^2+2s+2)^2}$

(5) $\frac{d^2}{ds^2}\left(\frac{1}{s-3}\right)=\frac{2}{(s-3)^3}$

(6) $\frac{d^2}{ds^2}\left(\frac{2}{s^2+4}\right)=\frac{d}{ds}\left[\frac{-4s}{(s^2+4)^2}\right]=\frac{-4(s^2+4)^2+4s\cdot 4s(s^2+4)}{(s^2+4)^4}$

$$=\frac{12s^2-16}{(s^2+4)^3}$$

2. (1) $\mathcal{L}\left(\frac{e^{-2t}-e^{-5t}}{t}\right)=\int_s^\infty\left(\frac{1}{u+2}-\frac{1}{u+5}\right)du=\left[\ln\left(\frac{u+2}{u+5}\right)\right]_s^\infty=\ln\left(\frac{s+5}{s+2}\right)$

(2) $\mathcal{L}\left(\frac{1-\cosh t}{t}\right)=\int_s^\infty\left(\frac{1}{u}-\frac{u}{u^2-1}\right)du=\left[\ln u-\frac{1}{2}\ln(u^2-1)\right]_s^\infty$

$$=\frac{1}{2}\left[\ln\left(\frac{u^2}{u^2-1}\right)\right]_s^\infty=\frac{1}{2}\left[\ln 1-\ln\left(\frac{s^2}{s^2-1}\right)\right]$$

$$=\frac{1}{2}\ln\left(\frac{s^2-1}{s^2}\right)$$

3. (1) $\frac{1}{2}t^2e^t$

(2) $F(s)=\mathcal{L}(\sinh 2t)=\frac{2}{s^2-4}$, $F'(s)=-\frac{4s}{(s^2-4)^2}$ $\quad\therefore\ \frac{t\sinh 2t}{4}$

(3) $t\sin\pi t$

(4) $F(s)=\ln\left(\frac{s-1}{s-2}\right)=\ln(s-1)-\ln(s-2)$로 하면

$F'(s)=\frac{1}{s-1}-\frac{1}{s-2}$이고, 이것의 역변환은 e^t-e^{2t}이다.

따라서 $-tf(t)=e^t-e^{2t}$에서 $f(t)=\dfrac{e^{2t}-e^t}{t}$이다.

4. (1) $F(s)=\dfrac{1}{s^2}$, $G(s)=\dfrac{1}{s-2}$로 하면 $f(t)=t$, $g(t)=e^{2t}$이고,

적분하면 $\dfrac{1}{4}(e^{2t}-2t-1)$이다.

(2) $\dfrac{1}{4}(1-\cos 2t)$

(3) $\dfrac{s}{s^2+1}$의 역변환은 $\cos t$, 적분하면 $\dfrac{1}{2}(t\cos t+\sin t)$.

(4) $t-\sin t$

(5) $\dfrac{t\sin t}{2}$

(6) $F(s)=\dfrac{1}{s}$, $G(s)=\dfrac{1}{(s-4)^2}$로 하면 $f(t)=1$, $g(t)=te^{4t}$,

적분하면 $\dfrac{1}{4}te^{4t}-\dfrac{1}{16}e^{4t}+\dfrac{1}{16}$이다.

5. (1) $y(t)+4y(t)*t=2t$, $Y(s)+4Y(s)\cdot\dfrac{1}{s^2}=\dfrac{2}{s^2}$

$Y(s)=\dfrac{2}{s^2+4}$ $\quad\therefore\ y=\sin 2t$

(2) $y(t)-y(t)*e^{-t}=2t^2$, $Y(s)-Y(s)\dfrac{1}{s+1}=\dfrac{4}{s^3}$

$Y(s)=\dfrac{4}{s^3}+\dfrac{4}{s^4}$ $\quad\therefore\ y(t)=2t^2+\dfrac{2}{3}t^3$

(3) $y(t)-(1+t)*y(t)=1-\sinh t$, $Y(s)-Y(s)\left(\dfrac{1}{s}+\dfrac{1}{s^2}\right)=\dfrac{1}{s}-\dfrac{1}{s^2-1}$

$Y(s)=\dfrac{s}{s^2-1}$ $\quad\therefore\ y(t)=\cosh t$

연습문제 7.5

1. (1) $y_1=2\cos 3t$, $y_2=-2\sin 3t$

(2) $y_1=e^t+2e^{-t}$, $y_2=2e^t-4e^{-t}$

(3) $y_1=e^t-e^{2t}$, $y_2=e^t+2e^{2t}$

(4) $y_1=2t-\sin t$, $y_2=1+\cos t$

(5) $y_1 = 10 + 6e^{2t}$, $y_2 = -5 + 3e^{2t}$

(6) $y_1 = -2e^{-3t} + 4e^{2t}$, $y_2 = 2e^{-3t} + e^{2t}$

(7) $y_1 = 1 - e^{-t} - 2te^{-t}$, $y_2 = 1 - e^{-t}$

(8) $y_1 = -4e^{t} + 4e^{-t} + e^{2t}$, $y_2 = -4e^{-t} + t$

(9) $y_1 = \sin t + \cos 2t$, $y_2 = \sin t - \cos 2t$

(10) $y_1 = e^{2t} + e^{t}$, $y_2 = e^{2t}$

2. $4(s+3)I_1 - 12I_2 = 1$, $2I_1 - (s+4)I_2 = 0$

$I_1(s) = \frac{3}{20}\frac{1}{s+1} + \frac{1}{10}\frac{1}{s+6}$, $I_1(s) = \frac{1}{10}\frac{1}{s+1} - \frac{1}{10}\frac{1}{s+6}$

$i_1(t) = \frac{3}{20}e^{-t} + \frac{1}{10}e^{-6t}$, $i_2(t) = \frac{1}{10}e^{-t} - \frac{1}{10}e^{-6t}$

3. $(s^2+6)Y_1 - 3Y_2 = s+3$, $-3Y_1 + (s^2+6)Y_2 = s-3$

$Y_1(s) = \frac{s}{s^2+3} + \frac{3}{s^2+9}$, $Y_2(s) = \frac{s}{s^2+3} - \frac{3}{s^2+9}$

$y_1(t) = \cos\sqrt{3}t + \sin 3t$, $y_2(t) = \cos\sqrt{3}t - \sin 3t$

연습문제 8.1

1. $\int_C [P(x, y)dx + Q(x, y)dy] = \int_{a_1}^{a_2} [P\{x, f(x)\}dx + Q\{x, f(x)\}f'(x)dx]$

(1) $16 : y = f(x) = 2x - 1$ (2) $-\frac{5}{6} : y = f(x) = x + 2$

2. $\int_{(a_1, b_1)}^{(a_2, b_2)} [P(x, y)dx + Q(x, y)dy]$는 다음 식으로 계산한다.

$$\int_{a_1}^{a_2} [P\{x, f(x)\}dx + Q\{x, f(x)\}f'(x)dx]$$

(또는) $$\int_{b_1}^{b_2} [P\{g(y), y\}g'(y)dy + Q\{g(y), y\}dy]$$

(1) $11 : y = \frac{1}{3}x + \frac{2}{3}$ (2) $\frac{34}{3}$

(3) $14 : C_1$은 $x = 1$, $dx = 0$, C_2는 $y = 2$, $dy = 0$

(4) $\frac{32}{3} : \int_{t_1}^{t_2} [P\{f(t), g(t)\}f'(t)dt + Q\{f(t), g(t)\}g'(t)dt]$

3. (1) $\frac{5}{6} : y = x$ (2) 0 (3) 1

4. (1) 4 (2) 8

5. $\frac{124}{15}$: $\int_C \vec{F} \cdot \vec{dr} = \int_{(1,\,0)}^{(2,\,2)} [(x^2-y^2)dx + 2xydy]$

$$= \int_1^2 [\{x^2-(x^2-x)^2\}dx + 2x(x^2-x) \cdot (2x-1)dx]$$

$$= \int_1^2 (3x^4 - 4x^3 + 2x^2)dx$$

$$= \left[\frac{3}{5}x^5 - x^4 + \frac{2}{3}x^3\right]_1^2 = \frac{124}{15}$$

6. $ds = \sqrt{1+(y')^2}\,dx = \sqrt{1+\frac{1}{x}}\,dx$

$$\int_C y\,ds = \int_3^{24} 2\sqrt{x}\sqrt{1+\frac{1}{x}}\,dx = \int_3^{24} 2\sqrt{x+1}\,dx$$

$$= \frac{4}{3}[(x+1)^{3/2}]_3^{24} = 156$$

7. (1) $\frac{80\sqrt{10}}{3}$: 6번과 같은 방법으로 $ds = \sqrt{1+(y')^2}\,dx$를 구하여 x에 대한 적분으로 바꾸어 계산한다.

(2) 8 : $ds = \sqrt{(dx)^2+(dy)^2} = \sqrt{\left(\frac{dx}{dt}\right)^2 + \left(\frac{dy}{dx}\right)^2}\,dt$를 구하여 t에 대한 적분으로 바꾸어 계산한다.

8. 12

$(C_1:\ y=0,\ dy=0)$, $(C_2:\ x=3,\ dx=0)$, $(C_3:\ y=\frac{2}{3}x,\ dy=\frac{2}{3}dx)$

연습문제 8.2

1. (1) 1 (2) 9

(3) $\frac{160}{3}$ (4) $\frac{1}{6}$

(5) 14 (6) $\frac{1}{2}e-1$: $\int xe^{x^2}dx = \frac{1}{2}e^{x^2}$

(7) $\frac{9}{4}$ (8) $\frac{1}{3}$: $\int \frac{1}{2}\cos^2\theta\sin\theta\,d\theta = -\frac{1}{6}\cos^3\theta$

(9) 2 : $\int_0^y \frac{\sin y}{y}dx = \sin y$ (10) $\frac{1}{16}$: $\int \cos^3 y \sin y\,dy = -\frac{1}{4}\cos^4 y$

2. (1) 19 (2) $\dfrac{21}{2}$ (3) 9ln2 : $\displaystyle\int \frac{2xy^2}{x^2+1}dx = y^2\ln(x^2+1)$

3. $x+y=u$, $x-y=v$로 하면 uv 평면에서 영역 R^*은

$$R^* : 0 \le u \le 1,\ 0 \le v \le 1$$

이고, $x=\dfrac{1}{2}(u+v)$, $y=\dfrac{1}{2}(u-v)$이다.

따라서 야코비안은

$$J=\frac{\partial(x,\ y)}{\partial(u,\ v)}=\begin{vmatrix} \dfrac{\partial x}{\partial u} & \dfrac{\partial x}{\partial v} \\ \dfrac{\partial y}{\partial u} & \dfrac{\partial y}{\partial v} \end{vmatrix}=\begin{vmatrix} \dfrac{1}{2} & \dfrac{1}{2} \\ \dfrac{1}{2} & -\dfrac{1}{2} \end{vmatrix}=-\frac{1}{2}$$

이므로 다음과 같이 적분이 구해진다.

$$I_x=\iint_R dxdy=\iint_{R^*}\frac{1}{2}\,du\,dv=\int_0^1\int_0^1\frac{1}{2}dudv$$

$$=\int_0^1\left[\frac{1}{2}u\right]_{u=0}^{u=1}dv=\int_0^1\left(\frac{1}{2}\right)dv=\frac{1}{2}$$

4. $$\iint_R xe^{y^2}\,dA=\int_0^1\int_0^{\sqrt{y}} x\,e^{y^2}dxdy=\int_0^1\left[\frac{1}{2}x^2e^{y^2}\right]_{x=0}^{x=\sqrt{y}}dy$$

$$=\int_0^1\frac{1}{2}ye^{y^2}dy=\left[\frac{1}{4}e^{y^2}\right]_0^1=\frac{1}{4}(e-1)$$

5. $$V=\iint_R f(x,\ y)\,dxdy=\int_0^3\int_0^1(12-3x-2y)dxdy$$

$$=\int_0^3\left(-2y+\frac{21}{2}\right)dy=\frac{45}{2}$$ (영역 R에서 $f \ge 0$이다)

6. $$\iint_R(2xy^2+2y\cos x)dA=\int_0^1\int_0^{y^2}(2xy^2+2y\cos x)dxdy$$

$$=\int_0^1\left[x^2y^2+2y\sin x\right]_{x=0}^{x=y^2}dy$$

$$=\int_0^1\left[y^6+2y\sin(y^2)\right]dy=\left[\frac{1}{7}y^7-\cos(y^2)\right]_0^1$$

$$=\left(\frac{1}{7}-\cos 1\right)-(0-1)$$

$$=\frac{8}{7}-\cos 1$$

7. 직선의 방정식은 $y=-\dfrac{h}{b}x+h$ 또는 $x=-\dfrac{b}{h}y+b$이다.

$$I=\iint_R x\,dxdy=\int_0^b\int_0^{-\frac{h}{b}x+h}x\,dydx=\int_0^b x\left(-\frac{h}{b}x+h\right)dx$$

$$=\int_0^b h\left(-\frac{1}{b}x^2+x\right)dx=h\left[-\frac{1}{3b}x^3+\frac{1}{2}x^2\right]_0^b=\frac{b^2h}{6}$$

$$\therefore\ \bar{x}=\frac{1}{A}\iint_R x\,dx\,dy=\frac{1}{bh/2}\times\frac{b^2h}{6}=\frac{b}{3}$$

$$\bar{y}=\frac{1}{A}\iint_R y\,dx\,dy=\int_0^h\int_0^{-\frac{b}{h}y+b} y\,dx\,dy=\frac{h}{3}$$

† 높이 h인 삼각형의 도심은 밑변으로부터 $\dfrac{h}{3}$에 있다. 이 결과는 기계공학의 정역학, 재료역학 등에서 분포하중 문제를 풀 때 많이 이용된다.

8. $$I_x=\iint_R y^2\,dA=\int_{-b/2}^{b/2}\int_{-h/2}^{h/2} y^2\,dy\,dx=\int_{-b/2}^{b/2}\left[\frac{1}{3}y^2\right]_{-h/2}^{h/2}dx$$

$$=\int_{-b/2}^{b/2}\left(\frac{h^3}{12}\right)dx=\left[\frac{h^3}{12}x\right]_{-b/2}^{b/2}=\frac{bh^3}{12}$$

† 가로 b, 높이 h인 평판의 중심을 지나는 수평축에 대한 면적관성모멘트(면적 2차모멘트)는 $\dfrac{bh^3}{12}$이다. 이 식은 기계공학의 재료역학에서 굽힘응력을 구하거나 유체역학에서 평판에 작용하는 압력의 작용점을 구할 때 등에 사용하는 기초 공식이다.

연습문제 8.3

1. (1) $$\oint_C (3y\,dx+5x\,dy)=\iint_R (5-2)\,dA=6$$

(2) $$\oint_C [xy\,dx+(x-y)\,dy]=\int_0^2\int_0^1 (1-x)\,dx\,dy=\int_0^2\left(\frac{1}{2}\right)dy=1$$

(3) $$\oint_C (xe^{4x}dx+3x^2dy)=\int_0^2\int_0^3 (6x)\,dx\,dy=\int_0^2 [3x^2]_0^3\,dy$$

$$=\int_0^2 27\,dy=27\times 2=54$$

(4) $$\oint_C [(x^2+y^2)dx-2xy\,dy]=\iint_R (-4y)\,dx\,dy$$

$$=-4\int_0^{2\pi}\int_0^1 (r\sin\theta)\,r\,dr\,d\theta=0$$

(5) $$\oint_C [(x^3+y^3)dx+(2y^3-x^3)dy]=-3\iint_R (x^2+y^2)\,dA\quad(\leftarrow \text{극좌표로 변환한다.})$$

$$=-3\iint_R (r^2)\,r\,dr\,d\theta=-3\int_0^{2\pi}\int_0^1 r^3\,dr\,d\theta$$

$$=-3\int_0^{2\pi}\left[\frac{1}{4}r^3\right]_{r=0}^{r=1}d\theta$$

$$=-3\times\left(\frac{1}{4}\times 2\pi\right)$$

$$=-\frac{3}{2}\pi$$

2. (1) $\oint_C [(x^2-y)dx+y^2dy]=\iint_R [0-(-1)]dA=\iint_R dA=\pi a^2$

(2) $\oint_C (x^2dx+x^3dy)=\iint_R (3x^2)dA=\int_0^2\int_0^2 3x^2dxdy$

$$=\int_0^2 [x^3]_0^2 dy=\int_0^2 8dy=16$$

(3) $\oint [(y\sec^2x+x)dx+(\tan x-y^2)dy]=\iint_R (\sec^2x-\sec^2x)dA=0$

(4) $\oint_C (-e^ydx+e^xdy)=\iint_R (e^x+e^y)dA$

$$=\int_0^2\int_0^{x/2}(e^x+e^y)dydx=\int_0^2 [ye^x+e^y]_{y=0}^{y=x/2}dx$$

$$=\int_0^2\left(\frac{x}{2}e^x+e^{x/2}-1\right)dx$$

$$=\left[\frac{1}{2}(xe^x-e^x)+2e^{x/2}-x\right]_0^2$$

$$=\left\{\frac{1}{2}(2e^2-e^2)+2e^{2/2}-2\right\}-\left(-\frac{1}{2}+2\right)$$

$$=\frac{1}{2}e^2+2e-\frac{7}{2}$$

(5) $\oint_C [(x^2-y)dx+(x+y^2)dy]=\iint_R [1-(-1)]dA$

$$=\int_0^1\int_{x^2}^x 2dydx=2\int_0^1(x-x^2)dx=2\times\left(\frac{1}{2}-\frac{1}{3}\right)=\frac{1}{3}$$

3. $\oint_C [(2x-y+4)dx+(3x+5y-6)dy]=\iint_R [3-(-1)]dA$

$$=4\iint_R dA=4\times\left(\frac{1}{2}\times 3\times 2\right)=12$$

4. $\oint_C [(2y-e^{\cos x})dx+(4x-\sin y)dy]=\iint_R\left(\frac{\partial N}{\partial x}-\frac{\partial M}{\partial y}\right)dA$

$$=\iint_R (4-2)dA=2\times(\pi\times 2^2)=8\pi$$

5. Green 정리를 이용하여 적분값을 구한다.

$\oint_C [(e^x+2xy)dx+(4x^2+\cos y)dy]=\iint_R\left[\frac{\partial}{\partial x}(4x^2+\cos y)-\frac{\partial}{\partial y}(e^x+2xy)\right]dA$

$$=\iint_R (8x-2x)dA$$

$$=\iint_R 6xdA$$

극좌표 $x=r\cos\theta$, $y=r\sin\theta$로 나타내면 영역 R은

$$R=\{(r,\theta)\mid 1\le r\le 2,\ 0\le\theta\le\pi/2\}$$

로 표현되므로

$$\begin{aligned}\iint_R 6x\,dA&=\iint_R(6r\cos\theta)\,r\,dr\,d\theta\\&=\int_0^{\pi/2}\left[\int_1^2 6r^2\cos\theta\,dr\right]d\theta\\&=\int_0^{\pi/2}[2r^3\cos\theta]_{r=1}^{r=2}d\theta=\int_0^{\pi/2}(16\cos\theta-2\cos\theta)\,d\theta\\&=\int_0^{\pi/2}14\cos\theta\,d\theta=[14\sin\theta]_0^{\pi/2}\\&=14\end{aligned}$$

6. $$\begin{aligned}\oint_C(xy\,dx+ye^x\,dy)&=\iint_R\left[\frac{\partial}{\partial x}(ye^x)-\frac{\partial}{\partial y}(xy)\right]dA\\&=\iint_R(ye^x-x)\,dA\\&=\int_0^2\int_0^1(ye^x-x)\,dy\,dx=\int_0^2\left[\frac{1}{2}y^2e^x-xy\right]_{y=0}^{y=1}dx\\&=\int_0^2\left(\frac{1}{2}e^x-x\right)dx=\left[\frac{1}{2}e^x-\frac{1}{2}x^2\right]_0^2\\&=\left(\frac{1}{2}e^2-\frac{1}{2}\times2^2\right)-\left(\frac{1}{2}\right)=\frac{1}{2}(e^2-5)\end{aligned}$$

7. $$\begin{aligned}\oint_C[xy\,dx+(xy^2-\sin^2y)]&=\int_0^3\int_0^{5x/3}(y^2-x)\,dy\,dx\\&=\int_0^3\left[\frac{1}{3}y^3-xy\right]_{y=0}^{y=5x/3}dx=\int_0^3\left(\frac{125}{81}x^3-\frac{5}{3}x^2\right)dx\\&=\left[\frac{125}{81}\times\frac{1}{4}x^4-\frac{5}{3}\times\frac{1}{3}x^3\right]_0^3\\&=\frac{125}{81}\times\frac{1}{4}\times3^4-\frac{5}{3}\times\frac{1}{3}\times3^3\\&=\frac{125}{4}-15=\frac{65}{4}\end{aligned}$$

8. $$\begin{aligned}\oint_C[(y^3-e^x)\,dx+3x\,dy]&=\int_{-2}^2\int_{y^2}^4(3-3y^2)\,dx\,dy\\&=\int_{-2}^2 3(1-y^2)[x]_{x=y^2}^{x=4}dy=\int_{-2}^2 3(1-y^2)(4-y^2)\,dy\\&=2\int_0^2 3(4-5y^2+y^4)\,dy=6\left[4y-\frac{5}{3}y^3+\frac{1}{5}y^5\right]_0^2\\&=6\left(4\times2-\frac{5}{3}\times2^3+\frac{1}{5}\times2^5\right)=\frac{32}{5}\end{aligned}$$

공식

공식

기초공식

복소수

1. 오일러 공식: $e^{i\theta} = \cos\theta + i\sin\theta$, $e^{-i\theta} = \cos\theta - i\sin\theta$

2. 드무아브르 정리: $(\cos\theta + i\sin\theta)^n = \cos(n\theta) + i\sin(n\theta)$

삼각함수

[기본 관계식]

1. $\sin(-\theta) = -\sin\theta$
2. $\cos(-\theta) = \cos\theta$
3. $\tan(-\theta) = -\tan\theta$
4. $\cos\left(\frac{\pi}{2} - \theta\right) = \sin\theta$
5. $\sin\left(\frac{\pi}{2} - \theta\right) = \cos\theta$
6. $\csc\theta = \frac{1}{\sin\theta}$
7. $\sec\theta = \frac{1}{\cos\theta}$
8. $\cot\theta = \frac{1}{\tan\theta}$
9. $\tan\theta = \frac{\sin\theta}{\cos\theta}$
10. $\cot\theta = \frac{\cos\theta}{\sin\theta}$
11. $\sin^2\theta + \cos^2\theta = 1$
12. $1 + \tan^2\theta = \sec^2\theta$
13. $1 + \cot^2\theta = \csc^2\theta$

[덧셈정리]

1. $\sin(x+y) = \sin x\cos y + \cos x\sin y$
2. $\sin(x-y) = \sin x\cos y - \cos x\sin y$
3. $\cos(x+y) = \cos x\cos y - \sin x\sin y$
4. $\cos(x-y) = \cos x\cos y + \sin x\sin y$
5. $\tan(x+y) = \frac{\tan x + \tan y}{1 - \tan x\tan y}$
6. $\tan(x-y) = \frac{\tan x - \tan y}{1 + \tan x\tan y}$

[배각공식]

1. $\sin 2x = 2\sin x\cos x$
2. $\cos 2x = \cos^2 x - \sin^2 x = 1 - 2\sin^2 x = 2\cos^2 x - 1$

3. $\tan 2x = \dfrac{2\tan x}{1-\tan^2 x}$

4. $\sin 3x = 3\sin x - 4\sin^3 x$

5. $\cos 3x = -3\cos x + 4\cos^3 x$

[반각공식]

1. $\sin^2\dfrac{x}{2} = \dfrac{1-\cos x}{2}$ 2. $\cos^2\dfrac{x}{2} = \dfrac{1+\cos x}{2}$ 3. $\tan^2\dfrac{x}{2} = \dfrac{1-\cos x}{1+\cos x}$

[곱을 합으로 고치는 공식]

1. $\sin x\cos y = \dfrac{1}{2}[\sin(x+y)+\sin(x-y)]$

2. $\cos x\sin y = \dfrac{1}{2}[\sin(x+y)-\sin(x-y)]$

3. $\cos x\cos y = \dfrac{1}{2}[\cos(x+y)+\cos(x-y)]$

4. $\sin x\sin y = -\dfrac{1}{2}[\cos(x+y)-\cos(x-y)]$

[합을 곱으로 고치는 공식]

1. $\sin x+\sin y = 2\sin\dfrac{x+y}{2}\cos\dfrac{x-y}{2}$

2. $\sin x-\sin y = 2\cos\dfrac{x+y}{2}\sin\dfrac{x-y}{2}$

3. $\cos x+\cos y = 2\cos\dfrac{x+y}{2}\cos\dfrac{x-y}{2}$

4. $\cos x-\cos y = -2\sin\dfrac{x+y}{2}\sin\dfrac{x-y}{2}$

[삼각함수의 합성]

1. $A\cos x+B\sin x = \sqrt{A^2+B^2}\sin(x\pm\delta),\quad \tan\delta = \pm\dfrac{A}{B}$

2. $A\cos x+B\sin x = \sqrt{A^2+B^2}\cos(x\pm\delta),\quad \tan\delta = \mp\dfrac{B}{A}$

지수·로그함수

1. $a^x = y \Leftrightarrow x = \log_a y \quad (a \neq 1, a > 0)$

2. $\ln x = \log_e x$

3. $a^{\log_a x} = x$

4. $e^{\ln x} = x$

5. $\log_a xy = \log_a x + \log_a y$

6. $\log_a \frac{x}{y} = \log_a x - \log_a y$

7. $\log_a x^m = m \log_a x$

8. $\log_a b = \frac{\log_c b}{\log_c a}$

쌍곡선함수

1. $\sinh x = \frac{e^x - e^{-x}}{2}$

2. $\cosh x = \frac{e^x + e^{-x}}{2}$

3. $\tanh x = \frac{\sinh x}{\cosh x}$

4. $\operatorname{sech} x = \frac{1}{\cosh x}$

5. $\operatorname{csch} x = \frac{1}{\sinh x}$

6. $\coth x = \frac{1}{\tanh x}$

7. $\cosh^2 x - \sinh^2 x = 1$

8. $\operatorname{sech}^2 x + \tanh^2 x = 1$

9. $\coth^2 x - \operatorname{csch}^2 x = 1$

10. $\cosh x + \sinh x = e^x$

11. $\cosh x - \sinh x = e^{-x}$

12. $\sinh 2x = 2\sinh x \cosh x$

13. $\sinh^2 x = \frac{1}{2}(\cosh 2x - 1)$

14. $\cosh^2 x = \frac{1}{2}(\cosh 2x + 1)$

15. $\sinh(x \pm y) = \sinh x \cosh y \pm \cosh x \sinh y$ (복호동순)

16. $\cosh(x \pm y) = \cosh x \cosh y \pm \sinh x \sinh y$ (복호동순)

17. $\tanh(x \pm y) = \frac{\tanh x \pm \tanh y}{1 \pm \tanh x \tanh y}$ (복호동순)

역쌍곡선함수

1. $y = \sinh^{-1} x \Leftrightarrow x = \sinh y$, $\sinh^{-1} x = \ln(x + \sqrt{x^2+1})$

2. $y = \cosh^{-1} x \Leftrightarrow x = \cosh y$, $\cosh^{-1} x = \ln(x + \sqrt{x^2-1})$

3. $y = \tanh^{-1} x \Leftrightarrow x = \tanh y$, $\tanh^{-1} x = \frac{1}{2}\ln\left(\frac{1+x}{1-x}\right)$

감마함수

다음과 같이 정의되는 함수 $\Gamma(\alpha)$를 감마함수(gamma function)라 한다.

$$\Gamma(\alpha)=\int_0^{\infty} e^{-t}t^{\alpha-1}dt \qquad (\alpha>0)$$

$\Gamma(\alpha+1)$을 부분적분하면

$$\begin{aligned}\Gamma(\alpha+1)&=\int_0^{\infty} e^{-t}t^{\alpha}dt=\left[-e^{-t}t^{\alpha}\right]_0^{\infty}+\alpha\int_0^{\infty} e^{-t}t^{\alpha-1}dt\\&=\alpha\Gamma(\alpha)\\ \therefore\ \Gamma(\alpha+1)&=\alpha\Gamma(\alpha)\end{aligned}$$

을 얻는다. 여기에서

$$\Gamma(1)=\int_0^{\infty} e^{-t}dt=\left[-e^{-t}\right]_0^{\infty}=0-(-1)=1$$

이므로

$$\begin{aligned}&\Gamma(2)=1\cdot\Gamma(1)=1\\&\Gamma(3)=2\cdot\Gamma(2)=2\cdot1=2!\\&\Gamma(4)=3\cdot\Gamma(3)=3\cdot2=3!\\&\qquad\vdots\\&\therefore\ \Gamma(n+1)=n! \quad (n=0,\ 1,\ 2,\ \cdots)\end{aligned}$$

을 얻는다. 이것은 감마함수가 계승함수(factorial function)를 일반화하고 있음을 보여준다.

미분공식

일반 공식

1. $\dfrac{d}{dx}(C)=0$ (C는 상수)
2. $\dfrac{d}{dx}(x^n)=nx^{n-1}$ (n은 실수)
3. $\dfrac{d}{dx}[Cf(x)]=Cf'(x)$
4. $\dfrac{d}{dx}[f(x)\pm g(x)]=f'(x)\pm g'(x)$ (복호동순)
5. $\dfrac{d}{dx}[f(x)g(x)]=f'(x)g(x)+f(x)g'(x)$
6. $\dfrac{d}{dx}\left[\dfrac{f(x)}{g(x)}\right]=\dfrac{f'(x)g(x)-f(x)g'(x)}{[g(x)]^2}$

7. $\frac{du}{dx} = \frac{du}{dy} \cdot \frac{dy}{dx}$ (연쇄법칙)

지수 · 로그함수

1. $\frac{d}{dx}(e^x) = e^x$
2. $\frac{d}{dx}(a^x) = a^x \ln a$
3. $\frac{d}{dx}(\ln x) = \frac{1}{x}$
4. $\frac{d}{dx}(\log_a x) = \frac{1}{x \ln a}$

삼각함수

1. $\frac{d}{dx}(\sin x) = \cos x$
2. $\frac{d}{dx}(\cos x) = -\sin x$
3. $\frac{d}{dx}(\tan x) = \sec^2 x$
4. $\frac{d}{dx}(\cot x) = -\csc^2 x$
5. $\frac{d}{dx}(\sec x) = \sec x \tan x$
6. $\frac{d}{dx}(\csc x) = -\csc x \cot x$

역삼각함수

1. $\frac{d}{dx}(\sin^{-1} x) = \frac{1}{\sqrt{1-x^2}}$
2. $\frac{d}{dx}(\cos^{-1} x) = \frac{-1}{\sqrt{1-x^2}}$
3. $\frac{d}{dx}(\tan^{-1} x) = \frac{1}{1+x^2}$
4. $\frac{d}{dx}(\cot^{-1} x) = \frac{-1}{1+x^2}$
5. $\frac{d}{dx}(\sec^{-1} x) = \frac{1}{|x|\sqrt{x^2-1}}$
6. $\frac{d}{dx}(\csc^{-1} x) = \frac{-1}{|x|\sqrt{x^2-1}}$

쌍곡선함수

1. $\frac{d}{dx}(\sinh x) = \cosh x$
2. $\frac{d}{dx}(\cosh x) = \sinh x$
3. $\frac{d}{dx}(\tanh x) = \text{sech}^2 x$
4. $\frac{d}{dx}(\coth x) = -\text{csch}^2 x$
5. $\frac{d}{dx}(\text{sech}\, x) = -\text{sech}\, x \tanh x$
6. $\frac{d}{dx}(\text{csch}\, x) = -\text{csch}\, x \coth x$

역쌍곡선함수

1. $\frac{d}{dx}(\sinh^{-1}x)=\frac{1}{\sqrt{1+x^2}}$

2. $\frac{d}{dx}(\cosh^{-1}x)=\frac{1}{\sqrt{x^2-1}}$

3. $\frac{d}{dx}(\tanh^{-1}x)=\frac{1}{1-x^2}$

4. $\frac{d}{dx}(\coth^{-1}x)=\frac{1}{1-x^2}$

5. $\frac{d}{dx}(\mathrm{sech}^{-1}x)=\frac{-1}{x\sqrt{1-x^2}}$

6. $\frac{d}{dx}(\mathrm{csch}^{-1}x)=\frac{-1}{|x|\sqrt{1+x^2}}$

적분공식

일반 공식

1. $\int(u\pm v)dx=\int udx\pm\int vdx$
2. $\int Cudx=C\int udx$ (C는 상수)
3. $\int u'vdx=uv-\int uv'dx$ 또는 $\int vdu=uv-\int udv$
4. $\int F[u(x)]dx=\int F(w)\frac{dw}{w'}$, $w=u(x)$, $w'=\frac{dw}{dx}$

기본형

1. $\int kdx=kx+C$ (k, C는 상수)

2. $\int x^n dx=\frac{1}{n+1}x^{n+1}+C$ $(n\neq-1)$

3. $\int\frac{1}{x}dx=\ln|x|+C$

4. $\int a^x dx=\frac{a^x}{\ln a}+C$ $(a>0,\ a\neq1)$

5. $\int e^x dx=e^x+C$

6. $\int\sin x dx=-\cos x+C$

7. $\int\cos x dx=\sin x+C$

8. $\int\sec x dx=\ln|\sec x+\tan x|+C$

9. $\int\tan x dx=-\ln|\cos x|+C$

10. $\int\csc x dx=\ln|\csc x-\cot x|+C$

11. $\int\cot x dx=\ln|\sin x|+C$

12. $\int\sec^2 x dx=\tan x+C$

13. $\int\csc^2 x dx=-\cot x+C$

14. $\int\sec x\tan x dx=\sec x+C$

15. $\int\csc x\cot x dx=-\csc x+C$

16. $\int\frac{1}{\sqrt{a^2-x^2}}dx=\sin^{-1}\left(\frac{x}{a}\right)+C$

17. $\int \frac{1}{a^2+x^2}dx = \frac{1}{a}\tan^{-1}\left(\frac{x}{a}\right)+C$

18. $\int \frac{1}{x\sqrt{x^2-a^2}}dx = \frac{1}{a}\sec^{-1}\left(\frac{x}{a}\right)+C$

19. $\int \frac{1}{x^2-a^2}dx = \frac{1}{2a}\ln\left|\frac{x-a}{x+a}\right|+C$

20. $\int \frac{1}{\sqrt{x^2-a^2}}dx = \ln(x+\sqrt{x^2-a^2})+C' = \cosh^{-1}\left(\frac{x}{a}\right)+C$

21. $\int \frac{1}{\sqrt{x^2+a^2}}dx = \ln(x+\sqrt{x^2+a^2})+C' = \sinh^{-1}\left(\frac{x}{a}\right)+C$

지수·로그함수

1. $\int \ln x dx = x\ln x - x + C$

2. $\int \frac{1}{x\ln x}dx = \ln|\ln x| + C$

3. $\int (\ln x)^2 dx = x(\ln x)^2 - 2x\ln x + 2x + C$

4. $\int x\ln x\, dx = \frac{1}{2}x^2\ln x - \frac{x^2}{4} + C$

5. $\int xe^x dx = e^x(x-1) + C$

6. $\int x^2e^x dx = e^x(x^2-2x+2) + C$

7. $\int xe^{ax}dx = \frac{1}{a^2}(ax-1)e^{ax} + C$

8. $\int x^ne^{ax}dx = \frac{1}{a}x^ne^{ax} - \frac{n}{a}\int x^{n-1}e^{ax}dx + C$

9. $\int x^n\ln x dx = \frac{x^{n+1}}{(n+1)^2}[(n+1)\ln x - 1] + C$

10. $\int (\ln x)^n dx = x(\ln x)^n - n\int (\ln x)^{n-1}dx + C$

11. $\int e^{ax}\sin bx dx = \frac{e^{ax}}{a^2+b^2}(a\sin bx - b\cos bx) + C$

12. $\int e^{ax}\cos bx dx = \frac{e^{ax}}{a^2+b^2}(a\cos bx + b\sin bx) + C$

삼각함수

1. $\int \sin^2 x\,dx = \frac{1}{2}x - \frac{1}{4}\sin 2x + C$

2. $\int \cos^2 x\,dx = \frac{1}{2}x + \frac{1}{4}\sin 2x + C$

3. $\int \tan^2 x\,dx = \tan x - x + C$

4. $\int \cot^2 x\,dx = -\cot x - x + C$

5. $\int \sin^n x\,dx = -\frac{1}{n}\sin^{n-1}x\cos x + \frac{n-1}{n}\int \sin^{n-2}x\,dx$

6. $\int \cos^n x\,dx = \frac{1}{n}\cos^{n-1}x\sin x + \frac{n-1}{n}\int \cos^{n-2}x\,dx$

7. $\int x\sin x\,dx = \sin x - x\cos x + C$

8. $\int x\cos x\,dx = \cos x + x\sin x + C$

9. $\int x^n \sin x\,dx = -x^n\cos x + n\int x^{n-1}\cos x\,dx$

10. $\int x^n \cos x\,dx = x^n\sin x - n\int x^{n-1}\sin x\,dx$

11. $\int \frac{1}{1+\sin x}dx = \tan x - \sec x + C$

12. $\int \frac{1}{1-\sin x}dx = \tan x + \sec x + C$

13. $\int \frac{1}{1+\cos x}dx = -\cot x + \csc x + C$

14. $\int \frac{1}{1-\cos x}dx = -\cot x - \csc x + C$

역삼각함수

1. $\int \sin^{-1}x\,dx = x\sin^{-1}x + \sqrt{1-x^2} + C$

2. $\int \cos^{-1}x\,dx = x\cos^{-1}x - \sqrt{1-x^2} + C$

3. $\int \tan^{-1}x\,dx = x\tan^{-1}x - \frac{1}{2}\ln(1+x^2) + C$

쌍곡선함수

1. $\int \sinh x \, dx = \cosh x + C$

2. $\int \cosh x \, dx = \sinh x + C$

3. $\int \tanh x \, dx = \ln(\cosh x) + C$

4. $\int \coth x \, dx = \ln|\sinh x| + C$

5. $\int \operatorname{sech} x \, dx = \tan^{-1}|\sinh x| + C$

6. $\int \operatorname{csch} x \, dx = \ln\left|\tanh\frac{1}{2}x\right| + C$

7. $\int \operatorname{sech}^2 x \, dx = \tanh x + C$

8. $\int \operatorname{csch}^2 x \, dx = -\coth x + C$

9. $\int \operatorname{sech} x \tanh x \, dx = -\operatorname{sech} x + C$

10. $\int \operatorname{csch} x \coth x \, dx = -\operatorname{csch} x + C$

라플라스 변환

기본 공식

1	공식	설명
2	$F(s)=\mathcal{L}\{f(t)\}=\int_0^{\infty} e^{-st}f(t)\,dt$ $\mathcal{L}^{-1}\{F(s)\}=f(t)$	변환의 정의 역변환
3	$\mathcal{L}[af(t)+bg(t)]=a\mathcal{L}[f(t)]+b\mathcal{L}[g(t)]$	선형성
4	$\mathcal{L}\{e^{at}f(t)\}=F(s-a)$ $\mathcal{L}^{-1}\{F(s-a)\}=e^{at}f(t)$	제1 이동정리 (s-이동)
5	$\mathcal{L}(f')=s\mathcal{L}(f)-f(0)$ $\mathcal{L}(f'')=s^2\mathcal{L}(f)-sf(0)-f'(0)$ $\mathcal{L}\{f^{(n)}\}=s^n\mathcal{L}(f)-s^{n-1}f(0)$ $\qquad -s^{n-2}f'(0)-\cdots-f^{(n-1)}(0)$	미분의 라플라스 변환
6	$\mathcal{L}\left\{\int_0^t f(\tau)d\tau\right\}=\frac{1}{s}\mathcal{L}\{f(t)\})$	적분의 라플라스 변환
7	$(f*g)(t)=\int_0^t f(\tau)g(t-\tau)d\tau$ $\qquad =\int_0^t f(t-\tau)g(\tau)d\tau$ $\mathcal{L}\{(f*g)(t)\}=\mathcal{L}(f)\mathcal{L}(g)$	합성곱 합성곱의 라플라스 변환
8	$\mathcal{L}\{f(t-a)u(t-a)\}=e^{-as}F(s)$ $\mathcal{L}^{-1}\{e^{-as}F(s)\}=f(t-a)u(t-a)$	제2 이동정리 (t-이동)
9	$\mathcal{L}\{tf(t)\}=-F'(s)$ $\mathcal{L}^{-1}\{F'(s)\}=-tf(t)$	변환의 미분 역변환
10	$\mathcal{L}\left\{\frac{f(t)}{t}\right\}=\int_s^{\infty}F(u)du$	변환의 적분
11	$\mathcal{L}(f)=\frac{1}{1-e^{-ps}}\int_0^p e^{-st}f(t)\,dt$	$f(t)$는 주기 p인 주기함수
12	$\mathcal{L}\{u(t-a)\}=\frac{e^{-as}}{s}$	단위계단함수의 변환
13	$\mathcal{L}\{\delta(t-a)\}=e^{-as}$	단위충격함수의 변환

라플라스 변환표

$f(t)$	$F(s)=\mathcal{L}\{f(t)\}$
1	$\frac{1}{s}$
t	$\frac{1}{s^2}$
$t^n \ (n=1,\ 2,\ \cdots)$	$\frac{n!}{s^{n+1}}$
$t^a \ (a>0)$	$\frac{\Gamma(a+1)}{s^{a+1}}$
$\frac{1}{\sqrt{t}}$	$\sqrt{\frac{\pi}{s}}$
e^{at}	$\frac{1}{s-a}$
te^{at}	$\frac{1}{(s-a)^2}$
$t^n e^{at}$	$\frac{n!}{(s-a)^{n+1}}$
$\frac{1}{a-b}(e^{at}-e^{bt})$	$\frac{1}{(s-a)(s-b)}$
$\frac{1}{a-b}(ae^{at}-be^{bt})$	$\frac{s}{(s-a)(s-b)}$
$\sin at$	$\frac{a}{s^2+a^2}$
$\cos at$	$\frac{s}{s^2+a^2}$
$1-\cos at$	$\frac{a^2}{s(s^2+a^2)}$
$at-\sin at$	$\frac{a^3}{s^2(s^2+a^2)}$
$\sin at-at\cos at$	$\frac{2a^3}{(s^2+a^2)^2}$
$\sin at+at\cos at$	$\frac{2as^2}{(s^2+a^2)^2}$
$t\sin at$	$\frac{2as}{(s^2+a^2)^2}$
$t\cos at$	$\frac{s^2-a^2}{(s^2+a^2)^2}$

$f(t)$	$F(s)=\mathcal{L}\{f(t)\}$
$\frac{1}{b^2-a^2}(\cos at-\cos bt)$	$\frac{s}{(s^2+a^2)(s^2+b^2)}$
$e^{at}\cos bt$	$\frac{s-a}{(s-a)^2+b^2}$
$\sinh at$	$\frac{a}{s^2-a^2}$
$\cosh at$	$\frac{s}{s^2-a^2}$
$\sin at\cosh at-\cos at\sinh at$	$\frac{4a^3}{s^4+4a^4}$
$\sin at\sinh at$	$\frac{2a^2s}{s^4+4a^4}$
$\sinh at-\sin at$	$\frac{2a^3}{s^4-a^4}$
$\cosh at-\cos at$	$\frac{2a^2s}{s^4-a^4}$
$\frac{1}{t}\sin at$	$\tan^{-1}\left(\frac{a}{s}\right)$
$\frac{2}{t}(1-\cos at)$	$\ln\left(\frac{s^2+a^2}{s^2}\right)$
$\frac{2}{t}(1-\cosh at)$	$\ln\left(\frac{s^2-a^2}{s^2}\right)$
$\frac{1}{t}(e^{bt}-e^{at})$	$\ln\frac{s-a}{s-b}$
$f\left(\frac{t}{a}\right)$	$aF(as)$
$e^{bt/a}f\left(\frac{t}{a}\right)$	$aF(as-b)$

찾아보기

ㅅ

ㅇ

ㅈ

ㅊ

■ 유주식
서울대학교 공과대학 기계공학과 졸업
한국과학기술원 기계공학과 석·박사
University of Michigan 연구교수
(현재) 안동대학교 기계교육과 교수

■ 김종성
경북대학교 공과대학 전자공학 졸업
영남대학교 전자공학과 석사
미국 University of Rhode Island 전기공학과 박사
(현재) 안동대학교 정보전자공학교육과 교수

처음부터 배우는

핵심 공업수학

지은이 유주식·김종성
펴낸이 조경희
펴낸곳 경문사
펴낸날 2012년 4월 5일 1판 1쇄
2019년 9월 20일 1판 4쇄
등 록 1979년 11월 9일 제 1979-000023호
주 소 04057, 서울특별시 마포구 와우산로 174
전 화 (02)332-2004 팩스 (02)336-5193
이메일 kyungmoon@kyungmoon.com
facebook facebook.com/kyungmoonsa

값 23,000원

ISBN 978-89-6105-565-9